絵巻でひろがる

食品学

石川伸一 著

石川繭子 絵

化学同人

はじめに

この『絵巻でひろがる食品学』の教科書には三つの特徴がある.

まずひとつ目の特徴は,「絵巻」があることだ. すなわち, 本のはじめのページから最後のページまで続くストーリーがある. 現在, 私たちの普段の食生活は, 食の生産, さらには食の加工が行われる"現場"から遠くなっている. 一見不思議な「教科書×絵巻物語」の組み合わせにしたのは, 食品そのものだけではなく, 食の周辺にひろがる世界を描くことで, 食にひろく関心をもってもらえるのではないかと思ったからだ. また, 私たちが口にする食品はこれまでの人類の歴史の上に成り立ってきたものであり, その時間の連続性を表す方法として, 絵巻という動的な表現が適しているのではないかとも考えた.

二つ目の特徴は, 章の構成である. 一般的な食品学の教科書は, 食品成分などの科学（食品化学）を論じる総論のあとに, 各食品群の各論を述べる構成が多い. しかし, 大学などで講義をしていて気づくのは, この順番で学習すると総論の段階でつまずいてしまう場合が少なくないということである. 通常, 私たちが意識する「食」は, 食べものそのものであり, そのあとに成分へと関心が移っていく傾向がある. 本書では, その流れをふまえて第1章の導入に続いて, 第2, 3, 4章で各食品群の各論, その後の第5章で成分に関する総論という構成をとっている.

そして三つ目の特徴は, 自然科学である食品学の内容のほかに, 食品の歴史や名称などの人文科学・社会科学の内容にもふれていることである. その理由は, たとえば食品学における食品の分類などが, 自然科学的な面だけでなく, 文化的な背景も考慮して決められているからである. 人が食べるものは時代とともに変わり続ける. 食品学はその変化に柔軟に対応しながら, なおかつ食品にとって普遍的なことは何かを探求することが求められる. そのために必要となる多面的な視点を養えるような内容を目指した.

食品学には, 化学や生物といった基礎科学, さらには調理学, 栄養学のみならず, 食の歴史学, 民俗学といった多くの学問への知的好奇心をかき立てる起爆剤のような性質がある. 食品学を学ぶことで, 普段何気なく目にしていた食品への感じ方などが変わり, 私たちの食生活はさらに豊かなものになることであろう. 余談だが, この本の絵巻の中にはいろいろなおとぎ草子のキャラクターや名場面が隠れている. それを眺めながら食品学についての興味をひろげてほしい.

最後に, 本書の出版にあたりご尽力いただいた化学同人の津留貴彰さんに感謝申し上げる. また, 山本富士子さんにも編集でご協力いただき, 心よりお礼申し上げる.

石川　伸一

目　次

●絵巻のあらすじ

人間に興味のあるねずみ「ごんのかみ」は，ある所で出会った人間の姫を一目で好きになりました．人間が喜ぶものをごちそうしたくなったごんのかみは，家来の「さこんのじょう」に命じ，「食品の絵巻物」をもとに人の食べものを調べる旅に出します．

●おもな登場人物

ごんのかみ

とても長生きのねずみ．たくさんの家来を従える．ロマンチストで人間好き．

さこんのじょう

ごんのかみの家来．頭の後ろにまげがある．まじめで勇敢．

穴惑いの ひょんのすけ

豆好きの とうべい

さこんのじょうの友人で，ごんのかみの家来．ほか多数．

●絵巻の見方

この本の絵巻は左から右の方向へと進む，ひとつのお話になっています．ページの左側から右へ，目で追うように見てください．絵巻中の食品などについては，本文にくわしい内容が載っています．

第 1 章

食品と人間

Food and Human

1.1　食と生命　FOOD AND LIFE

1.1.1　食と生命のかかわり

（1）　食とは何か

「食」という言葉には，食べること（eat）と食べもの（food），両方の意味がある．私たちヒトは，この食べものを食べることで生命活動を維持している．生物が生命活動のために外部環境から取り入れなければならない食べものの中の物質を**栄養素**といい，それらを食べることで生命活動に利用することを**栄養**という．

一般に，ヒトは野生の動植物をそのまま食べるのではなく，計画的に採集，栽培，飼育などをし，目的に合わせて改良した**食料**として利用している．生産した食料の一部は，生鮮食品としてそのまま食卓まで運ばれるが，多くは不要部を除き，さまざまな加工処理をほどこし，安全な状態として保蔵できる**食品**の形にする．この食品を素材として調理が行われ，**食物**として利用される．さらに食品や食物を調理や盛り付け・配膳によって**食事**とし，最終的にヒトが摂取する（図1.1）．

図 1.1　食とヒトのかかわり

（2）　独立栄養と従属栄養

一般に，生物の栄養摂取の形態は，二つに分けられる．ひとつは微生物や植物などに見られるように，光エネルギーや化学エネルギーを用いて二酸化炭素から有機化合物を体内で生成し，それを自ら利用する**独立栄養**である．それらの生物は**独立栄養生物**とよばれる．

もうひとつは，一部の微生物やヒトなどの動物で見られるように，自ら有機化合物をつくりだすことができず他の生物が合成したものを外界から摂取し，利用しなければならない**従属栄養**である（図1.2）．ヒトを含めた動物は，他の生物を食べることによって，生きるためのエネルギーを獲得し，さらに自分自身のからだをつくり上げている**従属栄養生物**である．

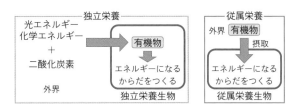

図 1.2　生物の栄養摂取の形態

（3）　食物連鎖，食物網

従属栄養生物は，さまざまな形で他の生物を食べて生きている．たとえば，陸上動物には，虫が草を食べる→小鳥が虫を食べる→タカが小鳥を食べるといった生物間の繋がりがある．このような生態系の中で食う・食われるの関係をたどっていくと，ある一定の生物間に，ひとつの鎖状の関係を見いだすことができる．この繋がりを**食物連鎖**とよぶ．食物連鎖において，一般に，下位のものほど生物量が多い傾向があり，連鎖の順に個体数を横長の棒グラフとして階段状に積み上げて表示すると，上位ほど小さくなり，ピラミッド型の図になることが多い．この図を**生態ピラミッド**という．

しかし，実際の生態系では，複数種の生物を食べる動物は珍しくなく，また，複数種に食べられることも当然ある．そのため，それらを考慮に入れて図を描けば，食

う・食われるの関係は複雑な網目状となる．これを**食物網**という．こうした食物網を調べると，食物連鎖と異なり，連鎖の段階は錯綜し，段階数も非常に数が多くなることがわかっている．

1.1.2 食と生物の進化
（1） 食と生物のかたち
　進化の過程で生命は，単細胞生物として出現してから多細胞生物，そしてヒトの誕生に至るまでの時の流れに沿った劇的な変化を遂げている．この進化の要因として，食は重要な役割を果たしている．
　食は生命活動を支えているため，食の量や質が変化すると，生物の代謝や構造に影響を与えることになる．逆に，生物の代謝や構造が変化した種が進化上登場すると，その食べ方も変わる．たとえば，脊椎動物で原始動物の生き残りとされているヤツメウナギはアゴがない無顎魚類で，円形の吸盤状の口でほかの生物に吸着し体液を吸い取ることで栄養素を確保する．より進化したアゴがある有顎魚類は，口を大きく開けられるようになった結果，骨などを砕くことができるようになり，より大きなものを食べることが可能となった．さらに口に入れたものを貯蔵するために胃が出現した．上陸した両生類になると，生命にとって貴重な水を吸収するための大腸ができた．爬虫類を経て哺乳類になると，母親から乳を吸うために柔らかい唇も発達した．このように，食べ方の変化や食べものの違いは，生物のからだの器官のかたちに変化をもたらしている．

（2） 食と霊長類の進化
　私たち霊長類の祖先は，今から約6,600万年前に現れ

たトガリネズミ属の食虫目という夜行性の小さな動物と考えられている．その動物は地上で草や落下果物，昆虫などを食べて暮らしていた．それまで樹上の葉や枝が集まっているところは，鳥たちの食卓だったが，その後，霊長類も樹上の食べものを獲得するために，移動する能力を犠牲にし，からだを大きくすることとなった．
　樹上生活によって，霊長類が手に入れた食べものは，果実と葉である．糖分に富んだ果実と窒素を多く含む葉によって霊長類の栄養状態は大きく改善された．さらに，これらの果実と葉を食べるために，霊長類はその食に適した消化器官をもつからだへと進化することになった．

（3） 食とヒトの進化
　ヒトの祖先の初期猿人が登場したのは，大規模な寒冷・乾燥の気候が熱帯林を縮小させた時代だった．それは果物の減少をもたらし，果実に頼る霊長類たちに強い競争を引き起こした．人類の祖先は，ゴリラやチンパンジーの祖先と共存しながら，彼らと競合しないような採食様式を変化させた．その結果が，非常に広い**雑食**という形態である．人類が現在，地球上に生息域を拡大しているのは，人間が**雑食性動物**であることが大きいといえる．
　また，火起こしによる直火焼きや温泉の熱水などを利用して**調理**が始まったと考えられている．この調理によって，ヒトはこれまで食べることのできなかった硬い食べものや多少有害な微生物に汚染されたものでも食べることができるようになった．さらに，加熱調理による食べものの消化率の向上，効率的なエネルギーの摂取は，ヒトの巨大な脳の発達と維持に大きく貢献している．

1.2　食文化と食生活　FOOD CULTURE AND EATING HABITS

1.2.1　食の歴史的変遷

（1）　狩猟・採集から農耕・牧畜へ

　人類の歴史を大きく変えたのは，政治でも戦争でもなく，穀物（小麦，米，とうもろこしなど）や農作物（大豆，じゃがいもなど）といわれている．人類は，**狩猟採集**をしながら，何千年も時間をかけて植物を栽培用の品種へと変えた．動物も，ヤギや羊，豚や牛などの野生種を手なずけやすい品種に改良し，家畜とした．これが**農業（農耕と牧畜）**の始まりである．人類は，自分たちの都合に合わせて自然をコントロールする手段を身に付けていった．

　農業を始めると，人々は定住して穀物を栽培し，家畜を育て，多くの食料を生産するようになった．人間が狩猟採集生活から農耕牧畜生活へと方向転換したことで，世界は大きく変わった．麦の大量生産にいち早く成功し，安定して食料を得られた地域では，農業以外にも職業が生まれ，分業で集団を営む形が成立し，文明や都市国家が生まれた．またその一方，人口が増えたことで，より広大な畑と豊富な水，労働力が必要になり，人々はそれらを奪い合うために戦争を始めた．ヒトは，農耕牧畜生活によって安定した生活を得たが，同時にさまざまな問題も抱えることとなった．

　また人類は，長年，定住した土地の気候・風土に適した食品を基本とする食生活を営んできた．そのため，民族や地域ごとに独特の食品が存在する．世界各地で独自の食生活，**食文化**が醸成されることとなった．食文化とは，人間が共有，習慣化，伝承してきた食の生産，流通から，加工・調理，消費までを範囲とする生活様式をさす．

（2）　大航海時代による食の拡散

　15世紀頃になると，肉食とともに香辛料の需要が高まり，香辛料を求めて**大航海時代**が始まった．その結果，航路が開かれたことで，多種多様な食べものが世界を行き来するようになった．この時，当時ヨーロッパになかったとうもろこしやじゃがいも，トマトなどが新大陸（アメリカ大陸）から渡り，世界の食が大きく変わった．ヨーロッパではじゃがいもなどが穀物不足を補うこととなり，お茶やチョコレートなどさまざまな嗜好品が紹介され，食はバラエティに富むようになった．

（3）　食の工業化・近代化

　18世紀後半にイギリスで起こった**産業革命**により，機械を使った食の生産体制が確立した．たとえばローラー式の製粉機が開発され，小麦粉が大量生産できるようになった．また，戦争中にもち運べる保存性の高い食品としてフランスで瓶詰が開発された．その後，イギリスでブリキ缶を使った缶詰がつくられたあと，アメリカで量産化された．アメリカの缶詰産業は，果物や野菜などの食品に恵まれて**食品工業**として発展した．これら食にまつわる人の営みは，食品の種類と生産量を飛躍的に増加させ，人口の増加をもたらした．

　20世紀半ばになると，人口増加による食料不足が深刻化した．この問題を解決するため，1940〜1960年代にかけて，穀物の品種改良，灌漑施設の整備，肥料の増量などが試みられた．とくに高収量小麦の品種の開発などにより，食料増産が進み食料危機をまぬがれることができた．これは**緑の革命**とよばれている．

畜産の分野では，それまで放牧地で放し飼いにしていた家畜を建物の中で多頭収容し，管理下で密接飼育する大規模経営がとられるようになった．また，鶏のブロイラーのように出荷時期を早めるための品種改良も行われた．このような**工業的畜産**は，短期間で多くの食肉生産が可能になった反面，病気の発生，伝染病の拡大，動物福祉（アニマルウェルフェア）などの問題も抱えている．

1.2.2 現代の食生活

（1） 食料問題，環境問題

世界の人口は2050年には97億人に達すると推定される．一方，地球上では飢餓や栄養失調で苦しむ人が10億人もいるともいわれる．**人口増加**にともないエネルギーの大量消費や化学物質の大量使用が進み，これらが原因となり地球温暖化などの気候変動や，環境汚染などのさまざまな**環境問題**を引き起こすようになったと考えられる．こうした問題は，私たちの食料が将来入手できなくなる可能性，すなわち**食料問題**をはらんでいる．また，現在だけでなく未来の私たちの食生活にも影響を及ぼす可能性がある．そのため，**持続可能**（サスティナブル）な社会を目指す上で，食料生産過程で発生する温室効果ガスの二酸化炭素を数値化するカーボンフットプリントや食料生産に必要な水の総量を数値化するウォーターフットプリントという指標による評価が行われている．

一方，日本の**食料自給率**は近年下がり続けている．日本の食料自給率低下の原因として，米や野菜より，パンや肉を食べる**食の欧米化**が進んだことなどがある．とくに肉食の増加によって家畜の飼料となる穀物の需要が高まり，輸入が急増したことも自給率低下の要因のひとつである．

（2） 食品の品質，食品の機能

現在の私たちの日常で，食品を調達し，調理し，食べるという食行動を左右するものに，食品の品質がある．食品の品質には，いろいろな特性が求められる．人類はこれまで，生命活動に必要なものを選んで食べてきたが，ヒトが食品を食べる大きな目的は，たんぱく質，脂質，炭水化物，ビタミン，無機質などの栄養素の摂取である．さらに，それらの食品は安全でなければ食べるに値しないため，食品の品質の**安全性**と栄養性は基本的な特性である．また，私たちはおいしさを楽しむ嗜好性により食品を選択することも多い．さらに，健康の維持・増進の意識の高まりとともに，食品の生体調節機能が注目されている．

食品の働きすなわち機能には，① 栄養面での機能（**一次機能**），② 嗜好面での機能（**二次機能**），③ 病気のリスクを低減する機能（**三次機能**）がある．これらの食品の機能に加えて，経済性，利便性，簡便性といった個々人の価値観によって食品の品質を判断しているといえる．たとえば，食文化の違い，宗教的な食習慣の違いなどによって，同じものでも食品とさえ見なされない場合があり，それらは歴史的に受け継がれていることも多い．

（3） 加工食品，超加工食品

私たちが毎日利用する食品は，動植物の天然物のみならず，これらに加工処理を施した**加工食品**が多い．食品を加工することで，保存性，安全性，栄養性，利便性などが向上した食品を食べることができるようになった．

しかしその一方で，**超加工食品**の食べ過ぎによる健康上のリスクが懸念されている．米国糖尿病学会（ADA）によると，超加工食品とは「糖分や塩分，脂肪を多く含む加工済みの食品」とされている．

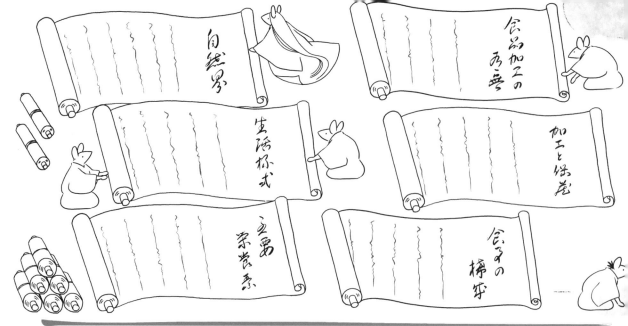

1.3　食品の分類　FOOD CLASSIFICATION

1.3.1　食品分類の種類

　分類とは，概念の整理や定義の確立を試みることで，生物学，図書館学などでは多様な取り組みがある．とくに生物学においては，整然としたヒエラルキーによる分類が確立している．食品においては，その性質や特徴，さらに利用法などに基づいて，さまざまな観点からの分類がなされている．食品の分類として，おもに以下のような分け方が知られている．

① 自然界での所属や起源による分類　植物性食品（穀類，豆類など），動物性食品（肉類，乳類など），鉱物性食品（食塩，重曹など），化学合成食品（調味料など）．

② 生産様式による分類　農産食品，畜産食品，水産食品，林産食品（きのこ類など）．

③ 主要栄養素による分類　糖質食品，でん粉食品，たんぱく質食品，油脂食品．

④ 食品加工の有無による分類　生鮮食品，加工食品．

⑤ 食品の加工・保蔵による分類　塩蔵品，冷凍食品，冷蔵食品，乾燥食品，発酵食品（醸造食品），インスタント食品，缶詰食品，レトルトパウチ食品，フリーズドライ食品．

⑥ 食事の構成による分類　主食，副食（主菜，副菜），嗜好品．

⑦ 食品成分表による分類　穀類，いも及びでん粉類，砂糖及び甘味類，豆類，種実類，野菜類，果実類，きのこ類，藻類，魚介類，肉類，卵類，乳類，油脂類，菓子類，し好飲料類，調味料及び香辛料類，調理済み流通食品類．

1.3.2　食品成分表
（1）　食品成分表の構成と内容

　食品成分表は，正式には「日本食品標準成分表」といい，日本で日常摂取されている食品の標準的な成分値を収載したデータ集である．1950 年に最初に策定されて以来改訂を重ね，最新は「日本食品標準成分表 2020 年版（八訂）」である（表 1.1）．水分，たんぱく質，脂質，炭水化物，ビタミン，無機質といった成分が収載されている．このほかにアミノ酸成分表，脂肪酸成分表，炭水化物成分表の合計 4 冊から構成されている．

　1950 年に公表された最初の食品成分表では掲載食品数 538 であったが，改訂ごとに増え続け，八訂では 2,478 食品が掲載されている（表 1.2）．栄養成分の項目数も増えている．食品群の分類および配列は，植物性食品，き

表 1.1　食品成分表の改革

名称	公表年	食品数	成分項目数
日本食品標準成分表	1950 年	538	14
改訂日本食品標準成分表	1954 年	695	15
三訂日本食品標準成分表	1963 年	878	19
四訂日本食品標準成分表	1982 年	1,621	19
五訂日本食品標準成分表-新規食品編	1997 年	213	36
五訂日本食品標準成分表	2000 年	1,882	36
五訂増補日本食品標準成分表	2005 年	1,878	43
日本食品標準成分表 2010	2010 年	1,878	50
日本食品標準成分表 2015 年版（七訂）	2015 年	2,191	52
同　追補 2016 年	2016 年	2,222	53
同　追補 2017 年	2017 年	2,236	53
同　追補 2018 年	2018 年	2,294	54
同　データ更新 2019 年	2019 年	2,375	54
日本食品標準成分表 2020 年版（八訂）	2020 年	2,478	54

表1.2　各食品群の収載食品数（八訂）

	食品群	食品数		食品群	食品数
1	穀類	205	10	魚介類	453
2	いも及びでん粉類	70	11	肉類	310
3	砂糖及び甘味類	30	12	卵類	23
4	豆類	108	13	乳類	59
5	種実類	46	14	油脂類	34
6	野菜類	401	15	菓子類	185
7	果実類	183	16	し好飲料類	61
8	きのこ類	55	17	調味料及び香辛料類	148
9	藻類	57	18	調理済み流通食品類	50
				合計	2,478

のこ類，藻類，動物性食品，加工食品の順に並べられており，18 種類の食品群に分けられている．

　食品の種類や成分は，消費者の嗜好や食習慣，生産・製造方法の変化など時代とともに変化する．また，分析方法の改良によってより正確な分析が可能となったり，栄養・健康をめぐる研究の進展により，新しい成分に関する情報が必要とされたりしている．こうしたさまざまな変化に対応できるよう，何度も改訂が行われている．

（2）　食品成分表の見方

　食品成分表のすべての食品には，5 桁の食品番号があてられており，初めの 2 桁は食品群，次の 3 桁を小分類または細分を表している．

　収載食品の分類は，大分類，中分類，小分類および細分の四段階とされ，食品の大分類は原則として生物の名称をあて，五十音順に配列されている．

　「いも及びでん粉類」，「魚介類」，「肉類」，「乳類」，「し好飲料類」および「調味料及び香辛料類」は，大分類の前に副分類（〈　〉で表示）を設けて食品群を区分している．食品によっては，大分類の前に類区分〔（　）で表示〕を設けてある．中分類（［　］で表示）および小分類は，原則として原材料的なものから順次加工度の高いものの順に配列してある．

　原材料の食品の名称には，学術名または慣用名を採用し，加工食品の名称は一般に用いられる名称や食品規格基準などにおいて公的に定められている名称を勘案して採用されている．例を表 1.3 に示す．

　食品成分表をデータソースとして作成された「食品成分データベース（https://fooddb.mext.go.jp）」は，インターネットを通じて無料で提供されている．

表1.3　食品成分表の表示例

食品番号	食品群名	食品名	英名	学名
01088	穀類	こめ /［水稲めし］ /精白米 /うるち米	CEREALS/Rice/ short grain, paddy rice, nonglutinous rice, well-milled, "meshi" (cooked rice)	*Oryza sativa*
12004	卵類	鶏卵 /全卵 /生	EGGS/hen, whole, raw	*Gallus gallus*
17007	調味料及び香辛料類	〈調味料類〉 /（しょうゆ類） /こいくち しょうゆ	SEASONINGS AND SPICES/Soy sauce/ "Koikuchi-shoyu" (common soy sauce)	

第1章 食品と人間

●コラム ①●

食品か，非食品か
～私たちはどのように食品の境界線を決めているのか～

　普段私たちは，食べものとそうでないものの基準をどのように判断し，どのような境界線を引いているのであろうか．人間は雑食動物であり，自然界にある植物も動物もどちらも食べる．さらに鉱物（食塩など）から，微生物によって発酵させたもの（醬油など）に至るまで広範囲の物質を摂取する．しかし，地球上にある食べようと思えば食べられる多くのものを思い浮かべてみれば，実際に食べているものはその中のごく一部である．

　ヒトの身体で消化・吸収・代謝されないもの，さらに腸内細菌などにも利用されないようなもの，たとえば金属の塊などは通常，人間は食べない．私たちが金属の塊といったものをなぜ食べないのかは，生物学的な理由でまず説明できる．

　しかし，人間が食べないものの多くは，そのような観点からは説明できないものである．たとえば，ある文化圏では食べものと見なされず，忌み嫌われているものが，別の場所では食べられ，ときに贅沢な食べものとして扱われる場合もある．個人や集団の食べる・食べないの選択の理由として，食物アレルギーや乳糖不耐症（牛乳に含まれる乳糖を分解・吸収できずに下痢や消化不良を起こす症状）のような例で説明できるのは，限定的である．

　人が何を食べ，何を食べないかを決めるのには，「生物学的なものを超えた何か」があるといえる．鶏肉や豚肉を常食している人は多いだろうが，ネズミ肉をよく食べるという人を日本で見つけるのはおそらく難しい．そもそもネズミ肉を一度も食べたことがない人がほとんどであろう．一方で，世界に目を向けるとネズミを食べる習慣のある文化が 42 ほどあることがわかっている．

　ときに私たちは，品質や機能などで食べるべき食品を判断する．しかし，ある食べものを食べるのは，その食べものが入手しやすいからでも，身体によいからでも，おいしいからでもない可能性もある．人はほとんど非合理性としか思えない，不思議な食べものの取捨選択をする場合が少なくない．何を食品とし，しないかを決めるのに，理性的な理由だけでは説明がつかないのである．

　私たちがあるものを食品とみなす基軸のひとつには，長い食の歴史や文化，また個人のこれまでの食体験・食習慣といった〝文脈〟がある．さらにその上で，時代によって人間が食べるものは変化し続ける．これまで食べていたものを食べなくなることもあれば，またその逆もある．高度な加工技術で元の食品とは全く異なるものに変わっている場合もある．何を食品とするかという定義もまた絶えず書き換え続けられているといえる．

　「食品と非食品の境界線」を理解するのはとても難しい．しかし，なぜ鶏肉を食べてネズミ肉を食べないのかなどを知ろうとすれば，食品学が包含すること，すなわち人が築いてきた食文化，さらに個人や集団がもつ食品への意識などが浮かび上がってくるであろう．

第 2 章

植物性食品

Plant Foods

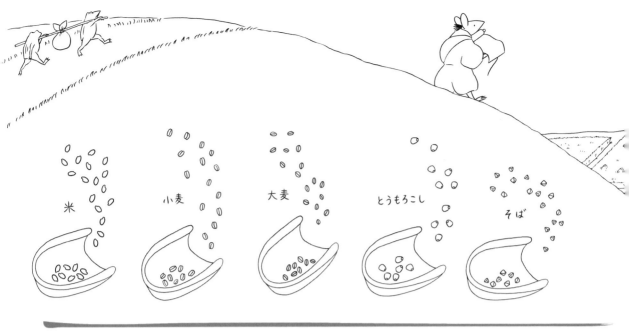

第2章 植物性食品

2.1 穀類 CEREALS

穀類は，私たちの生活を支える重要な食品である．長い年月を人間とともに歩み，ともに変化してきた．その安定した生産は，世界の平和や発展に欠かせないものである．人間とのかかわりの深い，食品としての穀類の役割を見ていこう．

2.1.1 穀類全般
（1） 穀類の分類と特徴

<u>穀類</u>は，でん粉を主成分とする食用の種子の総称である．<u>イネ科植物</u>の種子として，米，小麦，大麦，とうもろこしなどがある．日本では食習慣からタデ科のそばも含めている．生産量の多い米，小麦，とうもろこしは<u>世界三大穀物</u>といわれる．日本では，利用性の低い穀物を<u>雑穀</u>とよび，ライ麦，あわ，ひえ，きびなどがある．これらは一般に冷涼な気候のやせた土地でも栽培できるため，昔から救荒作物として知られている．イネ科植物の分類を示す（図2.1）．

穀類が，古くから私たちにとってはとりわけ重要な作物である理由として，① 環境適応性に優れ，② 収量が多く，③ エネルギー源となり，④ 味が淡白で主食に適する，また ⑤ 水分含量が少ないので保存性がよく輸送に便利，などがあげられる．

主要な穀類については，栽培環境に適した作物の開発や，穀粒の加工や味の改良を目指した品種改良が盛んに行われてきた．わが国で生産されている穀物はおもに米である．世界の穀類の生産量を比較すると，とうもろこしがもっとも多く，次いで，小麦，米，大麦の順となる．

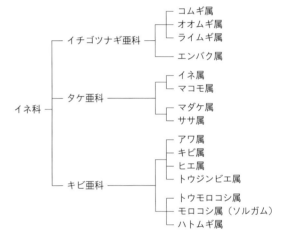

図 2.1 イネ科植物の分類
植物学者ワトソンによる分類．

（2） 穀類の成分

穀類の成分は，水分約 13～15%，たんぱく質約 6～12%，脂質約 1～3%，炭水化物約 70～80%，灰分約 1～2% である．他の食品と比べて水分が少なく，炭水化物が多いのが特徴である（表2.1）．

穀類の<u>アミノ酸価</u>は動物性食品と比べると低いが，玄米や全層粉のそば粉のように 100 の食品もある（表2.2）．穀類の<u>制限アミノ酸</u>はおもにリシンである．

2.1.2 米
（1） 米の種類と特徴

<u>米</u>（こめ，Rice）は，日本人にとって特別な食品である．私たちの祖先は，大陸から伝わった<u>イネ</u>を主食作物として大切に育て，日々の暮らしを営んできた．米は長い年月をかけて，政治，経済，文化，宗教といった幅広

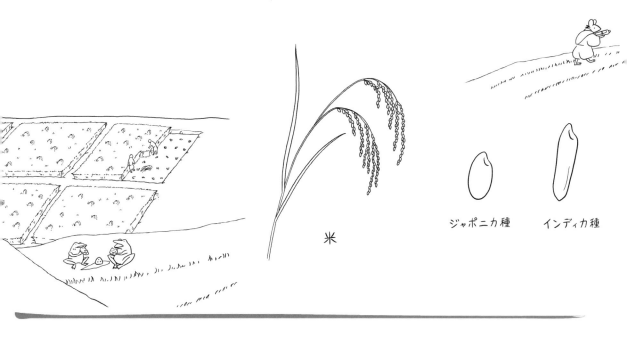

ジャポニカ種　　インディカ種

米

表 2.1　おもな穀類の成分（100 g あたり）

食品名	エネルギー	水分	たんぱく質	脂質	炭水化物	灰分	無機質 ナトリウム	カリウム	カルシウム	マグネシウム	リン	鉄	ビタミンA (β-カロテン当量)	ビタミンE (α-トコフェロール)	ビタミンB$_1$	ビタミンB$_2$	ナイアシン	ビタミンC	食物繊維総量
単位	kcal	g	g	g	g	g	mg	mg	mg	mg	mg	mg	µg	mg	mg	mg	mg	mg	g
こめ ［水稲穀粒］ 玄米	346	14.9	6.8	2.7	74.3	1.2	1	230	9	110	290	2.1	1	1.2	0.41	0.04	6.3	0	3.0
こめ ［水稲穀粒］ 精白米　うるち米	342	14.9	6.1	0.9	77.6	0.4	1	89	5	23	95	0.8	0	0.1	0.08	0.02	1.2	0	0.5
こめ ［水稲穀粒］ 精白米　もち米	343	14.9	6.4	1.2	77.2	0.4	Tr	97	5	33	100	0.2	0	0.2	0.12	0.02	1.6	0	0.5
こめ ［水稲穀粒］ 精白米　インディカ米	347	13.7	7.4	0.9	77.7	0.4	1	68	5	18	90	0.5	0	Tr	0.06	0.02	1.1	0	0.5
こむぎ ［玄穀］ 国産　普通	329	12.5	10.8	3.1	72.1	1.6	2	440	26	82	350	3.2	0	1.2	0.41	0.09	6.3	0	14.0
こむぎ ［小麦粉］ 薄力粉　1等	349	14.0	8.3	1.5	75.8	0.4	Tr	110	20	12	60	0.5	0	0.3	0.11	0.03	0.6	0	2.5
こむぎ ［小麦粉］ 強力粉　1等	337	14.5	11.8	1.5	71.7	0.4	Tr	89	17	23	64	0.9	0	0.3	0.09	0.04	0.8	0	2.7
おおむぎ　押麦 乾	329	12.7	6.7	1.5	78.3	0.7	2	210	21	40	160	1.1	0	0.1	0.11	0.03	3.4	0	12.2
とうもろこし　コーングリッツ 黄色種	352	14.0	8.2	1.0	76.4	0.4	1	160	2	21	50	0.3	180	0.2	0.06	0.05	0.7	0	2.4
そば　そば粉 全層粉	339	13.5	12.0	3.1	69.6	1.8	2	410	17	190	400	2.8	0	0.2	0.46	0.11	4.5	0	4.3

Tr : Trace, 微量.

い分野で日本人の生活に根付いた.

　イネが初めて栽培されるようになったのは, インドの アッサム地方から中国の雲南省にかけての山間部と考え られている. ここから, インド, 南アジアへと伝わり, さらに東南アジアや東アジアへも伝わった. 中国では, すでに 1 万年前頃の遺跡から米などが発見されている. 日本に伝わったのは, 今から約 6,000 年前の縄文時代前期とされている. 水田稲作が本格的に始まったのは, 弥生時代に入ってからである.

　現在, イネが多く栽培されている地域は, 東アジアから東南アジア, 南アジアを中心に, アフリカ, 中央アメリカ, 南アメリカにかけて広がっている. このほか, ヨーロッパの地中海沿岸, アメリカ南部やカリフォルニア州, オーストラリア南東部にも稲作地帯が見られる.

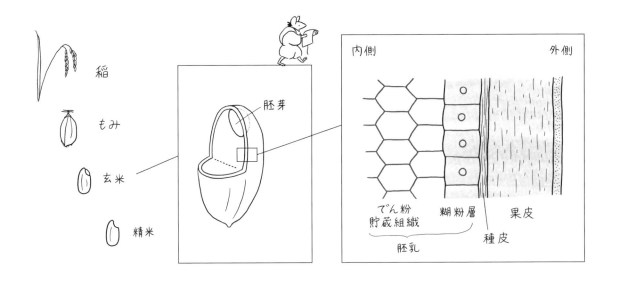

稲

もみ

玄米

精米

胚芽

内側　　　　　　　　　　　　　　外側

でん粉
貯蔵組織　糊粉層　果皮
　　　　　　　　　　種皮
　胚乳

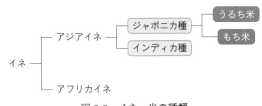

図 2.2　イネ，米の種類

イネ　─┬─ アジアイネ ─┬─ ジャポニカ種 ─┬─ うるち米
　　　　│　　　　　　　　│　　　　　　　　└─ もち米
　　　　│　　　　　　　　└─ インディカ種
　　　　└─ アフリカイネ

表 2.2　穀類のアミノ酸組成（たんぱく質 1 g あたりのアミノ酸　mg）とアミノ酸価[a]

食品名	イソロイシン	ロイシン	リシン	含硫アミノ酸合計[b]	芳香族アミノ酸合計[c]	トレオニン	トリプトファン	バリン	ヒスチジン	アミノ酸価
アミノ酸評点パターン（18歳以上）	30	59	45	22	38	23	6.0	39	15	
こめ　［水稲穀粒］　玄米	46	93	45	54	110	45	17	70	32	100
こめ　［水稲穀粒］　精白米　うるち米	47	96	42	55	110	44	16	69	31	93
こめ　［水稲穀粒］　精白米　もち米	48	95	41	55	120	43	16	70	30	91
こめ　［水稲穀粒］　精白米　インディカ米	47	95	42	62	120	45	17	69	29	93
こむぎ　［玄穀］　国産　普通	41	80	34	48	90	38	16	53	30	76
こむぎ　［小麦粉］　薄力粉　1等	41	79	24	50	92	34	14	49	26	53
こむぎ　［小麦粉］　強力粉　1等	40	78	22	46	92	32	13	47	26	49
おおむぎ　押麦　乾	43	80	40	51	100	44	16	60	27	89
とうもろこし　コーングリッツ　黄色種	43	170	20	54	100	38	5.8	53	33	44
そば　そば粉　全層粉	44	78	69	53	84	48	19	61	31	100

a）アミノ酸価は FAO/WHO/UNU アミノ酸評点パターン（2007年改訂）の「18歳以上」の数値を用いて求めた．
b）含硫アミノ酸合計は，メチオニン＋シスチン．
c）芳香族アミノ酸合計は，フェニルアラニン＋チロシン．
赤字は制限アミノ酸を表す．

米の食べ方もさまざまで，日本のように粒のままごはんとして食べる国もあれば，粉を麺にして食べる国もある．同じごはんでも，炒めたり，スープにかけたりと，食べ方はさまざまである．気候やほかの作物との関係で

米の食べ方にも違いがあり，それぞれの国に多彩な食文化が築かれている．

① ジャポニカ種，インディカ種　米は，栽培種であるイネ科イネ属の種子で，アジアイネが世界的に栽培され，これはおもにジャポニカ種とインディカ種の 2 品種に分類される．アジアイネ以外の栽培種として，アフリカイネがある（図 2.2）．

アジアイネの起源には論争があるが，近年の野生イネ遺伝子の解析結果から，中国南部の珠江流域に分布していた野生イネからジャポニカ種が生まれ，このジャポニカ種が東南アジアや南アジアの野生種と交雑することでインディカ種が生まれたとされる．

日本で栽培され食べられているのはジャポニカ種で，ほとんどは粒の長さが短い短粒種や中くらいの中粒種で，粘りがあるのが特徴である．一方，インディカ種の多くは粒が細長い長粒種で，ジャポニカ種と比べると粘りが少なく，炊くとパサパサしているのが特徴である（表 2.3）．

② 水稲と陸稲　イネは，栽培形態の相違により水田栽培される水稲と畑地で栽培される陸稲（おかぼともいう）がある．陸稲の茎は水稲よりも短く，葉は少し幅広い．水稲より悪条件でも生育する．陸稲の生産量は米の生産量の 1 ％未満である．水稲の精白米のたんぱく質は 2.5 ％であるのに対し，陸稲は 9.3 ％とより多く含まれて

第2章　植物性食品

表2.3　ジャポニカ種とインディカ種の米の特徴

	ジャポニカ種	インディカ種
形状	短くて丸みがある	細長い
おもな産地	日本，朝鮮半島，中国東北部，アメリカ（カリフォルニア），オーストラリア，地中海諸国（イタリア，スペイン，エジプトなど），ブラジルの一部など	インド，中国南部，東南アジア，ブラジル，アメリカ（メキシコ湾岸），中東諸国など
特徴	寒さに比較的強い品種で，炊くと粘りとつやが出る	世界でもっとも多くつくられており，炊くとパサパサする

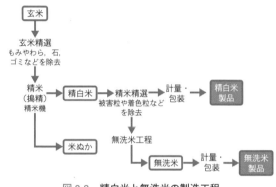

図2.3　精白米と無洗米の製造工程

いる．そのため，陸稲は水稲よりも米飯としての食味が劣り，おもにあられなどの原料として利用される．

③うるち米ともち米　米に含まれるでん粉のアミロースとアミロペクチンの割合から，うるち（粳）米ともち（糯）米に分類される．私たちがふだん主食としてよく食べているのがうるち米で，米粒に透明感がある．ジャポニカ種のうるち米のでん粉は，アミロースが約20%，アミロペクチンが約80%からできている．もち米はもちや赤飯などをつくるときに使われ，米粒は白くて不透明である．もち米のでん粉のほとんどがアミロペクチンでできているため，粘りが強く，炊飯後に冷めても比較的硬くなりにくいのが特徴である．

（2）米の構造と精米

もみ（籾）から籾殻を除いたものが**玄米**で，玄米からぬか（糠）を除いたものが**精白米**である．このぬかを除く操作を**精米**，精白もしくは**搗精**という．ぬかとして取り除かれるのは，**果皮，種皮，糊粉層（アリューロン層），胚芽**である．おもな可食部は糊粉層を除いた**胚乳**部分（でん粉貯蔵組織）である．除いたぬかの割合により，半つき米，七分つき米とよばれる．ぬかがほぼ取り除かれたのが精白米となる．

日本では玄米貯蔵が一般的なため，玄米を原料として精米機でぬかを除き精白米とする．精米機は，大きく分けて摩擦式精米機と研削式精米機がある．摩擦式は米同士をこすり合わせた時の摩擦で，研削式は硬い刃やロールなどで米粒の表面のぬかを取り除く方法である．通常玄米の10%程度がぬかとなる．精米工程を図2.3に示す．

無洗米は，米を研がずに炊飯できる米である．通常の精白米を研ぐと，米成分の約3%が溶出し，環境負荷の一因となっている．無洗米では，米を研ぐ手間が省ける，環境負荷を低減する，栄養成分の流失を防止するなどの利点がある．無洗米の製造方法はいろいろあるが，精白米に水を少量加え米表面のぬかを除き乾燥させる方法，ぬかとぬかがくっつく性質を利用してぬかを取り除く方

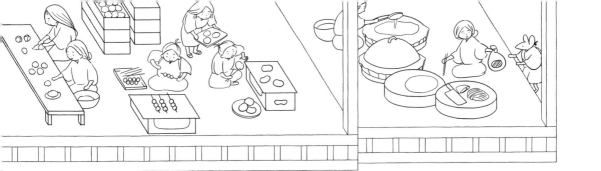

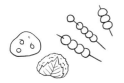

表2.4　精米および製造方法の違いによる米（炊飯米）の成分（100 g あたり）

食品名	エネルギー	水分	たんぱく質	脂質	炭水化物	灰分	ビタミンE（α-トコフェロール）	ビタミンB₁
単位	kcal			g				mg
玄米	152	60.0	2.8	1.0	35.6	0.6	0.5	0.16
半つき米	154	60.0	2.7	0.6	36.4	0.3	0.2	0.08
七分つき米	160	60.0	2.6	0.5	36.7	0.2	0.1	0.06
精白米	156	60.0	2.5	0.3	37.1	0.1	Tr	0.02
胚芽精米	159	60.0	2.7	0.6	36.4	0.3	0.4	0.08
発芽玄米	161	60.0	3.0	1.4	35.0	0.5	0.3	0.13

法，精米機を改良した方法などがある．

　精米に伴い成分含量が変化する（表2.4）．精米され，ぬかに含まれる成分が取り除かれることにより，米中のたんぱく質，脂質，灰分含量は減少し，その分炭水化物含量が増加する．ビタミンEやビタミンB₁含量も精米によって大幅に低下する．

（3）　米の成分

　米（精白米）の主成分は炭水化物で，77.6%を占める．炭水化物のほとんどはでん粉で，その主成分はアミロースとアミロペクチンである．その含有比は，米の種類や品種によって異なる．でん粉以外の成分は，たんぱく質6.1%，脂質0.9%，食物繊維0.5%である（表2.1）．玄米にはビタミンB群が比較的多く含まれるが，精米するとその約8割が失われる．たんぱく質の約80%はグル

テリン属の**オリゼニン**である．精白米のアミノ酸価は93で，小麦やトウモロコシと比べると必須アミノ酸のバランスがよい（表2.2）．制限アミノ酸はリシンである．主要な構成脂肪酸は，リノール酸（37%），パルミチン酸（31%），オレイン酸（25%）である．長期間米を保存すると遊離脂肪酸が増加して古米化しやすく，古米臭の原因になる．古米臭は，リノール酸やリノレン酸などの自動酸化によってできるアルデヒド類を中心としたカルボニル化合物（ヘキサナールなど）の割合が増えることによって生じる．古米化の防止方法として，低温貯蔵や炭酸ガス封入貯蔵などが行われている．

2.1.3　米の加工食品

　米の加工や調理で，もっとも簡単で広く行われているのが，粒のまま水を加えて炊いて食べる方法である．米に含まれるでん粉は，生の状態ではおいしくなく，消化もよくない．**生でん粉（βでん粉）**は水に不溶で，このことが消化性が低いことにつながる．米に水を加え加熱することによって，生でん粉が多量の水分を吸収して，大きく膨張し，糊状になる．これを**糊化（α化）**といい，この状態のでん粉を**糊化でん粉（αでん粉）**という．炊いたごはんがこの状態にあたる．糊化でん粉は，アミラーゼ（でん粉の消化酵素）の作用を受けやすくなり，その結果，消化性が向上する．糊化でん粉は時間が経つと，水分が失われ再び硬くなる．これを**老化（β化）**といい，**老化でん粉（βでん粉）**は，粘性を失い消化性も悪くなる．ごはんを放置しておくと硬くなり，食味や消化性が悪くなるのはこのためである．でん粉の糊化や老化の現象は，でん粉食品の加工上，とても重要である．でん粉の糊化と老化のモデル図を図2.4に示す．

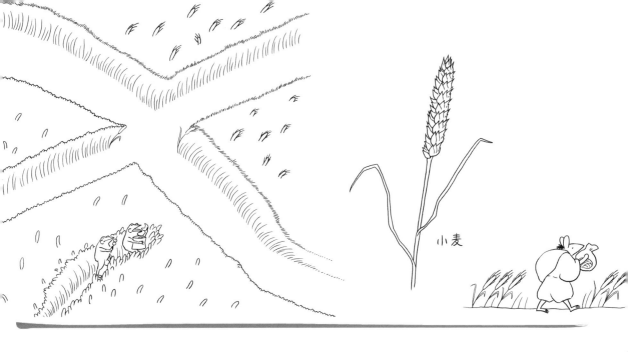

小麦

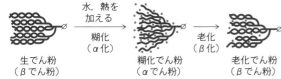

図 2.4　でん粉の糊化と老化のモデル図
線は α-1,4 結合から成るぶどう糖（グルコース）の糖類，分岐点は α-1,6 結合，φ は還元末端，赤丸は水分子を示す.

生でん粉（β でん粉）→水，熱を加える→糊化（α 化）→糊化でん粉（α でん粉）→老化（β 化）→老化でん粉（β でん粉）

① 胚芽精米，発芽玄米　胚芽精米は，胚芽部を残した精白米である．精米過程で温度を下げる，研削式で精米するなどして胚芽の保有率が上がるように精米する．精白米よりビタミン E やビタミン B_1 含量が高い（表 2.4）.

　発芽玄米は玄米を一定の温度で水を含ませ，1 mm ほどの芽が出た状態にしたものである．市販品は，人工的に成長を止め，保存性のために再乾燥などがされている．発芽玄米は玄米と比べて軟らかい食感になるだけでなく，発芽時の酵素の働きで，玄米にもともと含まれていたビタミン，ミネラルに加え，新しく有効な成分（γ-アミノ酪酸：GABA，ギャバ）などが生成する．γ-アミノ酪酸は，高血圧予防を始め，脳における抑制型の神経伝達物質としての働きなどがある．

② アルファ化米，無菌包装米飯，レトルト米飯　アルファ（α）化米（乾燥米飯）は，炊飯したごはんを80〜130 ℃で乾燥し（水分 5 ％前後），でん粉を α でん粉の状態に保ったまま製品としたもので，インスタントライス，即席飯などともいわれる．携帯食や非常食としても利用される．

　無菌包装米飯は，無菌室内で炊飯米を耐熱性の充填材料で包装したもので，食べる際は，袋ごと熱湯中で加熱もしくは電子レンジ加熱して使用する．パックごはんと

もよばれる．常温で保存できるため，携帯食や非常食に便利である．

　レトルト米飯は，炊飯米を包装容器に充填，ヒートシールにより密封し，120 ℃，4 分間の高温加熱殺菌（もしくは同等の加熱）をしたものである．無菌包装米飯との違いは，加圧殺菌をしている点が異なり，長期間の常温保存が可能である．

③ もち　もちは，もち米を十分水に浸漬し，蒸し上げ，ついたもので，形により，円形，角形などがある．いつでも手軽に食べられる包装もちも普及している．

④ 米粉　米粉にはうるち米やもち米を生のまま粉にするものと，熱を加えてから粉にするものがある．うるち米をひいた上新粉（柏もちなど），もち米を水とともにひいて乾燥させた白玉粉（白玉だんごなど），もち米を蒸しておこわにしたあと，乾燥させてひき割った道明寺粉（桜もちなど）などがあり，いずれも和菓子の材料として使われる．より細かな粉を製造する技術が向上し，パンや麺，ケーキなど，幅広い食品加工に米粉が使われる．

⑤ 米菓　米菓は，米を原料とした日本独特の焼菓子で，古くは奈良時代から親しまれてきた菓子類である．うるち米を原料とするせんべい類と，もち米を原料とするあられ（主として小型のもの）・おかき（主として大型のもの）類に大別される．米菓の製造工程を図 2.5 に示す．

　せんべいは，うるち精白米を水に浸漬し，水分を20〜30％にして製粉する．この米粉を，蒸し上げ，糊化した生地を練り，60〜65 ℃まで冷却後，生地を板状にし，型抜き機で打ち抜き成形する．次いで，熱風乾燥し，最後に 200〜260 ℃で焼き上げ，醤油などの調味料により味付けし，製品とする．

　あられ・おかきはもち精白米を原料とし，基本的な製

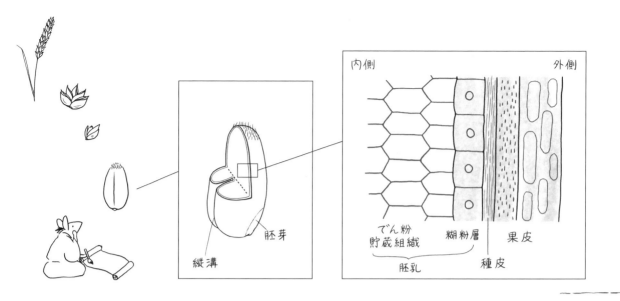

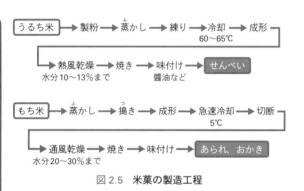

うるち米 → 製粉 → 蒸かし → 練り → 冷却 → 成形
　　　　　　　　　　　　　　　60～65℃
　　　→ 熱風乾燥 → 焼き → 味付け → せんべい
　　　　水分10～13%まで　　　醬油など

もち米 → 蒸かし → 搗き → 成形 → 急速冷却 → 切断
　　　　　　　　　　　　　　　　5℃
　　　→ 通風乾燥 → 焼き → 味付け → あられ，おかき
　　　　水分20～30%まで

図 2.5　米菓の製造工程

造方法はせんべいと一緒である．もち生地を冷蔵庫に入れて急速冷却し，切断ができるまで硬化させるのが特徴である．

⑥ ビーフン，フォー，ライスペーパー　ビーフンは，うるち米からつくった押し麺の一種である．米を粉砕化し，蒸したあと，押出し機の細孔より熱水に突きだして麺状として乾燥させる．日本でもつくられるが，中国，東南アジアで広くつくられている．フォーは平打ちの米粉の麺で，ベトナム料理を代表する食材である．ライスペーパーは，米粉，タピオカでん粉を攪拌し，シート状に流し込みながら蒸し上げ，乾燥させる．水分量を下げたのち，円形に型抜きする．

2.1.4　小麦

（1）　小麦の種類と特徴

　小麦（こむぎ，Wheat）は，米，とうもろこしと並ぶ世界三大穀物のひとつで，人類の歴史の始まりとともに，もっとも身近にあった作物のひとつといえる．ヒトがいつ小麦を食べるようになったのか，詳しいことは明らかになっていない．しかし，今の人類につながる原人が，

アフリカを出て世界各地へ移動を始めたとき，西アジアの高原地帯周辺で小麦の野生種と出会ったと考えられている．そして長い間かけて栽培種の小麦へと変えていき，約1万数千年前に成立したとされる．西アジアで栽培が始まった小麦は，東アジアやヨーロッパ各地に伝わり，日本には2,300年前頃（弥生時代前期）に大麦などとともに伝播したとされる．その頃は粒で食べられる大麦の利用が中心であった．現在，小麦は世界でもっとも広く栽培されている穀物で，中国，インド，カナダ，フランスなどが主要生産国で，比較的寒冷で乾燥した地域で多く生産されている．

　小麦は米のように粒食ではなく，小麦粉にして食べる粉食である．小麦は，パン，麺類（うどん，パスタ，ラーメンなど），菓子（ケーキ，ビスケットなど），調味料（醬油，味噌など），多くの食品の材料に使われている．また，用途に応じたプレミックス粉（調理用にあらかじめ材料を混合した製品）として，お好み焼き粉，天ぷら粉，ホットケーキミックスなどがある．

① パン小麦，デュラム小麦　現在世界で栽培されている小麦には多くの種類と品種がある．植物学的にひとつの穂に付く粒の数や染色体数などにより，一粒系小麦，二粒系小麦，普通系小麦などに分類される．普通系小麦のパン小麦（普通小麦，Common wheat）と二粒系小麦のデュラム小麦（デュラムコムギ，Durum wheat）が現在広く栽培されている．

② 冬小麦，春小麦　秋に種をまき，翌年初夏に収穫するものは冬小麦，春に種をまき，初秋に収穫するものは春小麦とよばれる．

③ 白小麦，赤小麦　小麦粒の外皮の色が，淡い白黄色のものを白小麦，褐色のものを赤小麦という．

製粉機

④ **硝子質小麦, 粉状質小麦**　小麦粒を切断したときに, 横断面の組織が密で, 半透明に見えるものを**硝子質小麦**, 組織がそれほど密でなく, 白っぽく見えるものを**粉状質小麦**という. 小麦中に含まれる硝子質粒の割合を測定した値が硝子率で, この値が高い小麦ほど粒が硬く, たんぱく質含量が多い. 逆に硝子率が低い (粉状質粒が多い) ほど, たんぱく質含量が少ない傾向がある.

⑤ **硬質小麦, 軟質小麦**　粒が硬いものを**硬質小麦**, 軟らかいものを**軟質小麦**, その間のものを中間質小麦とよぶこともある. 一般に, 硬質小麦は製パン, 軟質小麦は日本の麺類や菓子の製造に適する.

（2）　小麦の構造

　小麦粒の構造は, 外側に**果皮**, **種皮**の外皮があり, 内側に**胚乳**がある. 胚乳の一番外側には**糊粉層 (アリューロン層)** があり, その内側にでん粉貯蔵組織がある. 小麦の形態の特徴として深い**縦溝 (粒溝, クリース)** がある. その反対側に**胚芽**がある.

（3）　小麦の成分

　小麦玄穀の成分は, 炭水化物 72.1%, たんぱく質 10.8%, 脂質 3.1%, 食物繊維 14.0% である (表 2.1). 炭水化物のほとんどはでん粉で, アミロースが約 25%, アミロペクチンが約 75% で含有比は約 1：3 である. また, ぶどう糖, しょ糖, ラフィノースなどの糖類も含まれるが, これらは胚芽に集中する. 総たんぱく質の 75% は胚乳に含まれる. 小麦の主要なたんぱく質は, プロラミン属の**グリアジン**とグルテリン属の**グルテニン**である. 小麦 (強力粉) のアミノ酸価は 49 と低く, 制限アミノ酸はリシンである. 脂質は胚芽に多く含まれる.

小麦玄穀の脂肪酸組成はリノール酸が 59%, パルミチン酸が 21%, オレイン酸が 14% である. ビタミン B 群とビタミン E が穀類の中で比較的多く含まれる. フラボノイド類の色素成分を含み, アルカリ性になると黄色が濃くなる (中華麺など).

（4）　小麦の製粉

　一般に米は粒のまま食すことが多いが, 小麦は粉にして加工 (**製粉**) して**小麦粉**にする場合が多い. 小麦を製粉する理由としては, 以下のようなことがあげられる.

① 消化率が向上する.

② 小麦粒は深い縦溝があるため, 外側から削っていっても外皮を完全に除けない. また皮部分が強靱で, 胚乳部分が軟らかいため, 小麦粒を粉砕することで, 外皮を除きやすくなる.

③ 製粉することにより, パンや麺などに加工でき利用範囲が広くなる.

　小麦粒の各部位の割合は, 果皮・種皮が約 6 ～ 7 %, 糊粉層が約 6 ～ 7 %, 胚乳が約 85%, 胚芽が約 2 % である. 小麦粉を製粉すると果皮・種皮, 糊粉層, 胚芽は**ふすま (麩, ブラン)** として除かれるため, 小麦粉の歩留まり (収率) は 70〜80% である. ふすまには不溶性食物繊維が豊富に含まれる. 小麦粒の部位別の成分組成を表 2.5 に示す.

　小麦の製粉は, 古い時代には人力や風車, 水車で行われていたが, 産業革命期に入ると, 新たに発明された蒸気機関を利用した製粉も行われるようになった. 都市部の人口も増えてパンなどの食料需要が増えると, 大規模な製粉工場がつくられるようになった. 小麦の粒を破砕するロール式製粉機 (反対方向に異なる速度で回転する

表 2.5　小麦粒の部位別の成分組成（%）

穀類	全粒中	たんぱく質	脂質	炭水化物	灰分	食物繊維
全粒	100	12.0	1.8	67.1	1.8	2.3
果皮・種皮	6〜7	10.6	0	40.0	6.2	27.6
糊粉層	6〜7	24.5	8.0	38.5	11.0	3.5
胚乳（周辺部）	85	16.0	2.2	65.7	0.8	0.3
胚乳（中心部）		7.9	1.6	74.7	0.3	0.3
胚芽	2	26.0	10.0	32.3	4.5	2.5

水分含量はどの画分も 15%.

二つのロールの間に小麦が通り，圧砕していく方法）が 19 世紀に発明された．現在の製粉は，多数のロール機とふるいの組み合わせにより，おもに分画した胚乳を順次粉砕，分離する方法が用いられる．精選，調質，挽砕（破砕，純化，粉砕），ふるい分け，とり分け，仕上げなどの各工程から成る．一度に小麦をつぶして行うのではなく，段階的な方法がとられている（図2.6）．

（5）　小麦粉の種類と特徴

小麦粉を分類する基準には大きく二つある．ひとつは等級（グレード）による分類で，もうひとつはたんぱく質含量によるものである（表2.6）．

① 等級による分類　同じ小麦の胚乳部分でも，中心部は白くて灰分含量が少ない傾向がある．そのため，中心部分からとれる上級粉は，灰分が低く，より白い色をしている．逆に，表皮近くからとれる下級粉は，灰分が多くなり，色がくすみ茶褐色を帯びている．灰分含量によって，**特等粉**，**一等粉**，**二等粉**，**三等粉**，**末粉**と分類する．末粉は工業用や飼料用などとして利用される．

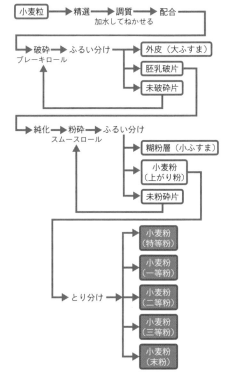

図2.6　小麦粒の製粉工程

② たんぱく質含量による分類　小麦粉に含まれるたんぱく質含量に応じて分類するもので，たんぱく質含量の少ない順に**薄力粉**，**中力粉**，**準強力粉**，**強力粉**に分類される．薄力粉は一般菓子に適し，中力粉はうどんなどに，強力粉はパンなどに適している．パスタ用には，たんぱく質含量の高いデュラム小麦を粗びきした**デュラムセモリナ**が使われる．

表 2.6　小麦粉の種類と性質

たんぱく質含量（%）／等級			薄力粉（6.5〜8.0）	中力粉（8〜10）	準強力粉（10.5〜12）	強力粉（11.7〜13）	デュラムセモリナ（12.6〜14.1）
	灰分（%）	食物繊維（%）	色調				
特等粉	0.3〜0.4	0.1〜0.2	純白色	ケーキ, カステラ, 天ぷら	フランスパン	ロールパン, フランスパン	食パン, ハードロール	パスタ（スパゲッティ, マカロニ, バーミセリー）
一等粉	0.4〜0.45	0.2〜0.3	白色	ケーキ, クッヤー, ソフトビスケット, 饅頭	素麺, 冷や麦	食パン, 中華麺	食パン, ハードロール	
二等粉	0.45〜0.65	0.4〜0.6	微褐白色	ハードビスケット, 一般菓子	うどん, クラッカー, 中華麺	菓子パン, 中華麺	食パン	
三等粉	0.7〜1.0	0.7〜1.5	褐灰色	駄菓子, 糊料	駄菓子	グルテン, 焼き麩, 生麩, でん粉, そばのつなぎ		
末　粉	1.2〜2.0	1.0〜3.0	灰褐色	でん粉工業用原料, 飼料				

2.1.5　小麦の加工食品

　小麦粉に少量の水を加え混ぜこねた（加水混ねつ）ものを生地（ドウ）という. 生地は粘着性, 伸展性, 弾力性をもち, 小麦の重要な加工特性である. これらの性質は, 小麦に含まれるたんぱく質と関係がある. 小麦たんぱく質であるグリアジンとグルテニンを加水混ねつすると**グルテン**が形成される（図2.7）. 球状たんぱく質であるグリアジンは粘着性や伸展性に関係し, 繊維状の高分子たんぱく質であるグルテニンは弾力性に関係するといわれている.

① パン　パンは, 強力粉, ライ麦などを主原料とし, 水, 食塩, 酵母などを加えてこねた生地（ドウ）を焼き上げたものである. 発酵パンは, **酵母**（*Saccharomyces cerevisiae*）を用い, 生地を発酵させ二酸化炭素（炭酸ガス）により膨らませたものである. 小麦中のグルテンは, 発酵中に三次元の網目構造を形成し, 弾力性のあるグルテン膜を

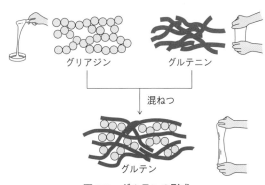

図 2.7　グルテンの形成

グリアジン：分子量6万くらいの球状たんぱく質. 分子間の結合力は弱く, 粘性に富む.
グルテニン：多数のサブユニットが結合した細長い繊維状の高分子たんぱく質（分子量は約50万）. 分子間の結合力が強く, 弾性をもつ.
グルテン：球状のグリアジンが繊維状のグルテニンの上に並び, 非共有結合（疎水結合, 水素結合, イオン結合）やS–S結合により網目構造をつくる. グルテンは適当な粘弾性をもつ.

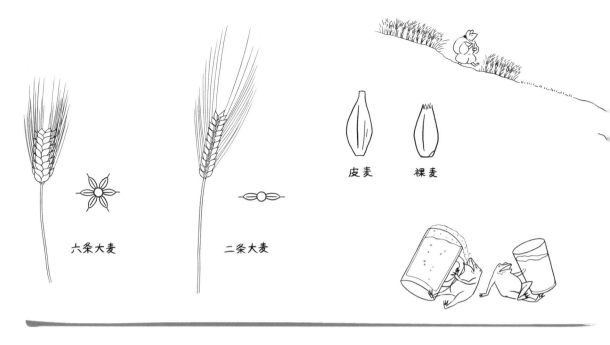

六条大麦　　　　　　　二条大麦　　　　　　　皮麦　　裸麦

原材料の一部 → 中種づくり → 中種発酵 → 残りの原材料
小麦粉，水，　　混ねつ　　　28℃，湿度約80%，　小麦粉，水，塩，
酵母など　　　（ミキシング）　約4時間半　　　　砂糖，油脂など

→ 生地づくり → 分割・丸め → 中間発酵 → 成型
ミキシング　　　　　　　20分ほど　　食パン型に
　　　　　　　　　　　　　休ませる　　入れる

→ 最終発酵 → 焼成 → 冷却・包装 → 食パン
38℃，湿度約80%，（ベーキング）食パンをスライス
50分　　　　約200℃，約30分

図 2.8　中種法による食パンの製造工程

形成する.

　製パン工場などで工業的に行われているおもなパンの製法には，全材料を一度にミキシングして生地をつくる直種（ストレート）法と，原材料の一部を発酵させたのち，残りを加えて再び発酵させる中種法がある（図2.8）. ほとんどの大手製パン会社では製品の品質が均一に保たれることから，中種法が採用されている.

② 麺類　麺は，小麦粉などの穀粉と水をこねた生地を線状に細長く成形したものである. 主原料に小麦粉を用いたものに，うどん，冷や麦，素麺，中華麺，パスタなどがある.

　中華麺では，かん水を使用する. この主成分は，アルカリ性の塩類（炭酸カリウム，炭酸ナトリウム，重曹の混合液）で，麺に弾性やコシを与え，さらに小麦成分に働き，独特の香りや色の発生にかかわる.

③ パスタ　パスタは，デュラムセモリナ（デュラム小麦の胚乳）を用いてつくられる. デュラム小麦粉中のたんぱく質含量は高いが，グルテンの弾性は強くないのでパン用には使われない. また，カロテノイド系色素が多いため，高圧で押しだすと透明感のある黄色になる. パスタは形の違いから，スパゲッティ，マカロニ，バーミセ

原材料 → 生地づくり → 押出成形 → 乾燥・冷却
小麦粉（デュラム　混練　　生地がダイスとよばれ　70〜90℃，約7
セモリナ），水　　　　　　るたくさん穴の開いた　〜10時間乾燥
　　　　　　　　　　　　　「型」から押し出される

→ カッティング → 計量・包装 → スパゲッティ

図 2.9　スパゲッティの製造工程

リー（細棒状）などに分けられる. スパゲッティの製造工程を図2.9に示す.

④ 麩　麩は，小麦粉から分離した小麦たんぱく質（グルテン）を主成分に小麦粉あるいはもち粉を加えて，焼いたり（焼き麩），蒸したり，ゆでたりした食品（生麩）である. 焼き麩が9割を占める. 小麦粉から分離したグルテンには粘弾性があるが，煮ると簡単にちぎれて分離してしまう. グルテンに小麦粉を混ぜると，小麦粉に含まれるでん粉がつなぎの働きをして煮崩れしなくなる.

2.1.6　大麦

（1）大麦の種類と特徴

　大麦（おおむぎ，Barley）は，イネ科の一年草または多年草の種子で，原産地は西アジアから中央アジアとされている. 世界最古の栽培植物のひとつである. 大麦は寒冷・乾燥に強い植物で，ヨーロッパ，アジア，北アメリカなど熱帯地域を除いて世界各地で栽培されている. 日本へは，弥生時代に中国から朝鮮半島を経て伝わったと考えられ，奈良時代には，日本各地で広く栽培された. 米と混ぜて「麦ごはん」として食べられるようになったのは，平安時代からといわれる. ほぼ日本全国で栽培され，主食用大麦はほぼ100%国内で生産されている.

　大麦には穂の形により，おもに六条大麦と二条大麦がある. 六条大麦は，種実が穂軸に6列に並び，穂の上か

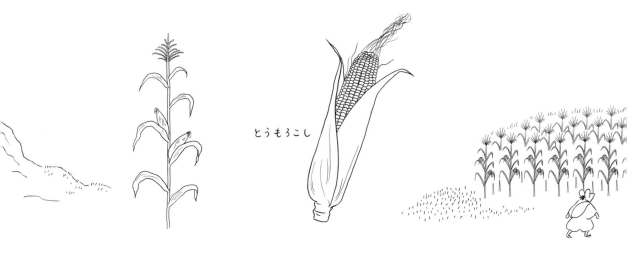

とうもろこし

ら六角形に見える．**二条大麦**は，種実が穂軸に対して2列に並び，矢羽形になっている．また大麦には，種子が熟しても種皮が種実に密着している皮麦（カワムギ）と，種皮が種実から脱離しやすい裸麦（ハダカムギ）という区分もある．うるち種ともち種があり，収穫量が多いうるち種がほとんどである．

六条大麦のおもな用途は，精白した丸麦，蒸したあとロールで圧扁した押し麦，また縦に二分したひき割り麦として，米に1〜2割混ぜて炊飯し，麦飯として利用する．大麦を煎って粉にしたものを麦こがし，はったい粉，香煎といい，砂糖と混ぜて湯で練って食べる．麦らくがんの原料になる．そのほか，麦茶，麦焼酎，麦味噌の原料に利用される．二条大麦は発芽させて麦芽とし，ビール醸造用に使用される．

（2）大麦の成分

主成分は炭水化物で，78.3%を占める，そのほとんどがでん粉で，アミロースとアミロペクチンの比は1：3〜4である．たんぱく質は6.7%含まれ，プロラミン属の**ホルデイン**とグルテリン属の**ホルデニン**がそれぞれ40%ずつを占める．制限アミノ酸はリシン，アミノ酸価は89である．大麦のたんぱく質は水と練っても，小麦粉のような生地（グルテン）は形成されない．食物繊維は他の穀類に比べ多く（12.2%）含まれ，水溶性食物繊維のβ-グルカンが主体である．

2.1.7　とうもろこし

（1）とうもろこしの種類と特徴

とうもろこし（玉蜀黍，Corn，Maize）は，イネ科の一年草の種子（子実とよばれる）で，栽培種が生まれた起源については長い間論争が続いている．とうもろこしが栽培された時期は紀元前5,000年頃で，現在のメキシコあたりで栽培品種とされ，各地に広まったという説が有力である．とうもろこしは，15世紀のコロンブスの航海をきっかけに，ヨーロッパやアフリカ，アジアなど世界に広まり，日本には16世紀にポルトガル人によって伝来し，各地に定着した．明治時代以降，飼料用などとして本格的に導入され，広まった．

とうもろこしの英語名にはcorn（コーン）とmaize（メイズ）があり，おもにアメリカ，カナダ，オーストラリアなどではとうもろこしをcornとよび，一方，ヨーロッパではmaizeとよぶことが多い．本来，cornは，アングロサクソンの古語で「穀類」を意味しており，生産国や生産地域における主要穀物のことを指す言葉であった．

とうもろこしは，米，小麦とともに世界三大穀物のひとつで，その中でももっとも生産量が多い．アメリカが世界最大のとうもろこしの生産国で，世界の生産量の約4割をいわゆるコーンベルトという地帯でおもに生産されている．日本で穀類としてのとうもろこしは生産されておらず，輸入に頼っている．未熟なとうもろこしであるスイートコーンは野菜類として取り扱われる．

一般に，植物体としてのトウモロコシの単位面積あたりの収量は，イネやコムギよりも高い．これはトウモロコシが，イネやコムギにはない高い光合成能力を備えているためである．ふつうの植物は光合成を行う際，炭素原子が3個の有機物を合成するのに対し，トウモロコシはその前段階で炭素原子が4個の有機物を合成する回路を細胞内にもつ．このような特性の植物は，C_4**植物**とよばれる．C_4植物は光合成速度が限界に達する光飽和点がC_3植物よりも高く（図2.10），水分蒸散量も少ない．この特性は

スイート種

ポップ種

デント種

ソフト種

フリント種

ワキシー種

軟質でん粉

硬質でん粉

もち質でん粉

糖質

胚芽

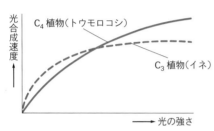

図 2.10 C_3 植物（イネ）と C_4 植物（トウモロコシ）の光の強さと光合成速度の関係

植物が熱帯の強い日射や高温，乾燥に耐えながら獲得したと考えられ，雑穀類にも見られる．この光合成能力の高さが，トウモロコシが広く利用される理由のひとつである．

とうもろこしは，その子実の形や胚乳部のでん粉の特性から，6種ほどに分類される（表2.7）．日本で野菜として身近な種類が**スイート種**（スイートコーン）で，胚乳に糖質が多く，甘味が強い特性がある．胚乳がほとんど硬いでん粉でできているのが**ポップ種**（ポップコーン）で，加熱すると胚乳の中心部分に含まれる水分が高圧の蒸気となって胚乳を爆発させ，同名の菓子になる．**デント種**（デントコーン）は馬歯種ともよばれ，子実が完熟すると中央部がへこんで馬の臼歯のような形になる．現在，飼料用や工業用として世界でもっとも多く栽培されている品種である．

未成熟のとうもろこし（スイートコーン）は，生食，冷凍用，缶詰などに利用される．完熟のとうもろこし粒は，胚乳（でん粉），胚芽，皮に分け，胚芽からはとうもろこし油を製造する．精白が困難なため，おもにひき割りや粉に加工して，コーングリッツ，コーンミール，コーンフラワー，コーンスターチなどにし，さまざまな用途に用いられる（表2.8）．

表 2.7 とうもろこしの品種と特徴

品種	特徴
スイート種（甘味種）	甘味が強い．未成熟のものは野菜類として取り扱われる 生食，缶詰，料理用として利用
ポップ種（爆裂種）	粒のほとんどが硬質でん粉 加熱すると水分の膨張により爆裂し，もとの容積の 15～35 倍になる．ポップコーンの原料
デント種（馬歯種）	世界でもっとも生産量が多く，飼料用，工業用として利用
ソフト種（軟粒種）	粒のほとんどが軟質でん粉 生食，缶詰，冷凍，料理用として利用
フリント種（硬粒種）	硬質でん粉が外側を完全におおう 子実用，生食として利用
ワキシー種（もち種）	でん粉はアミロペクチン 100% 工業用として利用

（2） とうもろこしの成分

とうもろこしの主成分は炭水化物で，コーングリッツの場合 76.4% を占め，そのほとんどがでん粉である．アミロースとアミロペクチンの比は約 1：3 で，ワキシー種（もち種）はアミロペクチンが 100% である．たんぱく質は 8.2% 含まれ，そのうち，プロラミン属である**ツェイン**（ゼイン）が 45% 前後，グルテリン属のたんぱく質が約 35% 含まれる．制限アミノ酸はリシンとトリプトファンで，アミノ酸価は 44 と低い．トウモロコシは他の穀類と比べて**ナイアシン**含量が低く，主食として利用する際は，ナイアシン不足に起因する**ペラグラ**（発疹や消化管障害などを起こす疾患）に注意する必要があ

表 2.8　とうもろこしの加工品と用途

種類	製造方法	用途
コーングリッツ	胚乳部を破砕した粒度の大きいもの	製菓，コーンフレーク，ビール，ウイスキーなど
コーンミール	コーングリッツを少し粗い粉にしたもの	製菓，パン材料
コーンフラワー	コーングリッツを細かくしたもの	製菓，スナック食品，ソーセージ，水産練り製品の結着剤
コーンスターチ	胚を取り除いて摩砕し，得られたでん粉液を濾過・乾燥	糖化原料，製菓，水産練り製品，ビール，ウイスキーなど

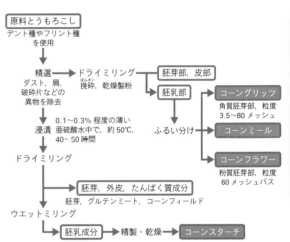

図 2.11　とうもろこしの加工品の製造工程

る．脂質は 1.0％含まれるが，全脂質の約 80％が胚芽に存在する．胚芽から，リノール酸，オレイン酸などの脂肪酸からなるとうもろこし油が得られる．とうもろこしの黄色い色は，β-クリプトキサンチンやゼアキサンチンなどの**カロテノイド系色素**である．ビタミン A 作用を有する β-カロテンで，ビタミン A 含量を代表して表したものは**β-カロテン当量**とよばれ，とうもろこしは穀類の中で高い値である（表 2.1）．

2.1.8　とうもろこしの加工食品

① **とうもろこしの加工食品全般**　とうもろこしの製粉は，小麦粉と同じように乾燥状態で胚乳部を粉砕し，**コーングリッツ**，**コーンミール**，**コーンフラワー**を製造する**ドライミリング（乾式製粉）**と，液体中で行う**ウエットミリング（湿式製粉）**がある（図 2.11）．**コーンスターチ**はウェットミリングで得られる．原料を亜硫酸浸漬して粉砕後，まず胚芽を分離浮遊させ，次にふるいで外皮を除

き，さらに遠心分離によってたんぱく質を除去してコーンスターチを得る．コーンスターチの用途は**糖化用**が主流である．酵素を作用させた**異性化糖**（ぶどう糖と果糖の混合物）は**コーンシロップ**として広く利用される．

② **コーンフレーク**　**コーンフレーク**は，コーングリッツに調味料（砂糖，麦芽エキス，麦芽シロップ，食塩，香料など）を加えてから蒸し煮し，半乾燥（水分約 20％）で圧扁後，焙焼・乾燥したものである（図 2.12）．シュガーフロスト（糖衣）する場合は糖衣釜で処理後，再度乾燥する．朝食のシリアルやスナック菓子に加工される．

2.1.9　そば

（1）そばの種類と特徴

そば（蕎麦，Buckwheat）は穀類として分類されるが，イネ科ではなくタデ科に属する一年草の種子である．原産地は中央アジアとされ，奈良時代から「そばがゆ」や

そば

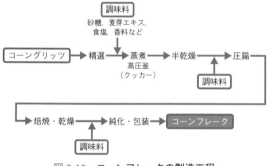

調味料
砂糖，麦芽エキス，食塩，香料など

コーングリッツ → 精選 → 蒸煮 高圧釜（クッカー） → 半乾燥 → 圧扁

調味料

→ 焙焼・乾燥 → 純化・包装 → コーンフレーク

調味料

図2.12　コーンフレークの製造工程

「そばがき」で，江戸時代から細長い麺の形の「そばきり」として利用されるようになった．そばは低温に強く，やせた土地でも生育し，また播種から収穫までの期間が75日前後と短いため，昔から救荒作物として役立った．

そばには普通種，韃靼種（だったん）などの種類があり，日本では普通種がもっとも多く栽培される．収穫時期により，春にまいて夏に収穫する夏そばと，夏にまいて秋に収穫する秋そばに大別される．

そばの実（種子）は三角稜形をしていて，そば殻とよばれる黒褐色で硬い果皮におおわれ，種皮，糊粉層，胚乳，胚芽が存在する．種皮と胚乳が離れにくいため，粗びきにして皮部を除いてから製粉する．そば粉は，製粉工程で粉砕とふるい分けを繰り返して「一番粉（内層粉，更科粉ともいう）」，「二番粉（中層粉）」，「三番粉（表層粉）」にふるい分けされる．ふるい分けしていないものは「全層粉（ひきぐるみ）」とよばれる．

（2）　そばの成分

そば（全層粉）の主成分は炭水化物が69.6％含まれ，でん粉のアミロースとアミロペクチンの比は約1:3で

ある．たんぱく質は12.0％存在し，ほかの穀類と比べると多い．そばのたんぱく質は水溶性のアルブミン属やグロブリン属が多く，粘性を示すプロラミン属の含量は低い．たんぱく質のアミノ酸組成を見ると，穀類たんぱく質に不足しがちなリシン，トリプトファン，トレオニンのアミノ酸が比較的多く含まれ，そば（全層粉）ではアミノ酸価100と高いが，そば（生）の場合は制限アミノ酸がリシンで，84と低くなる．脂質は3.1％程度含まれ，オレイン酸，リノール酸などの脂肪酸が多い．食物繊維も比較的多く含まれ（4.3％），不溶性食物繊維が多いことが特性である．カリウム，リン，鉄の無機質，ビタミンB_1，ビタミンB_2，ナイアシンのビタミン含量もほかの穀類と比較すると多い．

韃靼（だったん）そばには，ポリフェノールの一種でビタミン様物質のビタミンP作用（毛細血管収縮作用）を示すフラボノイド系色素のルチンが多く，普通種の約120倍含まれる．

（3）　そばの加工食品

① そば粉　種実を挽砕（ばんさい）して果皮・種皮をふるい分けして得られる粉末である．そば粉は，胚，糊粉層もひき込まれるため，アミラーゼ，マルターゼ，リパーゼ，プロテアーゼ，オキシダーゼなどの酵素が多く含まれ，変質しやすく貯蔵性に劣る．

② そばがき　そば粉を湯でこねたものである．そばつゆや醤油などをつけて食べる．

③ そばきり　そば粉を麺状にしたものである．単に蕎麦ともいう．そば粉は，小麦粉と異なりグルテンを形成せず，麺ができにくい．そのため，一般につなぎとして小麦粉が使われ，小麦粉を10〜80％混ぜる．小麦粉を加えない，いわゆる十割そばもあるが，粉の種類や打ち

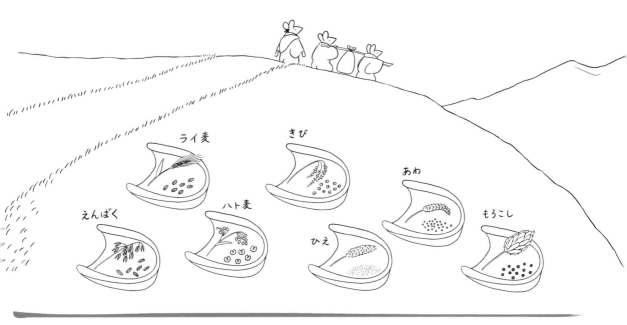

方などを工夫してつながりやすくしている.

2.1.10 雑穀類

雑穀は，日本ではイネの栽培が難しい地域で食べられていたが，米と比べて食味が劣ることもあり，食生活が豊かになると，一部を除いてその姿を消してしまった. しかし近年，健康機能をもつ食品として注目されるようになった. 一方，世界においては，雑穀を主食とする国々があり，それらの国では雑穀が重要な食品となっている.

① えんばく（燕麦，オート麦，Common oat，Oat） 寒冷地で栽培される一年草の種子で，中央アジアが原産地とされている. 大麦の畑の雑草から作物化した二次作物である. カラス麦ともいわれる. たんぱく質含量は13.7％と高い上に必須アミノ酸バランス（アミノ酸価100）も優れ，穀類の中では良質なたんぱく質源である. 食物繊維にも富む（9.4％）. 粗びきもしくは圧扁したオートミールとして利用される.

② ライ麦（黒麦，Rye） 一年草または越年草の種子で，西アジアが原産地とされる. ライ麦（全粒粉）のたんぱく質は12.7％と豊富に含まれ，リシンが小麦粉よりも多く，アミノ酸価は100である. 食物繊維がとくに多い（13.3％）. グルテンは形成しないが，酸によりたんぱく質に粘性が出るため，乳酸発酵させて黒パンの原料として使用される. そのほか，ビール，ウイスキー，ウォッカの原料などとして利用される.

③ ハト麦（鳩麦，薏苡，Job's tears，Adlay） インドシナ半島が原産とされるC_4植物である. 古くから生薬として栽培されていた. 中の胚乳は硬いホウロウ層に囲まれる. ハト麦の英語名のJob's tearsは「ヨブの涙」とい

う意味で，ハト麦が，旧約聖書に書かれている「ヨブ記」の主人公が神を仰いで流した涙のような形をしているところから付けられたといわれている. ハト麦茶として飲用されたり，精白してそのまま炊いたり，米と混炊して利用される. 漢方では，皮をむいた種子をヨクイニン（薏苡仁）とよび薬用に用い，滋養強壮，いぼ取りの効果，利尿作用などがあるとされる.

④ きび（黍，Proso millet，Common millet） 中央アジアの温帯地方が原産地のC_4植物で，高温乾燥に強く，やせ地でも生育する. うるち種ともち種があるが，もち種の栽培がほとんどである. ビタミンB_1，ビタミンB_2，ナイアシンが豊富である. だんご，菓子などに使用される.

⑤ ひえ（稗，Japanese barnyard millet） インド原産とされるC_4植物で，縄文時代より栽培され，あわとともに当時の主食であった. 精白して米と混炊したり，粉にだんごに利用される.

⑥ あわ（粟，Foxtail millet） 東アジア原産のC_4植物で，高温乾燥に強く，縄文時代から栽培されているもっとも古い穀類のひとつである. 種子は穀類の中でもっとも小さい. うるち種ともち種がある. でん粉以外に，食物繊維，亜鉛や銅などの無機質に富む. たんぱく質のアミノ酸価は33と低く，リシンが第一制限アミノ酸である. 米の飯に混ぜたり，だんご，菓子（おこしなど）に使用されたりする. また，水あめ，酒の原料として利用される.

⑦ もろこし（蜀黍，Sorghum） 熱帯アフリカ原産のC_4植物の一年草の種子である. 精白して米と混炊したり，粉にしてだんご，もちにして食用としていた. 世界では広く食用や飼料用として栽培されている.

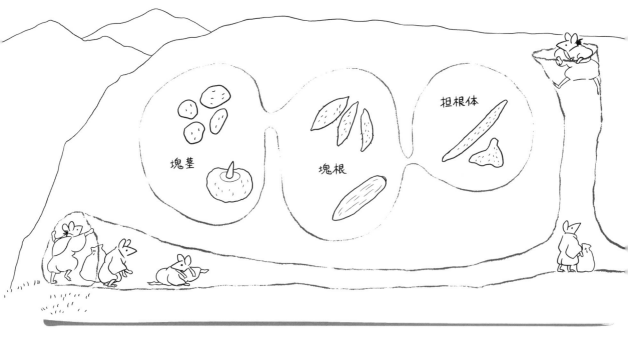

塊茎　　　　　　塊根　　　　担根体

2.2　いも類　POTATOES

　いも類は，でん粉などの炭水化物を多く含むことから，世界には米や小麦，とうもろこしなどと並んで，いもを主食とする地域も多数存在する．中でも，じゃがいもやさつまいもはやせた土地でも耕作ができる救荒作物であるため，歴史上，人類を飢餓から救ってきた重要な食材である．

2.2.1　いも類全般
（1）　いも類の分類と特徴
　いも類は，多年草の植物が根や地下茎に栄養素を貯蔵し，肥大したものである．じゃがいも，さといも，こんにゃくいも，きくいもは茎が肥大した**塊茎**で，さつまいも，ヤーコン，キャッサバは根が肥大した**塊根**である．やまのいもは，根と茎の中間的な**担根体**といわれる部分が肥大したものである．
　いも類は，単位面積あたりの収量が多く，生産エネルギーは穀類より大きい．また栽培が容易で，豊凶の差が少なく，収量が安定しているという特徴がある．

（2）　いも類の成分
　いも類の成分（表2.9）の特性を以下にあげる．
①穀類同様にでん粉の含量が高く，エネルギー源として重要である．いも類のでん粉は水に溶けないでん粉粒の形で存在し，比較的簡単に抽出できる．そのため食品成分表では，おもにいも類から抽出したでん粉とその加工食品も同じ項目に収載されている．
②じゃがいもやさつまいもなどには，穀類や完熟豆類に含まれないビタミンCを多く含む特性がある．カロ

テン類の色素成分を含むもの（さつまいも）もある．無機質ではカリウム，カルシウム含量が比較的高い．食物繊維含量も多い．
③生のいも類は，水分含量が65〜85％程度あるため，穀類，豆類に比べ保存性や輸送性は劣る．

2.2.2　じゃがいも
（1）　じゃがいもの種類と特徴
　じゃがいも（馬鈴薯，Potato）はアンデスが原産のナス科の一年草で，16世紀末にヨーロッパに伝えられ世界に広まった．日本へは1598年，ジャワの港ジャガタラ（いまのジャカルタ）からオランダ人が長崎に導入し，じゃがいもの名が付いたが，当初あまり普及しなかった．本格的に栽培されるようになったのは，1907年に川田龍吉男爵が，アイルランド産の原種アイリッシュ・コブラーを導入し，改良してからであり，男爵いもとして広く普及するようになった．じゃがいもは冷涼で排水のよい土地に適し，生育期間が短く，収穫量も多い作物である．
　日本では現在，北海道産が全国のじゃがいも生産量の約8割を占める．日本で栽培される代表的な品種は，**男爵いも**や**メークイン**である．男爵いもは丸く，でん粉含量が多く粉質で，蒸すとホクホクとして食味がよく，栽培が容易で収量も多い．メークインは長いだ円形で切り口が黄色，粘質で蒸しても煮崩れが少なく，甘味が特性である．
　じゃがいもは，収穫後2〜3ヵ月の休眠期を経て発芽を始める．休眠後の発芽によりそのまま保存すると傷みやすく，有害物質が蓄積し，品質が劣化する．そのため，低温貯蔵あるいはコバルト60（^{60}Co）の**放射線照射**（コ

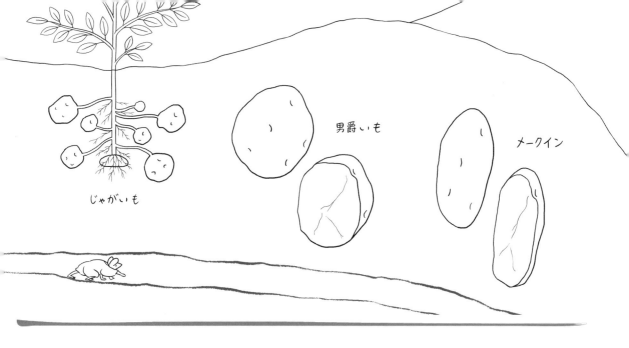
じゃがいも　　男爵いも　　メークイン

表 2.9　おもないも類の成分（100 g あたり）

食品名	エネルギー	水分	たんぱく質	脂質	炭水化物	灰分	無機質						ビタミン						食物繊維総量
							ナトリウム	カリウム	カルシウム	マグネシウム	リン	鉄	ビタミンA（β-カロテン当量）	ビタミンE（α-トコフェロール）	ビタミンB₁	ビタミンB₂	ナイアシン	ビタミンC	
単位	kcal			g						mg			μg			mg			g
じゃがいも　生	59	79.8	1.8	0.1	17.3	1.0	1	410	4	19	47	0.4	3	Tr	0.09	0.03	1.5	28	8.9
じゃがいも　蒸し	76	78.8	1.9	0.3	18.1	0.9	1	420	5	24	38	0.6	5	0.1	0.08	0.03	1.0	11	3.5
さつまいも　生	126	65.6	1.2	0.2	31.9	1.0	11	480	36	24	47	0.6	28	1.5	0.11	0.04	0.8	29	2.2
さつまいも　蒸し	131	65.6	1.2	0.2	31.9	1.0	11	480	36	24	47	0.6	29	1.5	0.11	0.04	0.8	29	2.3
さつまいも　焼き	151	58.1	1.4	0.2	39.0	1.3	13	540	34	23	55	0.7	6	1.3	0.12	0.06	1.0	23	3.5
さといも　生	53	84.1	1.5	0.1	13.1	1.2	Tr	640	10	19	55	0.5	5	0.6	0.07	0.02	1.0	6	2.3
ながいも　生	64	82.6	2.2	0.3	13.9	1.0	3	430	17	17	27	0.4	Tr	0.2	0.10	0.02	0.4	6	1.0
いちょういも　生	108	71.1	4.5	0.5	22.6	1.3	5	590	12	19	65	0.6	5	0.3	0.15	0.05	0.4	7	1.4
やまといも　生	119	66.7	4.5	0.2	27.1	1.5	12	590	16	28	72	0.5	6	0.2	0.13	0.02	0.5	5	2.5
じねんじょ　生	118	68.8	2.8	0.7	26.7	1.0	6	550	10	21	31	0.8	5	4.1	0.11	0.04	0.6	15	2.0
こんにゃく　精粉	194	6.0	3.0	0.1	85.3	5.6	18	3000	57	70	160	2.1	(0)	0.2	(0)	(0)	(0)	(0)	79.9
こんにゃく　板こんにゃく	5	97.3	0.1	Tr	2.3	0.3	10	33	43	2	5	0.4	(0)	0	(0)	(0)	(0)	(0)	2.2
きくいも　生	66	81.7	1.9	0.4	14.7	1.3	1	610	14	16	66	0.3	0	0.2	0.08	0.04	1.6	10	1.9
ヤーコン　生	52	86.3	0.6	0.3	12.4	0.4	0	240	11	8	31	0.2	22	0.2	0.04	0.01	1.0	3	1.1

Tr：Trace, 微量.

バルトの放射性同位体がγ線を放出）によって発芽を抑制する方法がとられる．γ線照射したじゃがいもには照射したことを表示する義務がある．じゃがいもは日本で唯一，放射線照射が認められる食品である．一般に低温貯蔵中にでん粉の加水分解が進み，還元糖が増え，甘味が増す．

じゃがいもの用途には，生食用，加工食品用，でん粉原料用がある．加工食品用としてもっとも多く使われるのはポテトチップス用で，次に多い冷凍加工食品のフライドポテトは，ファストフード店の増加とともに消費が増加した．ほかに冷凍食品（コロッケなど）や，肉じゃが，ポテトサラダなど，数多くの料理に加工される．

じゃがいものでん粉粒は比重が大きいため，磨砕物懸濁液から容易に沈殿分離でき，でん粉原料として用いられる．じゃがいものでん粉はとうもろこしなどのほかのでん粉に比べて，白色度，吸水率，糊の最高粘度・透明度が高く，糊化温度は低い．片栗粉，インスタント麺，水あめ，異性化糖，水産練り製品，加工でん粉など食品製造に広く利用される．

（2）　じゃがいもの成分

じゃがいも（生）の主成分は炭水化物が17.3%含まれ，そのほとんどがでん粉である．一般に単糖類や二糖類は少なく，味が淡白で，そのため連続して食べても飽きず，主食となる．穀類と比較するとじゃがいも中にはビタミンC含量が高く（28 mg/100 g），でん粉粒に保護されているため，加熱による損失が野菜類と比べると比較的少ない．じゃがいもを多量に食する英国などでは，ビタミンC摂取の約3割をじゃがいもに依存しているといわれる．食物繊維含量もいも類の中で高い（8.9 g/100 g）．

じゃがいもの発芽部や緑色部には，中枢神経毒のアルカロイド配糖体である<u>ソラニン</u>や<u>チャコニン</u>が含まれるため，加工や調理の前に取り除く必要がある．中毒症状としては頭痛，吐き気，胃炎などが知られる．

（3）　じゃがいもの加工食品

① ポテトチップス　<u>ポテトチップス</u>は，じゃがいもをスライスして油で揚げたものである．代表的な製造工程を図2.13に示す．ポテトチップスの品質は，油臭くなく，乾燥していて，淡い黄色を呈するものがよいとされる．原料のじゃがいもの糖分が多い場合，揚げると褐変しやすいため，糖含量が低いトヨシロなどの加工用の品種がポテトチップス用じゃがいもとしてよく用いられる．しかし，低温で貯蔵すると還元糖が増加し，ポテトチップス加工の際，還元糖とアミノ酸がメイラード反応を起こし，焦げが生じ外観が悪くなる問題点があった．このため，低温で還元糖が増加しにくいスノーデンやきたひめという品種も普及している．また，還元糖とアミノ酸のアスパラギンとが高温での加熱の際に発がん性のアクリルアミドが生成されることがわかり，還元糖の増加しづ

図 2.13　ポテトチップスの製造工程

らい品種の育成がさらに求められている．

ポテトフラワー（じゃがいもを粉にしたもの）に油脂や調味料を加えて，形を整えて加工した**成形ポテトチップス**（ファブリケート・ポテトチップス）もチップス状やスティック状など，さまざまな形状の製品が製造・販売されている．

② 冷凍フレンチフライドポテト　<u>冷凍フレンチフライドポテト</u>は，皮をむき拍子木状に切ったじゃがいもを湯通し（ブランチング）し，素揚げしたあと冷凍してつくる（図2.14）．じゃがいもの冷凍加工食品で重要な製品のひとつである．色上がりのほか，肉質，風味が良好であることが重要で，ホッカイコガネという品種がよく用いられる．素揚げする前にブランチングする目的は，還元糖を洗い流しフライでの過度の着色を防ぎ均一な色調にする，表面のでん粉の糊化により油の吸収を減少させる，素揚げ時間を短縮することなどである．

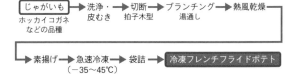

図 2.14　冷凍フレンチフライドポテトの製造工程

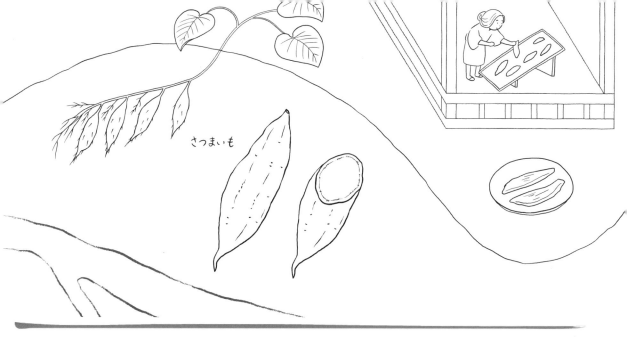

③ ポテトグラニュー，ポテトフレーク，ポテトフラワー　インスタントマッシュポテトは，温水または熱水を加えると，裏ごししたじゃがいもになる乾燥製品で，粒状の**ポテトグラニュー**とドラム乾燥したフレーク状の**ポテトフレーク**がある．ゆでたじゃがいもを直ちにマッシュして，でん粉粒を細胞内に閉じ込めた状態で乾燥する．裏ごし，乾燥工程で粘性が出ないように細胞破壊に注意する．**ポテトフラワー**は，皮以外の成分を含むじゃがいもを蒸煮，乾燥した製品である．製パン工場やスナック食品で使われる．

④ じゃがいもでん粉　**じゃがいもでん粉**（ばれいしょでん粉）の製造工程では，じゃがいもを磨砕し，でん粉乳とでん粉かすを分離し，不純物を分離する沈殿を行う．その後，純度の高いでん粉を精製し，乾燥させたあと，粉砕し袋詰めされる（図2.15）.

　じゃがいもでん粉のおもな用途には，片栗粉のほか，かまぼこなどの練り製品，麺類，菓子類などがある．工業製品ではオブラートの製造にも利用される．このほかにでん粉に化学的な処理を加えて耐久性や機能を高めたものは**化工でん粉**（加工でん粉）とよばれ，食品添加物などとして利用されている．

　片栗粉は，本来はユリ科の多年草であるカタクリの地下茎からつくられたでん粉を指すが，市場に流通している片栗粉は，じゃがいもから製造される．カタクリからつくられるでん粉が激減し貴重な食品となったため，同じような性質をもち，安価で大量生産できるじゃがいもでん粉が片栗粉として使用されるようになった．料理のとろみ付けや揚げ物の衣によく用いられるほか，麺類，和菓子材料などに使用されている．

2.2.3　さつまいも
（1）　さつまいもの種類と特徴
　さつまいも（薩摩芋，甘藷，Sweet potato）は，中南米が原産のヒルガオ科の一年草（熱帯では多年草）の塊根で，高温で排水のよい土地が適している．日本には，中国，琉球王国（沖縄県），薩摩国（鹿児島県）に伝わったとされ，江戸時代に儒学者青木昆陽により救荒作物として全国に広められたとされる．やせた土地でも栽培しやすいため，第二次世界大戦後，日本の食糧難時代に盛んに栽培された．皮の色が白いものから，赤色，褐色，紫色のものまで，中身も白色，黄色，橙黄色，赤紫のものと多数の品種（コガネセンガン，べにはるか，ベニアズマ，高系14号など）がある．

　さつまいもは熱帯原産植物であるため，**低温障害**により，褐変，腐敗しやすい．さつまいもの貯蔵適温は13〜15℃，湿度は80〜90％とされる．収穫時にいもの表面に傷が付きやすく，表面損傷の部分から病原微生物が侵入し腐敗することがある．そこで，30℃前後，高湿度で1週間程度保持し，損傷部にコルク層を形成する**キュアリング**という処理を行うと，その後適切な温度（冷暗所）で長期間の保存が可能になる．貯蔵中，じゃがいも同様でん粉の加水分解が進み，単糖やデキストリンが増

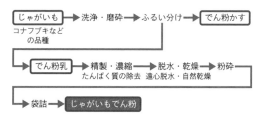

図2.15　じゃがいもでん粉の製造工程

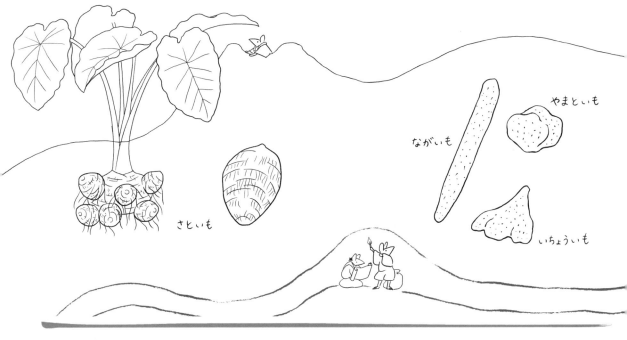

さといも

ながいも

やまといも

いちょういも

え，甘味が増す．

　さつまいもは，じゃがいもに比べて甘味が強いため，加工するよりそのままの形で食べられることが多い．さつまいものおもな用途としては，青果用がもっとも多く，次いでアルコール（焼酎原料）用で，でん粉原料用，加工食品用の順となる．さつまいもから製造されたでん粉のほとんどは，じゃがいものでん粉同様，清涼飲料の甘味に用いられる異性化糖の原料として利用されるが，そのほかには春雨の原料としても用いられる．加工食品として，蒸し切り干しさつまいも（干しいも）がもっとも多く，菓子用がこれに次ぐ．菓子用には，かりんとう（いもけんぴ）やいもようかん，スイートポテトなどがある．

（2）　さつまいもの成分

　生のさつまいもの主成分は，水分が 65.6%，炭水化物 31.9% である．ビタミン C はいも類の中では多く（29 mg/100 g），加熱してもでん粉に保護されるため，損失が少ない．さつまいもの可食部内部の黄色の成分は，<u>カロテノイド系色素</u>，外部の紫色は<u>アントシアニン系色素</u>である．むらさきいもは，可食部にもアントシアニン系色素が含まれる．さつまいもは切ると白い乳液が出るが，このおもな成分はヤラピンという樹脂配糖体である．

（3）　さつまいもの加工食品

　蒸し切り干しさつまいも（<u>干しいも</u>）は，さつまいもを蒸して，薄切りにし，乾燥させたものである．原料のいもには，仮貯蔵（キュアリング処理を行う）の間にでん粉の一部が糖化したものを用いる．洗浄したいもを蒸し，いもが冷めないうちに皮をむき，縦に 6〜7 mm に

切り，4，5 日間天日乾燥させる．これを冷暗所に 5，6 日間放置する．表面にできる粉がおもにマルトースで，いもを蒸すときに <u>β-アミラーゼ</u>がでん粉に作用してできるものである．さつまいもが焼きいもにより甘味が増加するのと同様に，でん粉に β-アミラーゼが作用してマルトースなどの甘味を示す糖が生成する（<u>糖化</u>する）ためである．β-アミラーゼは 60 ℃付近でよく働く．

2.2.4　その他のいも類

① さといも（里芋，Taro）　<u>さといも</u>はインド原産で，現在はアフリカで多く生産されている．高温多湿を好むサトイモ科の一年草（熱帯では多年草）で，地中の茎が肥大したものである．さといもの品種には，親いもを食べる品種（やつがしら，京いもなど），小いもを食べる品種（石川早生，土垂など），両者を食べる品種（赤芽，唐いも）がある．やつがしらや唐いもの葉柄部分はずいき（芋茎）とよばれ，酢の物や煮物に用いられる．

　主成分は炭水化物（13.1%）で，ほとんどがでん粉である．さといもの粘性は多糖類の<u>ガラクタン</u>，えぐ味成分は<u>ホモゲンチジン酸</u>，生のさといものぬめりに触るとかゆくなるのは<u>シュウ酸カルシウム</u>の針状結晶が皮膚に刺さることによる刺激である．煮物などに利用される．

② やまのいも類（Yams）　<u>やまのいも</u>（山の芋，Chinese yam）は，中国原産のつる性のヤマノイモ科の多年草で，茎と根の中間である担根体とよばれる部分が肥大したものである．日本で栽培されている種類は<u>ながいも</u>（長芋）群（長形種，粘りが弱くサクサクしている），<u>いちょういも</u>（銀杏芋）群（扁形種，粘りがやや強い），<u>やまといも</u>（大和芋）群（塊形種，粘りが強い）に大別される．やまのいもにはこのほかに，山野に自生する粘

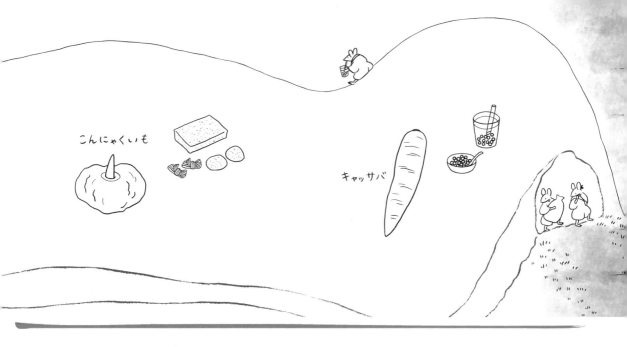

性の強いじねんじょ（自然薯，Japanese yam）がある．
　やまのいも類の可食部はでん粉が主成分で，生食して
もでん粉がよく消化される．いも類の中では比較的たん
ぱく質が多く（2.2〜4.5％）含まれる．特有の粘質物質
は，マンナンにたんぱく質などが結合した糖たんぱく質
である．やまのいもには，性ホルモン（エストロゲンや
テストステロンなど）などの前駆体となるジオスゲニン
という天然のステロイド化合物が含まれている．ながい
もは，生食（とろろ，やまかけなど），揚げ物，菓子（上
用まんじゅう）などに利用される．
③こんにゃくいも（蒟蒻芋，Konjac）　こんにゃくいも
は，インドネシア原産のサトイモ科の多年草の塊茎で，
中国から渡来した．現在，生産し食用としているのは日
本のみである．栽培は，いもにできる小いもを植え付け，
毎年秋に掘り取って貯蔵し，春にそれを植え，3〜4年
栽培して得られる親いもを収穫する．こんにゃくいもは
直接食用にはせず，こんにゃくに利用される．こんにゃ
くの主成分は，グルコマンナン（グルコース：マンノー
ス＝1：2）という難消化性の多糖類で，血糖値および
コレステロールを低下させる作用が認められる．
　こんにゃくは，こんにゃくいもを洗浄後，乾燥させて
粉にしたもの（精粉）を水で練り，膨張させてこんにゃ
く糊にする．これにアルカリ性を示す石灰（水酸化カル
シウム）を加え凝固（ゲル化）させ，加熱し製造する
（図2.16）．低カロリーである（5 kcal/100 g）．こんにゃ
くの中に見られるこんにゃくいもの皮を入れたような黒
い破片は，ヒジキなどの海藻である．
④きくいも（菊芋，Jerusalem-artichoke）　きくいもは
北アメリカ原産で，キク科の塊根である．菊に似た黄色
い花を付ける．でん粉をほとんど含まず，主成分はイヌ
リンである．イヌリンは果糖のポリマー末端にぶどう糖
が付加した多糖で，ヒトの消化酵素で分解されない，低
エネルギーの水溶性食物繊維である．おもに漬物として
利用される．
⑤ヤーコン（Yacon）　ヤーコンは中南米アンデス高地
原産のキク科の植物で，草丈は1〜2メートルにもなり，
1株から3〜6 kgの塊根が収穫できる．塊根のほか，
葉もヤーコン茶として利用される．炭水化物の大部分は
整腸作用のあるフラクトオリゴ糖で，でん粉はほとんど
含まれない．ヤーコンにはフラクトオリゴ糖が約7％含
まれ，これまで知られている作物の中でもっとも高い．
⑥キャッサバ（Cassava）　キャッサバはメキシコとブ
ラジルを原産地とし，2〜3メートルになる木状の多年
草で，肥大した塊根を1株に5〜10個付ける．熱帯・
亜熱帯地方では重要な主食である．品種には苦味種と甘
味種とがある．苦味種の外皮には，有害な青酸配糖体で
あるリナマリン（ファゼオルナチン）が多く含まれるが，
でん粉含量が25％と多く，加工処理され，タピオカで
ん粉の原料として利用される．甘味種は，毒のある外皮
を取り除き食用にされる．タピオカでん粉は球状のタピ
オカパールなどに加工することが多い．糊化しやすいで
ん粉として知られる．

```
        ┌─水─┐┌─海藻粉末─┐          ┌─石灰─┐ 水酸化
        │    ││          │          │      │ カルシウム
┌─────────┐│          ┌──────────┐ │      ┌──────────┐
│こんにゃく精粉│─────────→│こんにゃく糊│──→│練り合わせ │
└─────────┘          └──────────┘    │凝固（ゲル化）│
3〜4年栽培した                          └──────────┘
こんにゃくいも
        ┌──────┐  ┌──────┐  ┌──────┐  ┌────────┐
        │成形  │→│加熱  │→│包装  │→│こんにゃく│
        │型入れ │  │熱水中 │  │包装後，│  └────────┘
        └──────┘  └──────┘  │加熱殺菌│
                              └──────┘
```

図2.16　こんにゃくの製造工程

2.3　豆類　PULSES

　豆類は，穀類やいも類のように主食として用いられることは少ないが，主食で不足する栄養素を補う重要な食品で，世界中でさまざまな豆料理がある．代替肉に使われる大豆など，数多くの加工食品が生み出されている．

2.3.1　豆類全般

（1）　豆類の分類と特徴

　マメ科植物の特有の果実は豆果(とうか)といわれ，雌しべの子房(しんぴ)の心皮（雌しべを構成する葉に相当する単位）が成長して形成された鞘(さや)（果皮）とその中に種子（子実）をもつ．

　多くのマメ科植物の根には，根粒菌(こんりゅうきん)とよばれる空気中の窒素分子をアンモニアを介して窒素化合物に変換できる菌が共生しているため（図2.17），やせた土地でも生育できる特徴をもつ．

　食品成分表では，大豆，小豆，いんげん豆，えんどうなどが豆類に収載されているが，落花生(らっかせい)は種実類に，未熟な種子（えだ豆やグリンピース）や未熟なさや（さやいんげん，さやえんどうなど）は野菜類とされる．マメ科植物の分類を示す（図2.18）．

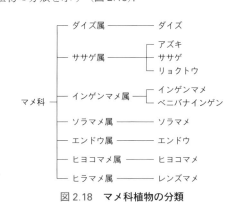

図2.18　マメ科植物の分類

（2）　豆類の成分

　豆類の成分の特性を以下にあげる（表2.10）．

① 一般に乾燥している豆類の水分は15%程度で，貯蔵性，輸送性がよい．

② たんぱく質含量が高く，貴重な植物性たんぱく質の供給源である．豆類のアミノ酸組成では，どの豆類もリシンやトリプトファンなどが多く含まれ，アミノ酸価は100である（表2.11）．

③ 大豆は脂質に富み，植物油原料として重要である．

④ カリウム，マグネシウム，リン，鉄などの無機質，ビタミンB群，ナイアシンなどのビタミンの含量が高いが，完熟した豆を収穫後に乾燥させてから保存するため，ビタミンCはほとんど含まれない．

⑤ 食物繊維が多く，一般に不溶性食物繊維のヘミセルロースの含量が高い．

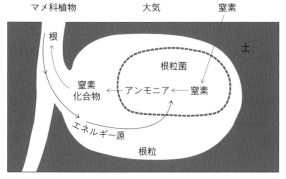

図2.17　マメ科植物と根粒菌の共生

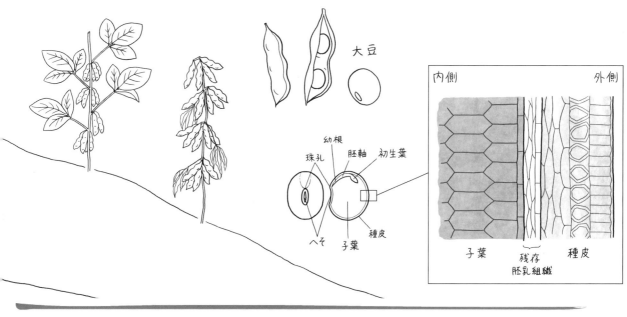

大豆／幼根／胚軸／初生葉／珠孔／種皮／へそ／子葉

内側　外側　子葉　残存胚乳組織　種皮

表 2.10　おもな豆類の成分（100 g あたり）

食品名	エネルギー	水分	たんぱく質	脂質	炭水化物	灰分	無機質						ビタミン						食物繊維総量
							ナトリウム	カリウム	カルシウム	マグネシウム	リン	鉄	ビタミンA（β-カロテン当量）	ビタミンE（α-トコフェロール）	ビタミンB$_1$	ビタミンB$_2$	ナイアシン	ビタミンC	
単位	kcal		g							mg			μg		mg				g
大豆　乾	372	12.4	33.8	19.7	29.5	4.7	1	1900	180	220	490	6.8	7	2.3	0.71	0.26	2.0	3	21.5
大豆　ゆで	163	65.4	14.8	9.8	8.4	1.6	1	530	79	100	190	2.2	3	1.6	0.17	0.08	0.4	Tr	8.5
小豆　乾	304	14.2	20.8	2.0	59.6	3.4	1	1300	70	130	350	5.5	9	0.1	0.46	0.16	2.2	2	24.8
小豆　ゆで	124	63.9	8.6	0.8	25.6	1.0	1	430	27	43	95	1.6	4	0.1	0.15	0.04	0.5	Tr	8.7
いんげん豆　乾	280	15.3	22.1	2.5	56.4	3.7	Tr	1400	140	150	370	5.9	6	0.1	0.64	0.16	2.0	Tr	19.6
いんげん豆　ゆで	127	63.6	9.3	1.2	24.5	1.4	Tr	410	62	46	140	2.0	3	0	0.22	0.07	0.6	Tr	13.6
えんどう　乾	310	13.4	21.7	2.3	60.4	2.2	1	870	65	120	360	5.0	92	0.1	0.72	0.15	2.5	Tr	17.4
えんどう　ゆで	129	63.8	9.2	1.0	25.2	0.8	1	260	28	40	65	2.2	44	0	0.27	0.06	0.8	Tr	7.7

Tr：Trace，微量.

⑥ 渋味，苦味，えぐ味の元となる**サポニン**とよばれる成分を含む．泡立ちの原因となる界面活性作用をもち，溶血作用などが知られる．アクとして除去される成分である．

2.3.2　大豆

（1）　大豆の種類と特徴

　大豆（だいず，Soybean, Soya bean）は，中国北部が原産とされるマメ科大豆属の一年草の種子である．日本には約 2,000 年前に渡来し，豆腐，納豆，味噌，醤油などの伝統的食品の原料として使用されてきた．「大豆」と書くが，そら豆など，大豆よりも大きな豆類も存在する．これは名が付いた際，単に「豆」といえば大豆を指すほど重要視されたため，「大いなる豆」，「大切な豆」との意味でこのような表記になったといわれる．大豆は栄養価にも優れ，「畑の肉」といわれ日本人のたんぱく質供給源として古くから重要な食品である．

　大豆の品種は非常に多く，種皮の色も黄色，青，黒などがある．一般的な品種の種子は黄色である．種子の大きさにより，大粒種，中粒種，小粒種に分けられ，日本と中国産には大粒種と中粒種が多く，米国産には小粒種が多い．用途のほとんどが製油用で，残りが豆腐，納豆，煮豆，味噌，醤油，惣菜などの食品用である．

（2）　大豆の構造

　大豆の可食部は大部分が**子葉**で，穀類のおもな可食部が胚乳であるのと対照的である．2 枚の子葉とそれに挟まれて幼根，胚軸，初生葉がある．外側を種皮が包み，種皮の下にごく薄い胚乳の残存組織がある．

表 2.11　豆類のアミノ酸組成（たんぱく質1gあたりのアミノ酸 mg）とアミノ酸価[a]

食品名	イソロイシン	ロイシン	リシン	含硫アミノ酸合計[b]	芳香族アミノ酸合計[c]	トレオニン	トリプトファン	バリン	ヒスチジン	アミノ酸価
アミノ酸評点パターン（18歳以上）	30	59	45	22	38	23	6.0	39	15	
大豆　乾	53	87	72	34	100	50	15	55	31	100
小豆　乾	51	93	90	33	100	47	13	63	39	100
いんげん豆　乾	58	98	82	32	110	53	14	67	38	100
えんどう　乾	49	85	89	31	94	50	11	58	31	100

a）アミノ酸価は FAO/WHO/UNU アミノ酸評点パターン（2007年改訂）の「18歳以上」の数値を用いて求めた.
b）含硫アミノ酸合計は，メチオニン＋シスチン.
c）芳香族アミノ酸合計は，フェニルアラニン＋チロシン.

（3）　大豆の成分

① 炭水化物　乾燥した大豆は炭水化物を29.5%含むが，でん粉をほとんど含まず，しょ糖約6%，スタキオース約4%（四糖）やラフィノース約1%（三糖）などのオリゴ糖，セルロースなどの食物繊維を含む．スタキオースやラフィノースなどの大豆オリゴ糖には，ビフィズス菌の増殖を促進する整腸作用があり，きな粉，煮豆，豆乳，豆腐などに含まれるが，大豆発酵食品には含まれない.

② たんぱく質　たんぱく質が33.8%含まれる．大豆のたんぱく質の主成分は，グロブリン属のグリシニン（約40%）とβ-コングリシニン（約28%）である．この両成分が大豆を利用した加工食品の性質に大きな影響を及ぼしている．大豆のアミノ酸価は100である.

③ 脂質　脂質が19.7%とほかの豆類と比べてかなり多く含まれ，リノール酸（脂肪酸組成：53%），オレイン酸（20%）などが含まれ，不飽和脂肪酸含量が高い．そのため大豆油は酸化されやすい.

　大豆はリン脂質も多く，その大部分はレシチン（フォスファチジルコリン）である．レシチンには，水と油を混合させてエマルションにする乳化性がある．そのため大豆レシチンは食品や医薬品・化粧品の添加物，乳化剤などとして幅広く用いられる.

④ その他の成分　ゲニステインやダイゼインを主成分とする大豆イソフラボンを含む．これらには女性ホルモンであるエストロゲン様作用があり，骨の健康維持に役立つ成分として期待されている．大豆は，トリプシンインヒビター（たんぱく質分解酵素阻害物質）やレクチン，ヘマグルチニン（赤血球凝集素），リポキシゲナーゼ（脂質酸化酵素）などの各種生理活性物質を含むため，生食には適さない.

2.3.3　大豆の加工食品

　昔から大豆は加熱などし，さまざまな加工食品として食べられている．また，加熱により大豆たんぱく質の変性が起こり，消化性が向上する．さらに，加熱することで，たとえばきな粉などでは香ばしい香りが生じ，大豆の青臭さがマスキングされ，嗜好性が高まる.

① 豆乳　豆乳（無調整豆乳）の製造工程（図2.19）は，まず大豆を水に浸漬して豆を膨張させたあとに磨砕する．この磨砕したものを呉という．呉を加熱したあと，濾過して豆乳を得る．このとき出る不溶物，粕がおからである．そのままの豆乳は，大豆臭（ヘキサナールによる青

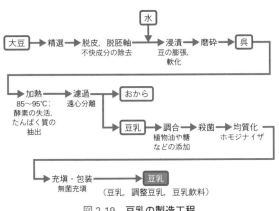

図 2.19　豆乳の製造工程

ノデルタラクトンが使用される．凝固したものを崩し，木綿の布を敷いた穴の開いた型に入れ，圧搾・成形後，水にさらして苦味を抜き，切断して豆腐（**木綿豆腐**）となる（図 2.20）．乾燥大豆 1 kg から約 4 kg の豆腐と約 1.3 kg のおからがつくられる．

　絹ごし豆腐は，豆乳をつくるときの加水量を少なくし，豆乳を穴の開いていない容器に凝固剤と一緒に入れる．容器内で固めたあと，圧搾や成形などを行わないため，木綿豆腐と比べて表面が滑らかになる．

③ 凍り豆腐（高野豆腐）　豆腐はそのままでは保存性が悪い．**凍り豆腐**は豆腐を凍結処理することにより脱水と乾燥を行い，保存性を高めた食品である．

　工業的な凍り豆腐の製造工程（図 2.21）は，まずやや硬めの豆腐を薄く切り，2 段階で凍結する．−15〜−10 ℃で急速凍結し，微細な氷結晶をつくる（約 3 時間）．次に−5〜−1 ℃の冷凍室で約 20 日放置し，**緩慢凍結**により内部に大きな**氷結晶**を形成させる．その過程で豆腐内のたんぱく質は濃縮・変性し，スポンジ状の構造が形成される．解凍後，膨軟加工，乾燥し製品とする．

④ 湯葉　**湯葉**は，豆乳を煮詰めて表面に張った皮膜を引き上げたものである．乾燥させないものを生湯葉，乾燥させたものを干し湯葉という．おもに大豆たんぱく質が気液の界面において変性（**表面変性**）したものである．加熱変性した大豆たんぱく質の三次元構造が壊れてほど

臭さ）が強く飲みにくいため，脱皮，脱胚軸した大豆を加熱処理し，リポキシゲナーゼを失活などして不快成分を除去し飲みやすくしている．**調製豆乳**では，豆乳に植物油や糖などを調合している．**豆乳飲料**では，果汁やコーヒーなどを加えて，さらに飲みやすくしている．

② 豆腐　**豆腐**は，豆乳に凝固剤を添加し，大豆たんぱく質をゲル化させたものである．凝固剤には，塩化マグネシウムを主成分とする**にがり**や硫酸カルシウム，グルコ

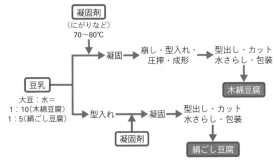

図 2.20　豆腐の製造工程

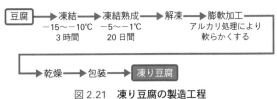

図 2.21　凍り豆腐の製造工程

2・3　豆類

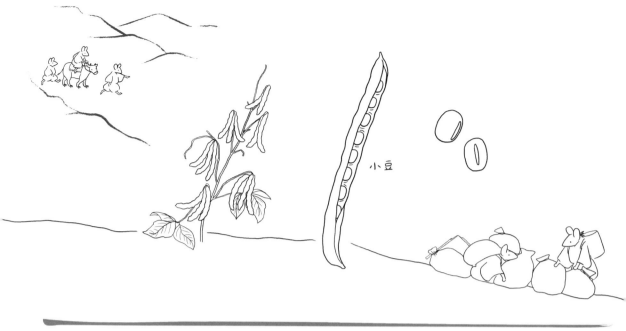

小豆

けたような状態になり，疎水領域は水の表面に集まり，親水領域は水側を向く．このように，たんぱく質が表面に集まって膜状になったものが湯葉である．

⑤ 油揚げ，がんもどき　**油揚げ**は，水分の少ない豆腐をつくり，さらに水分を除き，油で揚げたものである．豆腐をつくるときに呉の加熱時間を短くし，急冷する，凝固剤を添加する温度も約50℃に下げ，凝固剤を加えたときの攪拌を強くする．このように調製した豆腐の水分を除いたあと，低温の油で揚げて膨張させ，次いで180〜200℃で揚げ，表面を着色させ食感を硬くする．<u>がんもどき</u>は，豆腐を水切りし，つぶして細かく刻んだ野菜を入れ，やまいもなどと合わせて成形し油で揚げたものである．

⑥ 納豆　**納豆**は，蒸煮大豆に<u>納豆菌</u>（*Bacillus subtilis*）を植え付け，発酵させたものである．納豆菌の働きで，納豆に独特の粘質物と風味が生成する．納豆菌は多量のプロテアーゼやアミラーゼを産生するため，消化性の高い食品である．納豆菌は耐熱性の胞子（芽胞）をつくるため，蒸煮した大豆を容器に充填したあと，熱いまま胞子を振りかける．封をしたあと発酵させ，製品とする（図2.22）．
　納豆は血液凝固因子をつくるのに不可欠な<u>ビタミンK</u>

含量の非常に高い食品である（600 µg/100 g）．これは，納豆菌が生産するためで，乾燥大豆には少量（18 µg/100 g）しか存在しない．そのため抗凝固剤（ワルファリン）の服用中は，納豆の摂取は避けるべきとされる．納豆の糸は，L-グルタミン酸とD-グルタミン酸からなるポリグルタミン酸および果糖（フルクトース）がつながったフルクタンの混合物で，糸引きの現象は，おもに<u>ポリグルタミン酸</u>によるものである．

⑦ 大豆たんぱく　**大豆たんぱく**は，大豆に含まれるたんぱく質を近代的な製法により濃縮ないしは分離・抽出したもので，たんぱく質の含有率が高い．脱脂大豆からの精製法の違いにより<u>濃縮大豆たんぱく</u>，<u>分離大豆たんぱく</u>，<u>繊維状大豆たんぱく</u>，<u>粒状大豆たんぱく</u>などに分類される（図2.23）．

　各大豆たんぱくは，加工食品をつくる上でいろいろな物理的な機能特性をもつ．乳化・抱脂性による脂肪分離防止効果，結着・保水性による離水防止や保型性向上，組織形成性による食感改良などである．その特性を元に，粉末状の濃縮たんぱくや分離たんぱくは，そのままプロテインパウダーや育児粉乳に使われ，ハムなどの畜産加工食品，かまぼこやちくわなどの水産加工食品，パン・麺や焼き麩などの食品にも幅広く利用される．繊維状たんぱくはソーセージ，粒状たんぱくはハンバーグ，ミートボール，餃子，メンチカツなどの冷凍食品・惣菜に利用される．

2.3.4　小豆
（1）　小豆の種類と特徴

　小豆（あずき，Adzuki bean）は，一般に東アジアが原産とされるマメ科ササゲ属の一年草の種子である．日本

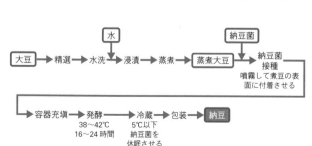

図 2.22　納豆の製造工程

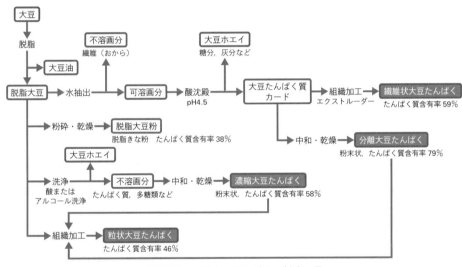

大豆
　脱脂
　　→不溶画分　繊維（おから）
　　→大豆油
脱脂大豆→水抽出→可溶画分→酸沈殿 pH4.5→大豆たんぱく質カード
　　　　　　　　　　　　　　　大豆ホエイ　糖分，灰分など
　　　　　　　　　　　　　　　→組織加工 エクストルーダー→繊維状大豆たんぱく たんぱく質含有率59%
　　　　　　　　　　　　　　　→中和・乾燥→分離大豆たんぱく 粉末状，たんぱく質含有率79%
　　→粉砕・乾燥→脱脂大豆粉 脱脂きな粉　たんぱく質含有率38%
　　　　大豆ホエイ
　　→洗浄 酸またはアルコール洗浄→不溶画分 たんぱく質，多糖類など→中和・乾燥→濃縮大豆たんぱく 粉末状，たんぱく質含有率58%
　　→組織加工→粒状大豆たんぱく たんぱく質含有率46%

図 2.23　各種大豆たんぱくの製造工程

では，縄文時代から古墳時代前期までの遺跡から小豆の炭化種子が発見され，奈良時代初期の古事記に初めてその名が登場する．小豆の名の由来は，江戸時代の学者，貝原益軒（かいばらえきけん）の「大和本草」（やまとほんぞう）によれば，「あ」は「赤色」，「つき」および「ずき」は「溶ける」の意味があり，赤くて煮ると皮が破れて豆が崩れやすいことから「小豆」になったという説がある．

　小豆の中でも，とくに大粒で煮ても皮が破れにくい特性をもつ特定の品種群は大納言とよばれ，ふつうの小豆と区別して扱われる．一般に小豆という場合は，大納言以外の普通品種を指す．小豆の用途の約80%はあんで，普通小豆が使用される．そのほか，甘納豆や赤飯などに使用される．大きな粒の大納言小豆は粒の形を残したまま高級和菓子などに利用される．

（2）小豆の成分

　小豆（乾燥）の主成分は炭水化物（59.6%）で，その約70%がでん粉であり，ほかの豆類に比べてアミロペクチンが多く，アミロースが少ない．アミロースが少ないと糊化開始温度が低くなり，糊化したときの粘度が高くなる．そのほかの炭水化物として五炭糖（ペントース）からなる多糖のペントザン，ガラクトースからなる多糖のガラクタンおよびしょ糖が含まれる．たんぱく質は20.8%含まれ，その約80%はグロブリン属である．脂質は大豆と比較すると非常に少ない（2.0%）．一般に豆類の色素はアントシアニン系色素であるが，小豆やあんの紫色色素は分子内に糖をもたないアントシアニン系色素とは異なるカテキノピラノシアニジン類である．皮には界面活性作用のあるサポニンが豊富に含まれる．

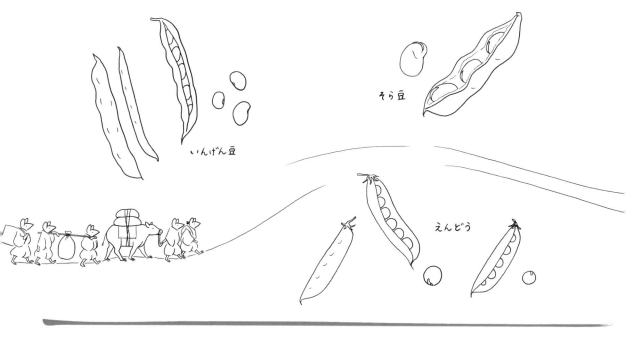

いんげん豆

そら豆

えんどう

（3）　あん

① あんの製造原理　あんの原料には小豆，白色系のいんげん豆，青えんどうが多い．小豆から赤あん，白色系のいんげん豆から白あん，青えんどうから青あん（うぐいすあん）ができる．これらの豆類は加熱すると，子葉細胞中のたんぱく質がでん粉を包んだまま変性，凝固する．そのため，でん粉はバラバラとなった細胞（<u>あん粒子</u>）の中に閉じ込められ，糊状にならない（図2.24）．あん独特の舌触りは，あん粒子が個々の細胞から成り，サラサラしていることに由来する．

② あんの製造法　あんには，原料豆を水洗後，水に漬け，煮る（煮熟）．これを磨砕してつぶし，こして粕（皮）を取り，水にさらした<u>生あん</u>，さらに砂糖を加えて加熱

しながら練り上げた<u>練りあん</u>，生あんを乾燥した<u>さらしあん</u>がある（図2.25）．また，豆の形態から，ふるいでこした（裏ごしした）こしあん，粒をつぶさない粒あん（小倉あん）に分類される．

2.3.5　その他の豆類

① いんげん豆（隠元豆，Kidney bean）　いんげん豆はマメ科インゲンマメ属の一年草種子で，中央アメリカ原産といわれる．日本には中国から伝わった．南北アメリカでの主要作物となっている．豆全体が真っ白な白色系と，豆に色の付いている着色系に大別される．白色系は白いんげんとよばれ，代表的な品種として大福豆，手亡，白金時豆などがある．着色系には単色と斑紋入りがあり，単色の代表は金時豆で，へその部分を除いて全体が鮮やかな赤紫色をしている．斑紋入りは，斑紋が種皮全体に及ぶ普斑種（うずら豆など）と，一部分にとどまる偏斑種（虎豆など）に分かれる．

　乾燥したいんげん豆の成分は，炭水化物が56.4%を占め（でん粉は35%程度），たんぱく質は22.1%である．ラテンアメリカ諸国などでは重要なたんぱく質源である．アミラーゼインヒビターを含む．輸入されたいんげん豆は，青酸配糖体の<u>リナマリン（ファゼオルナチン）</u>を含むため，さらしあんの原料としてのみ許可されている．国内産はリナマリン含量が低く，問題はない．成熟種子は乾燥貯蔵し，煮豆，甘納豆，あんなどに利用される．

② えんどう（豌豆，Pea）　えんどうはマメ科エンドウ属の一・二年草種子で，原産地は西アジアから地中海地方とされ，日本へは8世紀に伝わったとされる．国内で栽培されている品種は利用面から種実用（えんどう）とさや用（さやえんどう）に分けられる．

図 2.24　小豆の子葉細胞とあん粒子の模式図

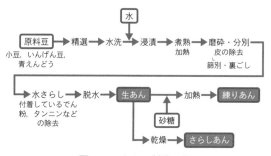

図 2.25　あんの製造工程

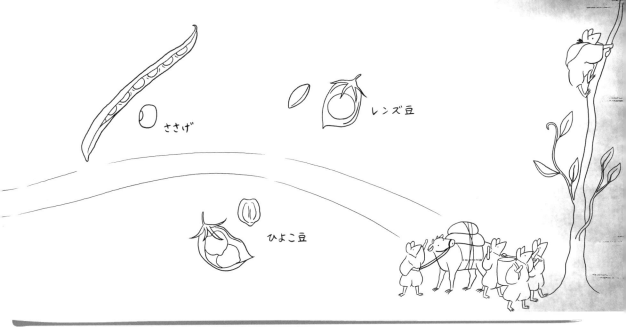

ささげ

レンズ豆

ひよこ豆

乾燥豆の主成分は，炭水化物 60.4%，たんぱく質 21.7%である．乾燥種子は煮豆，あん用として利用され，生豆は缶詰のグリンピースなどに加工される．赤えんどうをゆでたものは，みつ豆やあんみつなどの和菓子にも用いられる．豆苗(とうみょう)はえんどうの新芽で，葉を食用とする野菜である．近年，大豆たんぱくと同様にえんどうから抽出したたんぱく質が，植物性ハンバーグなどの材料として利用されている．

③ そら豆（空豆，蚕豆，Broad bean）　**そら豆**は，マメ科エンドウ属の越年草種子で，原産地は西アジアから北アフリカといわれ，日本には 8 世紀頃に中国を経て伝わったとされる．そら豆はイスラエルの紀元前 6,500年前の遺跡からも発見されている．花が空を向いて咲くため空豆と書かれる．また，肥大したさやの形がカイコのようにもなるので蚕豆(かいこまめ)ともいう．

　乾燥豆の主成分は，炭水化物が 55.9%，その約 60%がでん粉である．たんぱく質は 26.0%と多い．無機質，ビタミン，食物繊維も多い．未熟豆には，カロテン，ビタミンB群，ビタミンCなどが多く含まれる．野菜として利用するのは淡緑色の未熟な豆で，完熟したそら豆は，煮豆，炒り豆などに利用される．中国料理に欠かせない調味料の豆板醤(とうばんじゃん)は，そら豆を主原料とし発酵してつくられる．

④ りょくとう（緑豆，Mung bean）　**りょくとう**は，マメ科ササゲ属の一年草種子でインド原産とされる．日本には江戸時代に伝わり，1970 年代まで栽培された．種子は小豆に似ており，種皮が緑色のものが多い．現在は，ほとんど中国，ミャンマー，タイなどから輸入している．もやし，**はるさめ**の原料として利用される．主成分はでん粉で，ヘミセルロースが約 3 %含まれ，これがコシの

あるはるさめ製造にとっては重要である．

⑤ ささげ（大角豆，Cowpea）　**ささげ**はマメ科ササゲ属の一年草種子で．西アフリカが原産とされる．日本には 9 世紀頃に中国から伝わったといわれる．さやは円筒形で反り返って，捧げもつ形(ささ)からその名がある．豆の端が角ばっていることから大角豆ともいう．乾燥豆は，炭水化物を 55.0%，たんぱく質を 23.9%含む．赤飯には，煮崩れする小豆に代えて使われることもある．

⑥ ひよこ豆（雛豆，Chickpea，Garbanzo bean）　**ひよこ豆**はマメ科ヒヨコマメ属の一年草種子で，ヒマラヤから西アジアが原産とされる．豆粒の臍の近くによく目立つ鳥のくちばしのような突起があり，文字通りひよこのような形をしている．日本では生産されておらず，国内の流通品はメキシコ，アメリカなどからの輸入品である．インドが世界の生産量の 6 割以上を占める．スープ，カレー，サラダなどに広く使われる．ひよこ豆などの豆類を乾燥させてひき割りにした食材はダル（ダール）とよばれ，このダルを使ったポタージュ状のスープもダルとよばれ，インドを代表とする料理である．

⑦ レンズ豆（扁豆(ひらまめ)，Lentil）　**レンズ豆**は，マメ科ヒラマメ属の一年草種子で，西アジア原産とされる．古い時代にヨーロッパやインド，中国に伝わった．日本には伝来せず，現在も栽培はない．光学レンズ（凸レンズ）のような形をしており，扁豆ともよばれる．国内の流通品はアメリカなどからの輸入品である．豆をひき割りや粉にして炊き込みごはんやスープにして利用される．

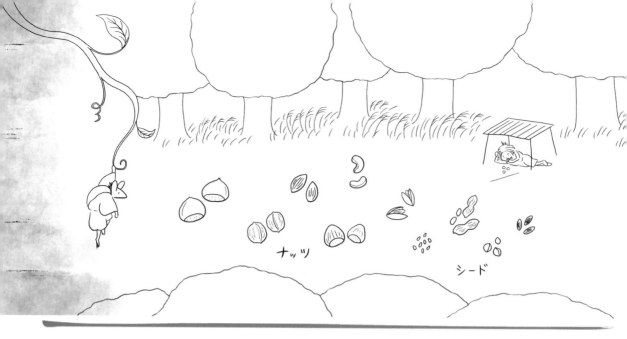

ナッツ

シード

2.4 種実類 NUTS AND SEEDS

種実類とは，くりやくるみなどのいわゆる木の実（ナッツ）とごまなどの草の実（シード）のことである．種実類は栄養価が高く，穀物が栽培される前の狩猟採集社会の食生活では重要な役割を担っていた．種実類は水分が少なく，長期保存が可能なので，おもに秋に大量に収穫して冬を越すための保存食としていた．くりやどんぐりなどは縄文時代の人々にとって，食料獲得の不安定さを是正する貴重な食料であった．

2.4.1 種実類全般

（1）種実類の種類と特徴

種実類には，木本植物の種子であるくり，くるみ，アーモンドや，草本植物の種子であるごま，らっかせい

などがある．種実類は調味加工して食するほか，脂質含量の高いごま，えごま，ココナッツなどは油脂の原料として，また，アーモンド，くるみなどは菓子材料として利用される．種実類には食品表示法のアレルゲンを含むものがあり，らっかせいが表示義務食品，アーモンド，くるみ（2025年4月から義務化），カシューナッツ，ごまは表示推奨食品である．

（2）種実類の成分

おもな種実類は，成分別に次のように分けられる．
① 水分および炭水化物が多い：くり，ぎんなん．
② たんぱく質および脂質が多い：くるみ，アーモンド，ごま，らっかせいなど．

種実類のアミノ酸価は100を切るものが多く，制限アミノ酸はリシンである．脂質を構成する脂肪酸は不飽和

表2.12 おもな種実類の成分（100gあたり）

食品名	エネルギー	水分	たんぱく質	脂質	炭水化物	灰分	無機質						ビタミン						食物繊維総量
							ナトリウム	カリウム	カルシウム	マグネシウム	リン	鉄	ビタミンA（β-カロテン当量）	ビタミンE（α-トコフェロール）	ビタミンB₁	ビタミンB₂	ナイアシン	ビタミンC	
単位	kcal			g						mg			μg			mg			g
日本ぐり ゆで	152	58.4	3.5	0.6	36.7	0.8	1	460	23	45	72	0.7	37	0	0.17	0.08	1.0	26	6.6
ぎんなん ゆで	169	56.9	4.6	1.5	35.8	1.2	1	580	5	45	96	1.2	290	1.6	0.26	0.07	1.0	23	2.4
くるみ いり	713	3.1	14.6	68.8	11.7	1.8	4	540	85	150	280	2.6	23	1.2	0.26	0.15	1.0	0	7.5
アーモンド 乾	609	4.7	19.6	51.8	20.9	3.0	1	760	250	290	460	3.6	11	30.0	0.20	1.06	3.6	0	10.1
ココナッツ ココナッツパウダー	676	2.5	6.1	65.8	23.7	1.9	10	820	15	110	140	2.8	(0)	0	0.03	0.03	1.0	0	14.1
ごま 乾	604	4.7	19.8	53.8	16.5	5.2	2	400	1200	370	540	9.6	9	0.1	0.95	0.25	5.1	Tr	10.8
らっかせい 大粒種 乾	572	6.0	25.2	47.0	19.4	2.3	2	740	49	170	380	1.6	8	11.0	0.41	0.10	20.0	0	8.5

Tr：Trace，微量．

くり　　　くるみ　　　ぎんなん　　　ココナッツ

脂肪酸が多く，コレステロールは含まれない．また，カリウム，マグネシウムなどの無機質，ビタミン B 群，ナイアシンなどのビタミン，食物繊維の含量が高い食品が多い（表2.12）

2.4.2　おもな種実類

① くり類（栗，Chestnuts）　くりはブナ科の堅果実で，日本ぐり（Japanese chestnut），中国ぐり（Chinese chestnut），ヨーロッパぐり（Sweet chestnut, Marron）などが栽培されている．日本ぐりは，自生のシバグリ（柴栗）から改良された．中国ぐりは小粒で，天津甘栗として輸入されている．ヨーロッパぐりは，イタリアなどで栽培されている．日本ぐりは粒は大きいが，渋皮（種皮）がはがれにくいのが特徴で，中国ぐりは小粒であるが，甘味が強く，渋皮離れがよい．ヨーロッパぐりはマロングラッセなどに使用される．

　生の日本ぐりの成分は，水分58.4%，炭水化物36.7%で，そのうちでん粉は約70%である．収穫直後の糖分は約3%であるが，貯蔵することにより約6%まで上昇し，甘味が増す．脂質はほとんど含まれていない．ビタミンCは種実類の中では多く，26 mg/100 g 含まれている．くりの果肉の黄色色素はカロテノイド系色素で，ほとんどをルテインが占めている．煮物，きんとん，和洋菓子などに利用される．

② ぎんなん（銀杏，Ginkgo）　ぎんなんは，イチョウの種子の硬い内皮におおわれた軟らかい胚乳部分を食用とする．イチョウは中国原産の落葉高木1科1属1種で，近縁の植物は存在しない．ぎんなんは，直径1.5 cm 前後のラグビーボール型で，熟すと鮮やかな半透明の緑色になり，水分を含むと不透明な黄色になる．モチモチと

した独特の食感と歯ごたえがある．

　種実類ではくりと同様，水分が多く（56.9%），炭水化物も35.8%含まれ，大部分はでん粉である．脂質は少ない．β-カロテン当量とビタミンC含量は高い．ビタミン B_6 の作用を抑制する（構造的に拮抗する）ギンコトキシンが含まれ，食べ過ぎると痙攣などの中毒が起こる．とくに幼児が食べ過ぎた場合は，解毒能力が弱いので注意が必要となる．ぎんなんを食用として利用する国は中国，朝鮮，日本などで，その独特の風味を料理や酒の肴として用いる．

③ くるみ（胡桃，Walnut, English walnut）　くるみは，クルミ科の落葉高木の核果の種の殻を除いた核内の仁を食用とする．イラン付近を原産地として大粒で，殻が薄く割れやすく，世界的に栽培されているペルシャグルミと，日本で自生する小粒で，殻が厚く割れにくいオニグルミやヒメグルミがある．

　煎ったものの成分は，水分3.1%，脂質68.8%で，構成脂肪酸はリノール酸（61%），オレイン酸（15%），α-リノレン酸（13%），などの不飽和脂肪酸が多い．たんぱく質は14.6%含まれており，制限アミノ酸はリシンで，アミノ酸価は71と低い．糖質は少ない．高級和洋菓子，パン，各種料理に使用される．またくるみ油は高級食用油，香油，化粧品などに利用される．

④ アーモンド（扁桃，Almond）　アーモンドは，バラ科の落葉高木の果実の種子である．アーモンドの木はサクラに似た美しい花が咲き，秋に実を収穫する．アーモンドの和名は扁桃といい，扁桃腺はその形がアーモンドに似ていることから名付けられた．仁を食用にする甘扁桃仁（スイートアーモンド）と苦扁桃仁（ビターアーモンド）がある．西南アジアが原産地とされ，メソポタミア

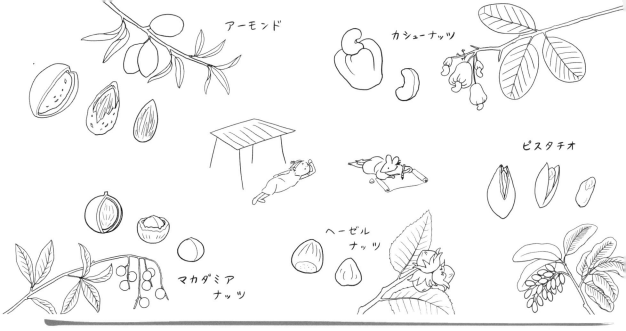

アーモンド
カシューナッツ
ピスタチオ
ヘーゼルナッツ
マカダミアナッツ

では紀元前数千年から食用としていたと推定される.

　乾燥アーモンドの主成分は,脂質が51.8%で,構成脂肪酸としてオレイン酸(67%),リノール酸(24%)を多く含む.たんぱく質は19.6%含まれているが,制限アミノ酸はリシンで,アミノ酸価は78である.種実類ではビタミンE(α-トコフェロール)含量が30.0 mg/100 gともっとも高い.カリウム,カルシウム,リン,ビタミンB₂にも富む.スイートアーモンドはナッツとして食用,菓子の材料として利用される.ビターアーモンドは製油用で,苦扁桃油(くへんとうゆ)をとるのに利用され香料,化粧品,薬用に用いられる.ビターアーモンドには青酸配糖体である**アミグダリン**が含まれ,一定量以上摂取すると有毒である.

⑤ **カシューナッツ**(Cashew)　**カシュナッツ**は,ブラジルが原産のウルシ科の常緑高木カシューの種子である.果実(カシューアップル)の先端の殻におおわれた,白色で曲がった形の種子の仁の部分を食用とする.カシューアップル自体にはりんごに似た芳香があり,調味料(着香料)として利用される.煎ったものの成分は脂質47.6%で,構成脂肪酸としてオレイン酸(60%),リノール酸(18%)が大部分を占める.たんぱく質は19.8%含まれ,アミノ酸価は100である.煎って食塩をまぶして食用としたり,菓子材料に利用する.

⑥ **ピスタチオ**(Pistachio)　**ピスタチオ**は,ウルシ科植物の種子の仁である.3,000〜4,000年前から古代トルコ,ペルシャなどの地中海沿岸地方の砂漠に生育していた野生のピスタチオを食用に栽培するようになったといわれている.おもな生産地はイランなどの中央アジアである.煎った味付け品の成分は,脂質56.1%,たんぱく質17.4%である.脂質を構成する脂肪酸は,オレイン酸

(56%),リノール酸(30%)が多い.アミノ酸価は100である.カリウムとβ-カロテンは種実類の中で多く含まれている.ピスタチオのペーストは美しい緑色を示し,製菓材料などに用いられる.

⑦ **マカダミアナッツ**(Macadamia nut)　**マカダミアナッツ**はヤマモガシ科の常緑樹の実で,40〜50個ほどの花の房から直径2〜3 cmほどの実ができ,成熟して自然落下する.硬い殻で包まれた実の中の仁がマカダミアナッツである.オーストラリア東部のクイーンズランドが原産地で,クイーンズランドナッツともよばれる.

　可食部の76.7%が脂質である.オレイン酸(56%)やパルミトオレイン酸(21%)などの不飽和脂肪酸が豊富に含まれる.パルミトオレイン酸が多いのが特徴的なナッツである.

⑧ **ヘーゼルナッツ**(Hazel nut, European filbert)　**ヘーゼルナッツ**はカバノキ科の落葉低木セイヨウハシバミの実の仁で,大きめのどんぐりのような形状の殻におおわれている.トルコが原産国で,生産量が世界の約75%を占める.オレイン酸の含有量が種実類の中でもっとも高い(82%).

⑨ **ココナッツ**(ココヤシ,Coconut palm)　**ココナッツ**は,ヤシ科の単子葉植物,ココヤシの果実である.椰子の実ともよばれる.繊維質の硬い殻に包まれた果実の中に,硬い殻に囲まれた大きな種子がある.種子の内部は胚乳が多くを占め,周縁部の固形胚乳と中心部の液状胚乳に分かれる.未熟果では,固形胚乳を生食し,液状胚乳はココナッツジュースとして利用される.ココナッツジュースを発酵させてゲル化したものがナタデココである.成熟果の胚乳を削り取って乾燥させたものを**コプラ**とよび,粉末にしたものが**ココナッツパウダー**である.

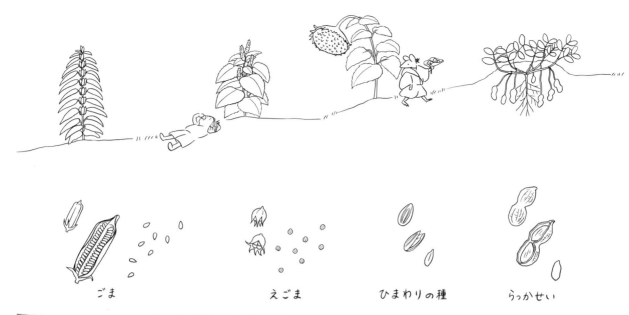

ごま　　　　　　　　　　えごま　　　　　　　ひまわりの種　　　　　らっかせい

コプラやココナッツパウダーは，**ヤシ油**（ココナッツオイル）の原料として使われ，その 65.8％が脂質である．未熟果の固形胚乳を液状としたものが**ココナッツミルク**であり，カレーなどの料理に用いられる．

⑩ ごま（胡麻，Sesame）　**ごま**はゴマ科の一年草の種子で，非常に古くから利用されてきた．ごまの原産地はアフリカのサバンナ地帯とされ，日本へはシルクロードを経由し，中国から渡来したとされる．縄文晩期の遺跡からもごまが見つかっている．

　乾燥ごまの主成分は脂質 53.8％で，その構成は，リノール酸（46％），オレイン酸（38％）である．たんぱく質は 19.8％含まれ，グロブリン属が大部分を占める．制限アミノ酸はリシンで，アミノ酸価は 71 である．カルシウム，マグネシウム，リン，鉄，ビタミン B$_1$ に富む．**ごま油**の特徴は，抗酸化物質である**リグナン類（セサミン，セサモリン**など）が含まれていることである．ごまには，脂質含量が高い（50〜55％）白ごまと，少し低い（45〜50％）黒ごまがある．ごま油には，香りを重視し，製造工程で種子を焙焼する焙焼ごま油（褐色のごま油）と，焙焼しない圧搾しただけのごまサラダ油がある．ごま油にはセサモリンから生成した**セサモール，セサミノール**が含まれ，これらは抗酸化作用があるため，ごま油はほかの油に比べて酸化安定性が高い．

⑪ らっかせい（落花生，Peanut）　**らっかせい**は，南米ボリビアおよびアルゼンチン原産とされるマメ科の一年草の種子である．成分も利用方法も本来の豆類とは異なるため，食品成分表では種実類に分類される．開花したあと，花が落ちた場所に子房柄が伸び，地中で結実することから「落花生」とよばれる．栽培種は，花の咲き方，粒の大きさ，枝の伸び方などの特性からバージニア種，

スパニッシュ種，バレンシア種の 3 タイプに分類される．また，実の大きさにより大粒種と小粒種に大別され，大粒種はおもにバージニア種で，小粒種はバレンシア種やスパニッシュ種である．私たちが実の形のまま食べるほとんどが大粒種である．大粒種は煎り豆，バターピーナッツや豆菓子などに加工される．

　らっかせいには脂質が 47.0％近く含まれ，その構成は不飽和脂肪酸のオレイン酸（49％）やリノール酸（30％）が多い．たんぱく質は 25.2％含まれ，その約65％がグロブリン属である．制限アミノ酸はリシンで，アミノ酸価は 93 である．炭水化物は 19.4％含まれる．カリウム，ビタミン B$_1$，ナイアシンの含量が多い．らっかせいの薄皮には，赤ワインにも含まれる抗酸化物質の**レスベラトロール**が含まれる．主として搾油，菓子などの原料として利用される．らっかせいは世界的に主要な搾油原料で，生産量の 50％前後が使用される．

⑫ えごま（荏胡麻，Perilla，Egoma）　**えごま**は紫蘇に似た植物の種子で，その種子から搾油したのが**えごま油**である．えごま油は，植物油としては珍しく **n-3 系脂肪酸**である**α-リノレン酸**（61％）を豊富に含む．

⑬ ひまわりの種（向日葵の種，Sunflower seed）　**ひまわり**はキク科の一年草で，アメリカ西部が原産地である．生育期間が短く，ひとつの花に多数の種が付き厚い種皮におおわれている．ひまわりの種子（フライ，味付け）には脂質が 56.3％含まれ，その構成はリノール酸（60％），オレイン酸（27％）である．種子のリノール酸は寒地栽培ほど多くなる．たんぱく質は 20.1％含まれる．ビタミン B$_1$ 含量がとくに多い．ひまわりの種子はスナック用と搾油用に大別され，ふつうの種子は搾油用である．

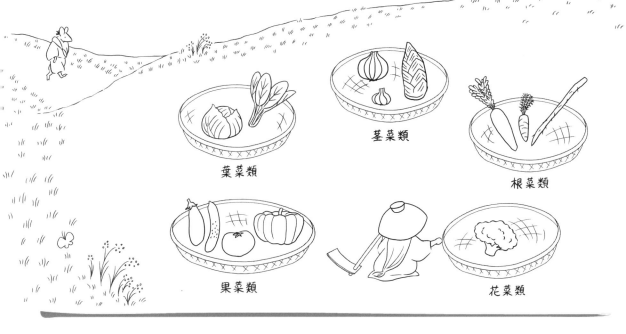

葉菜類

茎菜類

根菜類

果菜類

花菜類

2.5　野菜類　VEGETABLES

　野菜の定義はいろいろあるが,「主として副食物とし て新鮮な状態で生食または調理される草本植物」と定義 される.「野菜」という言葉には,栽培過程を経て生産 された蔬菜と自生の野草・山菜を合わせた意味が含まれ る. かつて私たちが食べていた野菜は露地で栽培されて いたため, 季節に応じた野菜が栽培されていたが, 近年 は1年を通じて供給できる(ガラス室やビニールハウス を利用しての)施設栽培が拡大し, しだいに旬は薄れて いる. また, テクノロジーの進歩により, LED 照明など を利用した水耕栽培も盛んに行われている.

2.5.1　野菜類全般
(1)　野菜類の分類と特徴

　前述のように野菜類は, 草本植物で副食として栽培さ れているものの総称である. 日本原産の野菜は, みつば, うど, せり, ふき, わさびなど非常に少ないが, これま でに多くの種類の野菜が渡来し, 栽培されている.

　野菜類は, 食用となる草本植物を指す場合が多いが, 穀類のスイートコーンやたらのめなどの木本植物, シダ 植物のぜんまいなども含む. 食用になる部分により, 以 下のように分類できる.

葉菜類:葉を食用とする. キャベツ, レタス, ほうれん そうなど.

茎菜類:茎を食用とする. たまねぎ, にんにく, たけの こ, アスパラガスなど.

根菜類:根を食用とする. だいこん, にんじん, ごぼう など.

果菜類:果実を食用とする. トマト, きゅうり, なす,

かぼちゃなど.

花菜類:つぼみ, 花弁を食用とする. カリフラワー, ブ ロッコリーなど.

(2)　野菜類の成分

　野菜の多くは水分が90%以上含まれ, 保存や食味に 大きな影響を与えている(表2.13). 炭水化物はにんにく, ごぼう, かぼちゃなどで10%以上存在するが, 多くの 野菜では10%未満である. 野菜のたんぱく質は2%前 後で, 遊離のグルタミン酸やアスパラギン酸が比較的多 く存在する. 大部分の野菜の脂質は1%未満と少ない. 野菜はビタミンA(β-カロテンなどのプロビタミンA の形で存在)やビタミンCに富むものが多く, 大切な供 給源である. また, 抗酸化作用をもつ色素成分である**カ ロテノイド系色素**や**フラボノイド系色素**も多く含まれる. 野菜のうち「可食部100gあたりカロテン含量600μg以 上のもの」は**緑黄色野菜**とよばれる. 無機質としては, カリウム, カルシウム, リン, 鉄を多く含む. 日本人は 1日に摂取する食物繊維の多くを野菜から摂取している.

2.5.2　葉菜類

①**キャベツ類　キャベツ**(甘藍, 球菜, Cabbage)は原 産地はヨーロッパとされ, 日本には18世紀にオランダ から渡来し, 食用は明治以降である. アブラナ科に属し, 甘藍, 球菜ともいう. キャベツは同じアブラナ科の**ケー ル**(緑葉甘藍, Kale)に結球性が加わった品種で利用性 が高まった. 日本では現在春系, 秋夏系, 冬系が栽培さ れ, 年間を通じて市場に出荷されている. 品種は, 葉色 が淡緑色または緑色, 紫色(紫キャベツ), 葉が縮れて いるもの(ちりめんキャベツ)などがある. **めキャベツ**

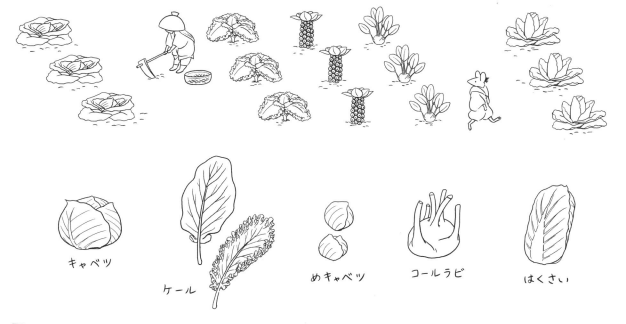

キャベツ　　ケール　　めキャベツ　　コールラビ　　はくさい

表 2.13　おもな野菜類の成分（100 g あたり）

食品名	エネルギー	水分	たんぱく質	脂質	炭水化物	灰分	無機質						ビタミン						食物繊維総量
							ナトリウム	カリウム	カルシウム	マグネシウム	リン	鉄	ビタミンA（β-カロテン当量）	ビタミンE（α-トコフェロール）	ビタミンB₁	ビタミンB₂	ナイアシン	ビタミンC	
単位	kcal			g							mg			μg			mg			g
キャベツ 生	21	92.7	1.3	0.2	5.2	0.5	5	200	43	14	27	0.3	50	0.1	0.04	0.03	0.2	41	1.8
はくさい 生	13	95.2	0.8	0.1	3.2	0.6	6	220	43	10	33	0.3	99	0.2	0.03	0.03	0.6	19	1.3
レタス 生	11	95.9	0.6	0.1	2.8	0.5	2	200	19	8	22	0.3	240	0.3	0.05	0.03	0.2	5	1.1
根深ねぎ 生	35	89.6	1.4	0.1	8.3	0.5	Tr	200	36	13	27	0.3	83	0.2	0.05	0.04	0.4	14	2.5
葉ねぎ 生	29	90.5	1.9	0.3	6.5	0.7	1	260	80	19	40	1.0	1500	0.9	0.06	0.11	0.5	32	3.2
ほうれんそう 生	18	92.4	2.2	0.4	3.1	1.7	16	690	49	69	47	2.0	4200	2.1	0.11	0.20	0.6	35	2.8
こまつな 生	13	94.1	1.5	0.2	2.4	1.3	15	500	170	12	45	2.8	3100	0.9	0.09	0.13	1.0	39	1.9
たまねぎ 生	33	90.1	1.0	0.1	8.4	0.4	2	150	17	9	31	0.3	1	Tr	0.04	0.01	0.1	7	1.5
にんにく 生	129	63.9	6.4	0.9	27.5	1.4	8	510	14	24	160	0.8	2	0.5	0.19	0.07	0.7	12	6.2
アスパラガス 生	21	92.6	2.6	0.2	3.9	0.7	2	270	19	9	60	0.7	380	1.5	0.14	0.15	1.0	15	1.8
セロリ 生	12	94.7	0.4	0.1	3.6	1.0	28	410	39	9	39	0.2	44	0.2	0.03	0.03	Tr	7	1.5
たけのこ 生	27	90.8	3.6	0.2	4.3	1.1	Tr	520	16	13	62	0.4	11	0.7	0.05	0.11	0.7	10	2.8
だいこん 皮付き 生	15	94.6	0.5	0.1	4.1	0.6	19	230	24	10	18	0.2	0	0	0.02	0.01	0.3	12	1.4
にんじん 皮付き 生	35	89.1	0.7	0.2	9.3	0.8	28	300	28	10	26	0.2	8600	0.4	0.07	0.06	0.8	6	2.8
ごぼう 生	58	81.7	1.8	0.1	15.4	0.9	18	320	46	54	62	0.7	1	0.6	0.05	0.04	0.4	3	5.7
赤色トマト 生	20	94.0	0.7	0.1	4.7	0.5	3	210	7	9	26	0.2	540	0.9	0.05	0.02	0.7	15	1.0
きゅうり 生	13	95.4	1.0	0.1	3.0	0.5	1	200	26	15	36	0.3	330	0.3	0.03	0.03	0.2	14	1.1
なす 生	18	93.2	1.1	0.1	5.1	0.5	Tr	220	18	17	30	0.3	100	0.3	0.05	0.05	0.5	4	2.2
日本かぼちゃ 生	41	86.7	1.6	0.1	10.9	0.7	1	400	20	15	42	0.5	730	1.8	0.07	0.06	0.6	16	2.8
青ピーマン 生	20	93.4	0.9	0.2	5.1	0.4	1	190	11	11	22	0.4	400	0.8	0.03	0.03	0.6	76	2.3
ブロッコリー 生	37	86.2	5.4	0.6	6.6	1.2	7	460	50	29	110	1.3	900	3.0	0.17	0.23	1.0	140	5.1

Tr：Trace，微量.

（子もち甘藍，姫甘藍，Brussels sprouts）はキャベツの変種のひとつで，キャベツなどのように主軸の頂芽が結球するのではなく，葉の付け根に出てくる脇芽が結球する．めキャベツの株は，地上から 7 ～80 cm ほどに伸びた 1 本の茎に 50～60 個ほど鈴なりに実る．また，コールラビ（球形甘藍，蕪甘藍，Kohlrabi）もキャベツの仲間であり，茎が蕪のように球形に肥大したものである．コールはキャベツ，ラビは蕪の意味である．またキャベツ類には，花菜類のカリフラワーやブロッコリーがある．

生のキャベツのビタミン C は 41 mg/100 g と比較的多

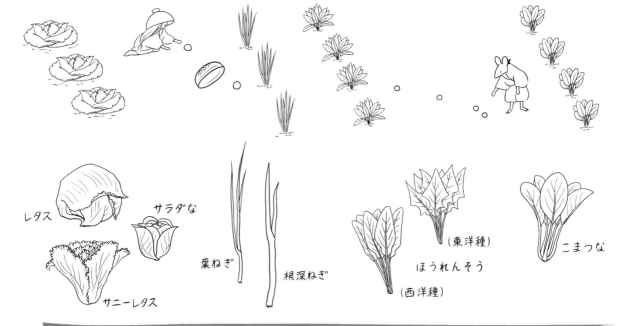

レタス　サラダな　葉ねぎ　根深ねぎ　（東洋種）ほうれんそう　（西洋種）　こまつな
サニーレタス

く含まれている．キャベツは淡色野菜（緑黄色野菜以外の野菜）であるが，ケールやめキャベツはβ-カロテン当量が高く（ケール：2900 μg/100 g，めきゃべつ：710 μg/100 g），緑黄色野菜に分類される．紫キャベツの色は，アントシアニン系色素によるものである．キャベツには**イソチオシアネート類**が存在し，キャベツの風味に大きくかかわる．キャベツの特徴的な成分である**S-メチルメチオニン**（ビタミン様物質）は**キャベジン**（ビタミンU）ともよばれ，胃酸の分泌を抑制し，胃腸粘膜の修復に作用することから，胃・十二指腸潰瘍の予防・治療に有効とされる．また**ゴイトリン**という甲状腺肥大作用を示す物質の前駆体が含まれるが，実際の食生活においてはほとんど問題ない．葉は肉厚で，組織が丈夫なわりに軟らかい．せん切りにしてサラダに用いるなど生食に適する．また，加熱しても形が崩れにくく，調味料の味とよく合う．ヨーロッパでは乳酸発酵させたザワークラウトなどの漬け物に加工する．

② **はくさい類**　原産地は地中海沿岸で，明治時代に中国より導入された．アブラナ科に属し，繊維は軟らかく，くせがないのが特徴である．葉の結球性から，結球はくさい，半結球はくさい，不結球はくさいに分けられる．結球はくさいを**はくさい**（白菜，Heading Chinese cabbage），半結球はくさいおよび不結球はくさいを**さんとうさい**（山東菜，Non-heading Chinese cabbage，Santosai）とよぶ．

　はくさい（生）は，ビタミンC（19 mg/100 g）が比較的多いほかは，成分に特徴はない．味にクセがないので，どのような味付けにも合う．煮物，鍋物に使われるほか，キムチなどの漬け物の材料としての利用も多い．

③ **レタス類**　レタス（萵苣，苣）の原産地は中国から地中海地域とされ，特定されていない．日本へは江戸時代に中国から導入され，**ちしゃ**とよばれた結球型の**レタス**（玉ちしゃ　Head lettuce, crisp type），不完全結球性の**サラダな**（葉ちしゃ　Head lettuce, butter type）系統のものが導入され，広く利用されてきた．**サニーレタス**（Red leaf lettuce）は，レタスとサラダなの雑種である．レタスは，キャベツと同じように結球するがアブラナ科の植物ではなく，キク科の野菜である．

　レタスの成分の特性は，カリウムが比較的多く（土耕栽培レタス：200 mg/100 g，水耕栽培レタス：260 mg/100 g，サラダな：410 mg/100 g，サニーレタス：410 mg/100 g），サラダなやサニーレタスではβ-カロテン当量が高い（サラダな：2,200 μg/100 g，サニーレタス：2,000 μg/100 g）．レタス独特の苦味とパリパリした新鮮な食感が好まれる．苦味の成分は，鎮痛や鎮静作用を示す**ラクチュシン**や**ラクチュコピクリン**などで，レタスの乳液に含まれる．クロロゲン酸などのフェノール類を含み，褐変の原因になる．利用方法は，サラダなどの生食がほとんどで，スープや炒め物にも用いる．

④ **ねぎ**（葱，Welsh onion）　**ねぎ**はユリ科に属する野菜で，中国北西部が原産地である．日本へは8世紀以前に渡来し，古くから薬用，食用として栽培された．ねぎの茎は根から上1 cmまでで，そこから上全部が葉である．品種は，土寄せして葉鞘部を軟白する**根深ねぎ**（白ねぎ，長ねぎ）専用の千住群と，軟白しない**葉ねぎ**（青ねぎ）専用の九条群に大別され，それぞれに多くの系統がある．根深ねぎの中で下仁田ねぎは太く，生食には適さないが，煮ると軟らかく甘味も強い．

　根深ねぎ（生）と葉ねぎ（生）のβ-カロテン当量に大きな違いがある（根深ねぎ：83 μg/100 g，葉ねぎ：

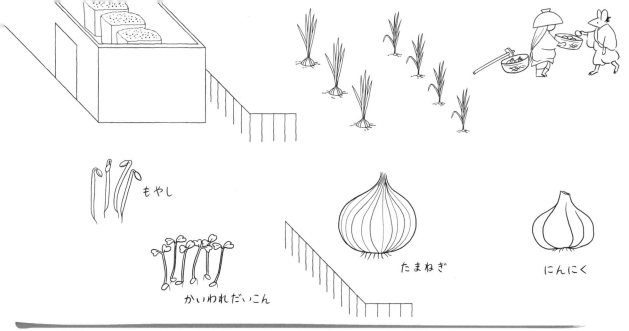

もやし

かいわれだいこん

たまねぎ

にんにく

1,500 µg/100 g）, 葉ねぎのビタミンC含量は高い（32 mg/100 g）. ねぎ特有の香り成分は, アリイナーゼという酵素によって生じる<u>ジプロピルジスルフィド</u>などのジスルフィド類である. その風味から薬味としても用いられる.

⑤ **ほうれんそう**（菠薐草, 法蓮草, Spinach）　<u>ほうれんそう</u>はアカザ科の野菜で, 西アジアが原産である. 現在, 日本で栽培されている品種は, オランダで品種改良された丸葉の<u>西洋種</u>と, 葉に切り込みのある<u>東洋種</u>, これらをかけ合わせた交配種の3種に大別される. 西洋種は葉肉が厚く, アクが強い. 日本人には葉肉が薄く, クセのない東洋種が好まれる.

　ほうれんそう（生）はβ-カロテン当量がかなり高く（4,200 µg/100 g）, 緑黄色野菜の代表格である. カリウムが690 mg/100 g, カルシウムが49 mg/100 g, 鉄が2.0 mg/100 g, ビタミンCが35 mg/100 gと豊富に含まれる. カルシウムの吸収を阻害する<u>シュウ酸</u>が多いのが特徴である. シュウ酸の多量摂取を続けた場合, シュウ酸塩が腎臓や尿路に結石を引き起こす懸念がある. シュウ酸などを除くため, 一般にゆでるなどして食され, ゆでる時間を少し長くすると, ある程度減らすことができる. おひたし, 和え物, 鍋物などに広く利用される. シュウ酸の少ない生食用のほうれんそうも栽培され, サラダ用として流通している.

⑥ **こまつな**（小松菜, Spinach mustard, Komatsuna）　<u>こまつな</u>はアブラナ科の野菜で, 小松川（東京都江戸川区）の地名にちなむ. 江戸時代に栽培され始めた. 周年出回っているが, 秋に播種し, 翌年の1〜2月に収穫するものが旬である. 代表的な緑黄色野菜で, こまつなは, β-カロテン当量が高く（3,100 µg/100 g）, カリウム

（500 mg/100 g）, カルシウム（170 mg/100 g）, 鉄（2.8 mg/100 g）, ビタミンC（39 mg/100 g）などにも富む. アクが少ないため, 味噌汁, おひたし, 炒め物などに用いられる.

⑦ **スプラウト類**　<u>スプラウト</u>（Sprout）は, 穀類, 豆類, 野菜類などの種子を発芽させた新芽の総称である. これらの中で, 大豆, りょくとうなどを暗所で発芽させたものを<u>もやし</u>とよぶ. <u>かいわれだいこん</u>もスプラウトの仲間である. 種子の状態ではビタミンCはほとんど含まれないが, 発芽時に形成され, ビタミンCのよい供給源となる. アブラナ科のブロッコリースプラウトに含まれる辛味成分の一種である<u>スルフォラファン</u>に, がん予防効果が期待されている. アブラナ科野菜であるマスタード, レッドキャベツのスプラウトも市場に出回っている. もやしは炒め物, 汁の実, スープ, 和え物, 鍋物など, スプラウトはサラダなどの生食に適する.

2.5.3　茎菜類

① **たまねぎ**（玉葱, Onion）　<u>たまねぎ</u>はユリ科の野菜で, 中央アジアを原産とし, もっとも古い栽培野菜のひとつといわれている. 地中海沿岸からヨーロッパ全域に広がり, その後北米大陸に伝わった. 日本へは江戸時代に観賞用として伝わり, 明治時代に北海道で栽培が始まった. たまねぎの品種には, 中東ヨーロッパ系の辛味種と, 南ヨーロッパ系の甘味種がある. 日本で多く流通しているのは辛味たまねぎである. 食用とするのはりん茎とよばれる部分である.

　たまねぎは野菜としては, 炭水化物が8.4%と比較的多いのが特性である. 最外部の黄褐色の皮にはフラボノイド系色素の<u>ケルセチン</u>を含む. 生のたまねぎを切断す

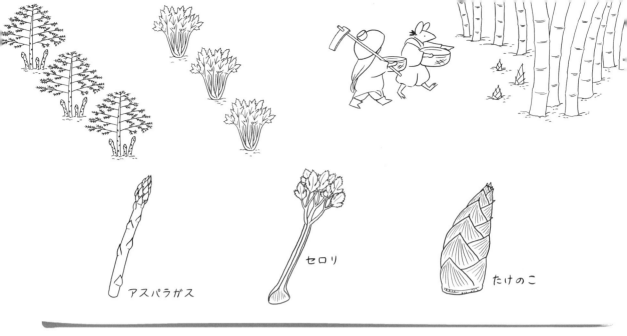

ると催涙成分や香気成分が形成される．これはたまねぎ中に存在する含硫アミノ酸から酵素（<u>アリイナーゼ</u>）の作用により，<u>チオプロパナール-S-オキシド</u>（催涙成分）や<u>ジプロピルジスルフィド</u>（香気成分）などが形成されるためである．特有の刺激臭と辛味を生かして，薄く刻み，サラダなどに香味野菜として用いられる．加熱すると甘味を増すので，ハンバーグ，シチュー，カレー，スープなどの肉料理には欠かせない野菜である．ソース，ケチャップなどの原料とするほか，乾燥粉末はオニオンパウダーとして香辛料に用いられる．

② にんにく（蒜，大蒜，葫，Garlic）　<u>にんにく</u>はユリ科の野菜で，中央アジアが原産地である．古代エジプトでも栽培されていた．日本には中国を経て，8世紀に伝わったといわれる．仏教上は食禁で，広く食べられるようになったのは明治以降である．球根（りん茎）を香味野菜として利用する．

　にんにく（生）は，野菜の中で炭水化物が 27.5% とかなり多く含まれ，たんぱく質も 6.4%，食物繊維総量も 6.2% と多く，エネルギーも大きい（129 kcal/100 g）．独特の香りは，<u>アリイン</u>という含硫アミノ酸に，酵素アリイナーゼが作用して形成される<u>アリシン</u>が変化した<u>ジアリルジスルフィド</u>などのジスルフィド類の含硫化合物である．また，アリシンはビタミン B_1 と結合し，吸収性のよい<u>アリチアミン</u>となる．香辛料として用いられ，肉料理に用いると風味を向上させる．直接または香辛料の乾燥粉末（ガーリックパウダー）などとして料理に用いられる．

③ アスパラガス（竜髭菜，Asparagus）　<u>アスパラガス</u>はユリ科の宿根性植物で，地下茎から毎年若芽が発生する．原産地は東地中海沿岸で，ヨーロッパでは古くから利尿剤や鎮静剤として利用された．アスパラガスには緑色の若芽を食用とする<u>グリーンアスパラガス</u>と，土をかけて軟白した<u>ホワイトアスパラガス</u>がある．

　グリーンアスパラガス（生）は β-カロテン当量が高く（380 µg/100 g），他のビタミンや無機質にも比較的富む．アミノ酸の一種である<u>アスパラギン酸</u>や<u>アスパラギン</u>は，それが多く含まれるアスパラガスから発見された．アスパラガスは品質劣化の早い野菜のひとつで，水平に置くと，垂直に置くよりもビタミン C とクロロフィル含量が急激に低下する．おもな用途として，和え物，サラダ，炒め物，水煮缶詰，冷凍品などに利用される．

④ セロリ（塘蒿，Celery）　<u>セロリ</u>はセリ科の野菜で，地中海沿岸が原産地である．日本には幕末に導入された．白，緑，黄，赤などの品種がある．独特の強い香気成分は 3-ブチルフタリドといったフタリド類などである．スープや煮込み料理などの香味付けに使われるブーケガルニは香りの束を意味し，セロリの香りの強い葉の部分が使われる．サラダ，スープ，煮込み，炒め物などに利用される．

⑤ たけのこ（筍，Moso bamboo）　<u>たけのこ</u>はイネ科の植物で，一般に食用とされるのは，孟宗竹（モウソウチク）の若茎である．ほかに，真竹（マダケ），淡竹（ハチク）などがある．孟宗竹の収穫は 3〜5 月で，太く，肉質が軟らかい．たんぱく質が 3.6% と比較的多く，グルタミン酸，ベタインなどのようなうま味成分が含まれる．亜鉛含量（1.3 mg/100 g）も野菜の中で上位である．一方，たけのこのアク（えぐ味）は，<u>ホモゲンチジン酸</u>およびシュウ酸による．調理の際は，アク抜きしたものを使用する．たけのこの煮汁が冷えて白濁するのは，アミノ酸の<u>チロシン</u>が析出するためである．煮物，和え物，吸い物，炊き込みご飯などに用いられる．

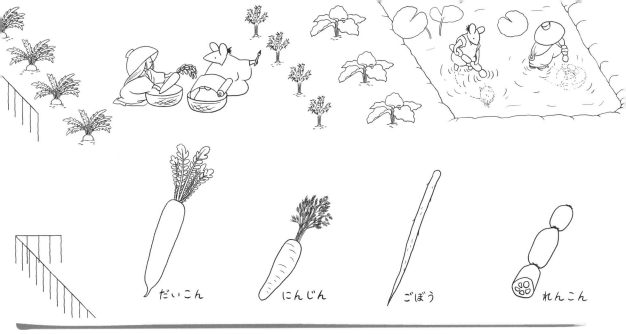

だいこん　　にんじん　　ごぼう　　れんこん

中国の麻竹（マチク）のたけのこを塩漬けにして発酵させ，天日乾燥したものがメンマである.

⑥ うど（独活, Japanese spikenard, Udo）　うどはウコギ科の多年生草本で，数少ない日本で栽培化された野菜のひとつである．独特の香りと歯ざわりを賞味する．軟白化したものが酢の物，吸い物などに利用される．ビタミン，無機質は微量である．うどの独特の香りはテルペン類のピネン，サビネンなどによるとされ，苦味はポリフェノール化合物で，褐変しやすい．アク抜きして調理する．

2.5.4　根菜類

① だいこん類　だいこん（大根, Japanese radish, Daikon）はアブラナ科の野菜で，原産は中東・地中海地方である．日本には弥生時代に渡来し，各地に多くの品種がある．だいこんは日本の野菜の中でもっとも多く栽培されている．だいこんの根は白いものが多いが，根の上部の胚軸部が緑色の青首になっているものがある．宮重，練馬，方領，美濃早生などの品種がある．そのほか，球形の聖護院，桜島，細長い守口などがある．桜島だいこんは丸く 20 kg にも達すものがあり，守口だいこんには長さが 2 m にもなるものがある．そのほか，西洋系の**はつかだいこん**（**ラディッシュ**）（二十日大根, Little radish）がある．

だいこんの特徴的な成分として，おろしたときの辛味は，イソチオシアネート類の配糖体である**シニグリン**が，細胞が壊れて出てくる酵素**ミロシナーゼ**により分解されて遊離した**4-メチルチオ-3-ブテニルイソチオシアネート**などのイソチオシアネート類による．生食（おろし，なます，刺身のつまなど），煮物，漬け物など年間を通

じて利用されている．また，細長く切って乾燥し，切り干しだいこんとしても利用される．

② にんじん（人参, Carrot）　**にんじん**はアフガニスタンのヒンズークシュ山脈が原産地で，冷涼な気候に適したセリ科の野菜である．にんじんの品種には，中国を経て各地へ広まった東洋系と，ヨーロッパへ伝わり，オランダで品種改良された欧州系がある．日本へは 17 世紀頃に中国を経て，香りの強い細長い東洋系品種が導入された．その後，短形の欧州系が導入され，品種改良を行い，現在のような香りの弱い五寸にんじんが生まれた．

にんじんは，**β-カロテン**を非常に多く含み（生の皮付きで β-カロテン当量が 8,600 µg/100 g），緑黄色野菜の代表格である．カロテノイド系色素の中で，金時にんじんなどの東洋系在来種は赤色が強くリコペンを多く含み，欧州系の品種は橙赤色で β-カロテンを多く含む．**アスコルビン酸酸化酵素**（アスコルビナーゼ）を含むため，ビタミン C を含む野菜とおろして混ぜると，ビタミン C が酸化分解する．生で調理する際に注意が必要である．煮込み料理，きんぴらごぼう，ジュース，冷凍野菜などに利用される．

③ ごぼう（牛蒡, Edible burdock）　**ごぼう**はキク科の二年生草本で，ヨーロッパから中国北部が原産地である．野菜として栽培しているのは日本のみである．

ごぼう（生）は，炭水化物が 15.4％と多く含まれている．食物繊維総量が 5.7％（水溶性食物繊維 2.3％，不溶性食物繊維 3.4％）と多く存在し，整腸作用，抗がん作用などが期待されている．水溶性食物繊維では，果糖の多糖である**イヌリン**が多い．アクの成分はポリフェノール化合物の一種である**クロロゲン酸**で，通常アクを抜いて利用される．切り口が空気に触れると，ごぼうに含ま

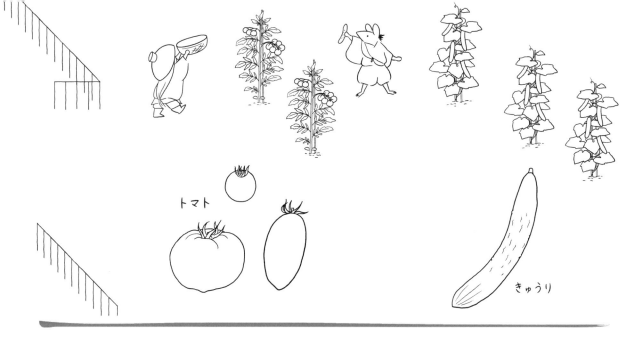

トマト

きゅうり

れるポリフェノールオキシダーゼによりクロロゲン酸な
どが酸化され褐変しやすいが，酢で防止できる．素朴な
香りと強い歯ごたえをもち，きんぴらごぼう，天ぷら，
柳川鍋，豚汁などに用いられる．

④ **れんこん**（蓮根，East Indian lotus）**れんこん**はスイ
レン科の野菜で，ハスの肥大した地下茎である．エジプ
ト原産とインド原産のものがあり，日本にはインド系の
ものが中国を経て導入された．れんこん（生）には，で
ん粉を主とする炭水化物が 15.5%存在し，野菜の中では
比較的エネルギーが大きい（66 kcal/100 g）．ビタミン C
も比較的多く含む（48 mg/100 g）．ポリフェノール化合
物も多く存在するため褐変しやすい．調理前の下準備と
してれんこんを酢水に入れるが，これはポリフェノール
オキシダーゼによる褐変を防止し，酸性領域でフラボノ
イド系色素の色を薄くするとともに，歯ごたえをよくす
る効果がある．煮物，酢れんこん，穴に明太子や辛子を
詰めた加工食品などに利用される．

2.5.5 果菜類

① **トマト**（赤茄子，Tomato）**トマト**は，アンデスの高
原地帯を原産とするナス科の野菜である．16 世紀ヨー
ロッパに伝わって当初は有毒植物として鑑賞用に扱われ，
食用としての普及には 200 年を要した．日本には江戸時
代に長崎に伝わったが，食用は明治以降で，以来，新品
種の開発によって広まった．トマトの品種は世界で
8,000 種を超えるとされ，日本では 120 種を超えるトマ
トが登録されており，野菜の中で品種の数はもっとも多
い．日本のトマトは生食として利用することが多く，ト
マト特有のにおいや酸味が少なく，甘味度の高い品種が
多く栽培されている．低温に弱い（低温障害が起こりや

すい）ため保存する際には注意が必要である．

トマトの甘味のほとんどがぶどう糖と果糖であり，酸
味は有機酸のクエン酸が主である．うま味成分として遊
離の**グルタミン酸**が豊富に存在しており，欧米ではトマ
トを肉や魚の調味料として使用する．果肉の色のおもな
成分はカロテノイド系色素の**リコペン**で，7～8 割を占
める．その他の色素はキサントフィル類やβ-カロテン
である．トマトは野菜と果実の中間的な特徴のある味を
もつとともに，構造も果肉部，種子部，種子を囲む粘質
物と多彩で，加工，調理への用途は多い．生食（サラダ
など）のほか，スープ，シチュー，煮込みなどの料理に
広く用いられる．トマトの加工食品としては，トマト
ジュース，トマトケチャップ，トマトソース，トマト
ピューレ，ドライトマト（乾燥トマト）などがある．

② **きゅうり**（胡瓜，Cucumber）**きゅうり**は，ウリ科の
一年生のつる性草本植物である．原産地はインド北部か
らネパール付近である．日本には中国から 10 世紀頃に
導入されたが，当時のきゅうりは苦味が強く食用にはあ
まりされていなかった．明治時代に中国から別の品種が
導入され，各地で栽培・品種改良され，苦味のないきゅ
うりへと品種改良されてきた．世界で 500 種ほどが栽培
され，白いぼ系と黒いぼ系に大別される．白いぼ系は皮
が薄く歯切れがよく，日本では 90%以上を占める．ト
マト同様，低温障害が起こりやすいため保存の際は注意
が必要である．

きゅうりの苦味成分は，トリテルペン化合物である**ク
クルビタシン**類であるが，現在市場に出荷されている
きゅうりにはほとんど苦味成分は含まれない．きゅうり
の食味の特徴は歯切れ，みずみずしさ，香気によるとさ
れる．おもな香気成分は，**キュウリアルコール**と**スミレ**

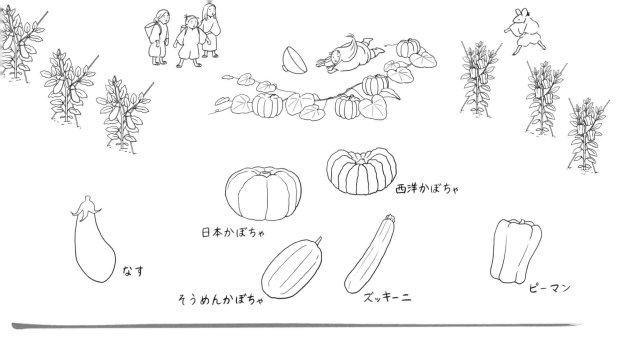

日本かぼちゃ

西洋かぼちゃ

なす

そうめんかぼちゃ

ズッキーニ

ピーマン

葉アルデヒドによるものである．にんじんと同じように
アスコルビン酸酸化酵素（アスコルビナーゼ）が含まれ
る．調理時に酢などを使うと酵素作用が抑制される．
きゅうりはさわやかな香りやシャキシャキとした歯ざわ
りを楽しむため，サラダなどで生食される．また，酢の
物，漬け物，ピクルスなどにも利用される．
③ なす（茄子，Eggplant，Aubergine）　なすは，インド
東部原産のナス科の野菜で，日本には平安時代に伝わり，
古くから食べられてきた．高温多湿を好み日本の気候に
適した野菜である．果皮は紫色や黒紫色がほとんどだが，
黄緑色や白色の品種もあり，各地に特色のある品種が栽
培されている．トマト，きゅうり同様，保存の際は低温
障害に注意が必要である．
　表皮の色は，アントシアニン系色素の**ナスニン**（紫
色）とヒアシン（青色）による．これらの色は，酸性に
すると赤色，アルカリ性にすると青色になるので，漬け
物の漬け込み中や，乳酸菌による酸の生成によって酸性
となり，赤紫色を呈する．なすを漬け物にする際，鉄
（くぎ）や鉄ミョウバンを加えると，色素が金属と反応
（キレート結合）して安定な青紫色になる．クロロゲン
酸がポリフェノールオキシダーゼの作用によって切断面
の褐変も生じやすいため，なすを切ったら水中に入れ，
褐変を防止する．なす特有の渋味成分もクロロゲン酸で，
この成分の含有量がなすの味を特徴付けるといわれる．
炒め物，揚げ物，漬け物などに広く利用される．
④ かぼちゃ類（南瓜，Pumpkins and squashes）　ウリ科
の野菜で，原産地は南北アメリカ大陸である．かぼちゃ
類には，**日本かぼちゃ**（Japanese squash，Pumpkin），**西
洋かぼちゃ**（Winter squash，Pumpkin），**ぺぽかぼちゃ**
がある．日本かぼちゃの肉質は粘質で，煮崩れしにくい

ので煮物に適している．西洋かぼちゃは水分が少なく，
でん粉質で甘味が強い．ぺぽかぼちゃは明治以降伝来し
たもので，日本で利用されているのは，**そうめんかぼ
ちゃ**（Spaghetti squash，Summer squash）と**ズッキー
ニ**（Zucchini）である．
　かぼちゃの主成分は，炭水化物〔日本かぼちゃ（生）：
10.9 g/100 g，西洋かぼちゃ（生）：20.6 g/100 g〕で，と
くに西洋かぼちゃではでん粉としょ糖が多い．β-カロ
テン当量が高く（日本かぼちゃ：730 μg/100 g，西洋か
ぼちゃ：4,000 μg/100 g），緑黄色野菜のひとつである．
かぼちゃは野菜に分類されているが，でん粉を多く含む
ため，いも類に似た加工や調理がされる．煮物，蒸し物，
スープなどの料理，冷凍食品などの加工も行われている．
そうめんかぼちゃは完熟した果実を輪切りにしてゆでた
あと，果肉を引きだすとそうめん状につながって出てく
る．これを二杯酢などで食べることが多い．
⑤ ピーマン類（Sweet peppers）　**ピーマン**はナス科の
野菜で，原産地は中南米である．とうがらしの一種で学
名は同じである．果肉はほとんど空洞で，わずかな種子
を含む．日本では，イスパニア種系の中型緑色タイプが
多い．緑色の未熟果（青ピーマン）が流通しているが，
完熟して赤色，オレンジ色，黄色になったカラーピーマ
ンも販売されている．**パプリカ**（Paprika）は同属の異な
る栽培品種である．パプリカは肉厚で，形状はベル型で
ある．
　緑色未熟果のピーマンと比べて完熟果実のピーマンは
炭水化物，カロテン，ビタミンE，ビタミンCが大幅に
増加する．β-カロテン当量（青ピーマン：400 μg/100 g，
赤ピーマン：1,100 μg/100 g）が高く，ビタミンC（青
ピーマン：76 mg/100 g，赤ピーマン：170 mg/100 g）も

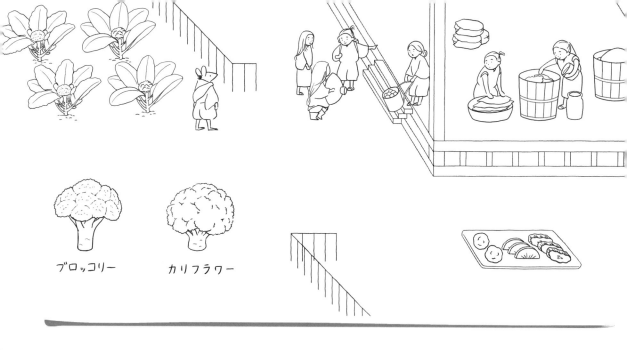

ブロッコリー　　カリフラワー

野菜類の中でかなり豊富である．完熟果実の赤色色素の主成分は，カロテノイド系色素の**カプサンチン**である．大型のものは肉詰めなどに適し，赤ピーマンは中華料理や西洋料理の彩りに使われる．

2.5.6　花菜類

① ブロッコリー（Broccoli）　**ブロッコリー**はアブラナ科のキャベツの変種で，原産地は地中海沿岸である．ブロッコリーとカリフラワーの相違は世界的に見ると明確ではない．日本では緑色の花蕾が分化しているものをブロッコリー，花蕾が白くひとかたまりのものをカリフラワーとよぶ．ブロッコリーとカリフラワーの中間的な性質をもつロマネスコという品種もある．

ブロッコリー（生）の成分は，β-カロテン当量（900 µg/100 g）が高く，たんぱく質（5.4%），カリウム（460 mg/100 g），カルシウム（50 mg/100 g），ビタミンC（140 mg/100 g），食物繊維（5.1%）なども多く含まれ，野菜類では非常に栄養価に富んだ野菜である．**イソチオシアネート**類を含む．サラダ，グラタン，炒め物などに利用される．

② カリフラワー（Cauliflower）　**カリフラワー**は地中海東部原産のアブラナ科の野菜で，ハナヤサイともいう．花のつぼみと茎の部分を食用とし，つぼみは白色が一般的であるが，緑や黄緑色もある．日本には明治時代に導入された．ブロッコリーの進出により出荷量は減少傾向にある．ビタミンCが多く（81 mg/100 g），熱に比較的安定である．スープ，グラタン，サラダ，フライ，オムレツ，炒め物，酢の物，ピクルスなどに利用される．

2.5.7　野菜類の加工食品

野菜は水分が多い上に，収穫後も呼吸や蒸散が続き，また野菜内の酵素も働くため変質しやすい．新鮮な状態で食することが望ましいが，保存する場合は鮮度が保持されるように低温で貯蔵する．加熱や冷凍などの加工操作により色調や食感が変化したり，ビタミンなどの成分変化が起こりやすい．加工法としては，冷凍，乾燥，缶詰，漬け物などがあり，いずれも貯蔵性を高めるとともに，加工による変質を避けようとしたものが多い．

① 漬け物　**漬け物**をつくる際，野菜に食塩を加えると，浸透圧の違いにより野菜の細胞内の水分は細胞外に出て，細胞は**原形質分離**を引き起こし壊れる．原形質分離が起こると食塩や調味成分が細胞内に入るようになり，また，酵素反応により自己消化が起こり，うま味や風味が生じる．食塩の作用により雑菌の増殖は抑えられ，乳酸菌や酵母などが働き，乳酸やアルコールが生じ，漬け物特有の酸味ある風味が形成される（図2.26）．食塩以外に，醤油，味噌，ぬか，酒粕，甘酢に漬けるものや，とうがらしを加えるキムチなどがある．

食塩は漬け物の加工に重要で，つくる漬け物のタイプにより食塩の濃度が異なる．食塩濃度は，即席漬けや一夜漬けでは1〜3%，一般の漬け物では3〜7%，長期保存するものは10%以上になる．

健康志向により，減塩した漬け物の開発も進んでいる．食塩を減らした分の貯蔵性を補うために酸やアルコールの添加，保存料（ソルビン酸など）の使用，袋詰めの際の殺菌処理，低温保存などの処理がなされる．

② トマト加工食品　トマトは，**トマトの缶詰**，**ケチャップ**などの加工品の歴史が古い（表2.14）．トマトはもっとも早く缶詰にされたもののひとつで，これはトマトの

漬け物による効果
• 細胞内の自己消化によるうま味や風味の生成
• 乳酸菌や酵母による乳酸やアルコールの生成

細胞壁
細胞膜
細胞質
液胞

食塩を加える

食塩水

生きている植物細胞

原形質分離を起こし壊れた植物細胞

図 2.26　食塩による漬け物の加工原理

表 2.14　おもなトマトの加工食品と加工法

加工食品名	加工法
トマトジュース	トマトを破砕して搾汁または裏ごしし、皮・種子などを除去する、またはこれに食塩を加える
濃縮トマト（トマトピューレ）	トマトを破砕、裏ごしし、煮詰めて 2 倍程度に濃縮する（無塩可溶性固形分が 24％未満のもの）
濃縮トマト（トマトペースト）	トマトピューレをさらに濃縮したもので、無塩可溶性固形分が 24％以上にする
トマトケチャップ	トマトを破砕、裏ごししたあと濃縮し、塩、香辛料、食酢、糖類、たまねぎ、にんにくなどを加え調味する。煮詰めて 2 倍程度に濃縮する。可溶性固形分を 25％以上にする

pH が比較的低く、殺菌しやすかったためである。トマトは加工用と生食用では品種が異なる。加工用トマトでは、果実の風味と特有の鮮紅色を保持することが大切である。加工用トマトでは完熟果が使われ、果肉中のリコペン含量が高く、可溶性固形分が多い。

　トマトの果汁を原料とする飲料には 100％果汁のトマトジュース、トマトジュースに野菜類、香辛料などを加えたトマトミックスジュース（野菜ジュース）、トマトジュースを 50％以上含有するトマト果汁飲料がある。トマトピューレ、トマトペーストはトマトジュースを濃縮したもので、ジュース、ケチャップ、スープ、ミートソースなどに利用される。トマトケチャップは、濃縮トマトに食塩、香辛料、食酢、糖類、およびたまねぎやにんにくなどを加えて調味し、ペクチン、酸味料などを加えてつくる。

③ 冷凍野菜　冷凍野菜は沸騰水中で数分間加熱したあと冷やすブランチングという処理をし、クロロフィラーゼ、リポキシダーゼ、アスコルビン酸酸化酵素などの酵素類を失活させる。野菜組織の軟化、空気の追いだしなどを行ったあと、冷凍する。えだ豆、グリンピース、さやいんげん、さやえんどう、そら豆、アスパラガス、ほうれんそう、ブロッコリー、かぼちゃ、にんじん、これらのミックス野菜などの冷凍野菜がある。

④ 乾燥野菜　乾燥野菜には干しかんぴょうや切り干しだいこんなどの自然乾燥による伝統的な加工食品と、熱風乾燥、減圧乾燥、凍結乾燥などによる乾燥野菜がある。干しかんぴょうは、夕顔の果肉を機械で細長く削り、乾燥したものである。

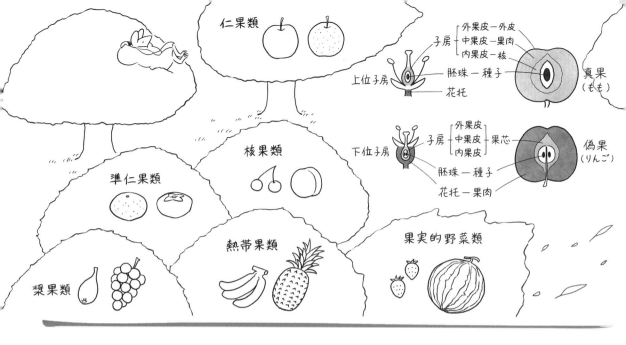

仁果類

核果類

準仁果類

熱帯果類

果実的野菜類

漿果類

上位子房

子房 ┌ 外果皮－外皮
　　 │ 中果皮－果肉
　　 └ 内果皮－核
胚珠－種子
花托

真果
（もも）

下位子房

子房 ┌ 外果皮 ┐
　　 │ 中果皮 │ 果芯
　　 └ 内果皮 ┘
胚珠－種子
花托－果肉

偽果
（りんご）

2.6　果実類　FRUITS

　果実類は，一般に果物やフルーツとよばれる．みずみずしさ，甘さ，酸味，豊かな芳香などが特徴である．私たちの食卓の彩りを演出するとともに，おいしさや健康のためのデザートとして扱われる．

2.6.1　果実類全般

（1）　果実類の分類と特徴

　果実は，植物の子房またはその周辺組織が肥大して，種子を含有する器官である．被子植物の**子房**が受粉・受精によって肥大したものを**真果**といい，通常内部に種子をもつ．子房壁は果皮となり，一般に外果皮，中果皮，内果皮の三層に区別される．真果で食用にしている果肉部分は肥大してみずみずしくなった中果皮や内果皮である．食用として利用する果実類には子房以外の部分，たとえば**果托**（または**花托**）部が肥大したものや，花の集まりである花序が肥大したものも含まれる．これらを**偽果**といって真果と区別する．

　果実類の分類にはいろいろあるが，可食部の形態から仁果類，準仁果類，核果類，漿果類に分類されることが多い．この四つの分類に，熱帯果類（植物防疫法に基づいて輸入される果実の便宜的呼称）と果実的野菜類（果菜類）を加えたものを以下に示す．

仁果類：子房の外側の花托の付着する部分が発達して果肉になった偽果．果実の中心に果芯があり，ここに種子がある．りんご，なし，びわなど．

準仁果類：構造が仁果類に似ているため，準仁果類とよばれるが，子房が発達した真果．可食部（果肉）が子房の内果皮に相当するかんきつ類や中，内果皮が肥大した

かきなどがある．

核果類：子房が発達した真果で，可食部（果肉）が中果皮だが，核果類では内果皮が硬い核となっており，その中に本来の種子がある．もも，すもも，うめ，さくらんぼ，あんずなど．

漿果類：果肉が軟らかく，多汁質の果実．ぶどうのように一果が一子房からなる真果や，いちじくのように花托が果実に含まれる偽果も含まれる．ほかにざくろ，ブルーベリー，クランベリーなど．

熱帯果類：熱帯地域で収穫される果実類．バナナ，パインアップルなど．

果実的野菜（果菜）類：いちご，すいか，メロンは，草本植物の果実的野菜で，樹木になる果実とは区別される．しかし，日常的には果物として扱われるため，食品成分表では果実類に収載されている．

（2）　果実類の成分

　おもな果実類の成分特性を以下にあげる（表2.15）．

① 果実の水分含量は80～90％のものが多く，みずみずしさ，新鮮さなどに大きな影響を及ぼす．保存性が低く，変質・腐敗しやすいため，生食以外ではジャムやジュースなどに加工される．

② 果実の甘味の主成分は糖質で，利用可能炭水化物（単糖当量）として5～20％含まれる（表2.16）．糖質の主体はぶどう糖，果糖，しょ糖である．さくらんぼ，なし，りんごなどのバラ科の果物には，糖アルコールである**ソルビトール**が含まれるものがある．果物の種類によって，これらの糖の組成は異なる．でん粉は未熟な果実中に含まれているが，一般に成熟すると分解され，遊離糖になる．

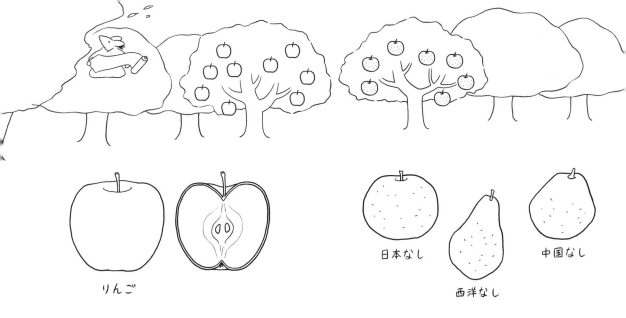

りんご　日本なし　西洋なし　中国なし

表 2.15　おもな果実類の成分（100 g あたり）

食品名	エネルギー	水分	たんぱく質	脂質	炭水化物	灰分	無機質						ビタミン						食物繊維総量
							ナトリウム	カリウム	カルシウム	マグネシウム	リン	鉄	ビタミンA（β-カロテン当量）	ビタミンE（α-トコフェロール）	ビタミンB$_1$	ビタミンB$_2$	ナイアシン	ビタミンC	
単位	kcal		g							mg			μg		mg				g
りんご　皮つき　生	56	83.1	0.2	0.3	16.2	0.2	Tr	120	4	5	12	0.1	27	0.4	0.02	0.01	0.1	6	1.9
日本なし　生	38	88.0	0.3	0.1	11.3	0.3	Tr	140	2	5	11	0	0	0.1	0.02	Tr	0.2	3	0.9
うんしゅうみかん　じょうのう　普通　生	49	86.9	0.7	0.1	12.0	0.3	1	150	21	11	15	0.2	1000	0.4	0.10	0.03	0.3	32	1.0
オレンジ　バレンシア　米国産　砂じょう　生	42	88.7	1.0	0.1	9.8	0.4	1	140	21	11	24	0.3	120	0.3	0.10	0.03	0.4	40	0.8
レモン　全果　生	43	85.3	0.9	0.7	12.5	0.6	4	130	67	11	15	0.2	26	1.6	0.07	0.07	0.2	100	4.9
かき　甘がき　生	63	83.1	0.4	0.2	15.9	0.4	1	170	9	6	14	0.2	420	0.1	0.03	0.02	0.3	70	1.6
もも　白肉種　生	38	88.7	0.6	0.1	10.2	0.4	1	180	4	7	18	0.1	5	0.7	0.01	0.01	0.6	8	1.3
うめ　生	33	90.4	0.7	0.5	7.9	0.5	2	240	12	8	14	0.6	240	3.3	0.03	0.05	0.4	6	2.5
さくらんぼ　国産　生	64	83.1	1.0	0.2	15.2	0.5	1	210	13	6	17	0.3	98	0.5	0.03	0.03	0.2	10	1.2
ぶどう　皮なし　生	58	83.5	0.4	0.1	15.7	0.3	1	130	6	6	15	0.1	21	0.1	0.04	0.01	0.1	2	0.5
バナナ　生	93	75.4	1.1	0.2	22.5	0.8	Tr	360	6	32	27	0.3	56	0.5	0.05	0.04	0.7	16	1.1
パインアップル　生	54	85.2	0.6	0.1	13.7	0.4	Tr	150	11	14	9	0.2	38	Tr	0.09	0.02	0.2	35	1.2
アボカド　生	176	71.3	2.1	17.5	7.9	1.2	7	590	8	34	52	0.6	87	3.3	0.09	0.20	1.8	12	5.6
いちご　生	31	90.0	0.9	0.1	8.5	0.5	Tr	170	17	13	31	0.3	18	0.4	0.03	0.02	0.4	62	1.4
すいか　赤肉種　生	41	89.6	0.6	0.1	9.5	0.2	1	120	4	11	8	0.2	830	0.1	0.03	0.02	0.2	10	0.3
メロン　温室メロン　生	40	87.8	1.1	0.1	10.3	0.7	7	340	8	13	21	0.2	33	0.2	0.06	0.02	0.5	18	0.5

Tr：Trace，微量.

③果実の酸味成分は有機酸であり，**クエン酸**，**リンゴ酸**，**酒石酸**などが主成分である（表 2.16）．有機酸は糖代謝（クエン酸回路）によって生じる．一般に，有機酸含量が 1 ％以上になると，かなり酸っぱく感じる．ビタミン C も比較的多く含まれ，果実類はビタミン C の供給源として優れている．無機質ではカリウムが多く，生体でのナトリウムとのミネラルバランスに大きくかかわる．

④果実を特徴付ける香気成分や色素成分には，さまざまな化合物がある．おもな香気成分としてはエステル類，テルペン類，アルデヒド類で，ほかに微量のアルコール類，アセトン，揮発酸も含まれる．果実類の色は熟度，鮮度を判断する重要な要素で，クロロフィル，カロテノイド系色素，フラボノイド系色素などが主成分である．カロテノイド系色素は，すいか，マンゴー，パパイヤ，かきなどに多い．ポリフェノール化合物も

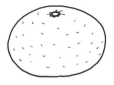
うんしゅうみかん

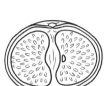

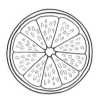

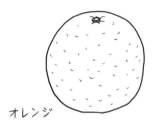
オレンジ

表 2.16　おもな果物類の糖と有機酸の含量（100 g あたり）

食品名	利用可能炭水化物（単糖当量）	ぶどう糖	果糖	しょ糖	ソルビトール	有機酸計	クエン酸	リンゴ酸	酒石酸
単位	g								
りんご　皮つき　生	12.9	1.6	6.3	4.7	0.5	0.4	0	0.4	0
日本なし　生	8.3	1.4	3.8	2.9	1.5	—	—	—	—
オレンジ　バレンシア　果実飲料　ストレートジュース	9.0	2.6	2.9	3.3	—	1.1	0.9	0.1	0
レモン　果汁　生	1.5	0.6	0.6	0.3	—	6.7	6.5	0.2	—
かき　甘がき　生	13.3	4.8	4.5	3.8					
もも　白肉種　生	8.4	0.6	0.7	6.8	0.3	0.4	0.1	0.3	
うめ　梅干し　塩漬	0.9	0.5	0.4	0	0.4	4.3	3.4	0.9	
さくらんぼ　米国産　生	13.7	7.0	5.7	0.2	2.2				
ぶどう　皮なし　生	14.4	7.3	7.1	0	—	0.6	Tr	0.2	0.4
バナナ　生	19.4	2.6	2.4	10.5	—	0.7	0.3	0.4	
パインアップル　生	12.6	1.6	1.9	8.8	—	0.9	0.6	0.2	
いちご　生	6.1	1.6	1.8	2.5	—	0.8	0.7	0.1	0

Tr：Trace, 微量.

比較的多く含まれる.

⑤ 果物特有のみずみずしさは, 水溶性食物繊維の多糖類ペクチンの保水性によるものである. ペクチンを多く含むことは果実の特性で, 有機酸と糖との共存によりゼリー化したものが, 果実の代表的な加工食品であるジャムである.

2.6.2　仁果類

① りんご（林檎, Apple）　りんごはバラ科の果実で, 原産地は中央アジアで, 約 4,000 年前から栽培されていた

と推定される. 日本へ導入されたのは江戸時代で, 本格的な栽培は 1872 年, 米国から旭〔英名：McIntosh（マッキントッシュ）〕, 紅玉〔英名：Jonathan（ジョナサン）〕などの品種を導入して以降である. 和りんごは鎌倉時代からあったが, 西洋りんごの普及によって現在その栽培は少ない. 現在, 日本でのりんごのおもな品種は, ふじ, つがる, 王林, ジョナゴールドなどで, 世界で約 7,000 種の品種が存在する. りんごの品種によって外観や色が異なる.

りんごの成分では炭水化物が 16.2％含まれ, その大部分は糖質である. 完熟果実の果心部周辺が蜜入り（果心部周辺が半透明状）になるものがあるが, これは一種の生理障害によりソルビトールが異常蓄積したものである. 有機酸は 0.2〜0.8％存在し, 品種間により差が大きい. 有機酸はリンゴ酸がほとんどである. 一般に酸の含量は 0.5％程度が生食に良好な食味とされ, 0.8％となると酸味が強すぎる. ペクチンは 1.0〜1.5％含まれ, 他の果実よりも多く, ジャムやゼリーの材料として重要である. 果皮の色はアントシアニン系色素で, 香りはイソアミルアルコール, ギ酸アミル, 酢酸イソアミル, 酢酸メチルなどによる.

収穫後, 長期間保存する方法として CA 貯蔵が用いられる. CA 貯蔵とは, 貯蔵庫内の大気組成を人工的に低酸素, 高二酸化炭素に制御し, 青果物の呼吸作用を抑制し, 品質劣化を防ぎ, 長期間貯蔵する方法のことである. この CA 貯蔵により周年出荷が可能となった. りんごは生食および広く加工に利用されている. たとえば, 果実飲料, 缶詰, ジャム, ゼリー, りんご酒, りんご酢などである. 皮をむいたり, ジュースにすると褐変が起こるが, これはポリフェノールの一種であるクロロゲン酸が

グレープフルーツ

レモン

かき

ポリフェノールオキシダーゼにより酸化するためである.
② なし類（梨，Pears） なしはバラ科の果実で，**日本な
し**（日本梨，Sand pear, Nashi pear），**中国なし**（中国
梨，Chinese white pear），**西洋なし**（西洋梨，European
pear）の３種類がある．日本なしは，日本中部以南と揚
子江沿岸原産と推定される．日本での栽培の記録は古く
日本書紀（720 年）に見られる．日本なしの代表的な品
種には，果皮が褐色の赤なし系（幸水，豊水，新高など）
と緑色の青なし系（二十世紀など）の品種がある．中国
なしでは，鴨梨や慈梨の２品種が主であるが，日本では
あまり栽培されていない．中国なしは日本なしと比べる
と，水分が少なく，炭水化物が多い．西洋なしの原産地
はカスピ海沿岸と推定されており，紀元前から欧州で広
く栽培されていた．日本には明治初期に導入された．西
洋なしの果実は樹に付いている状態では熟さないため，
収穫後，常温で１〜２週間おき，追熟させるとでん粉が
なくなり，糖や香気が増加する．肉質は緻密でねっとり
した特有の歯ざわりをもつ．おもな品種はラ・フランス，
バートレット，ル・レクチェなどである．

日本なしの果実にはザラザラした**石細胞**があり，これ
は**リグニン**，**ペントザン**から形成された細胞壁の厚く
なった細胞である．幸水，豊水などの品種では石細胞が
少なく，良好な食感である．

日本なしには炭水化物が 11.3%含まれ，そのほとんど
が糖質である．ほかの果物と比べて，ソルビトールが多
く含まれる．西洋なしの炭水化物含量は 14.4%である．
独特の芳香があり，香気成分はアルコール類，エステル
類，アルデヒド類などから形成されている．

2.6.3 準仁果類

① うんしゅうみかん（温州蜜柑，Satsuma mandarin）
うんしゅうみかんは，ミカン科の果実で，一般にみかん
とよぶ．中国から伝わった蜜甘から偶然に，鹿児島県の
長島で江戸時代に生まれたとされる．うんしゅうみかん
の特徴は，果皮が橙黄色で薄くてはがれやすく，種がな
いことである．現在栽培されている品種には多くの品種
があるが，９月頃から収穫する極早生温州，10 月頃の
早生温州，11 月下旬頃の普通温州に大別される．

うんしゅうみかんを始めとするかんきつ類では，内果皮
が袋状に分かれ（**じょうのう**という），その中を多汁質
の粒々の果肉（**砂じょう**，さのうともいう）が占めてい
る．

うんしゅうみかんの炭水化物含量は 12.0%，有機酸含
量は 0.8〜1.2%である．果肉には，カロテノイド系色素
でプロビタミン A 化合物の一種である**β－クリプトキサ
ンチン**（橙色の色素）が，他のかんきつ類に比べて非常
に多く含まれる（β－カロテン当量が 1,000 μg/100 g）.
ビタミン C も 32 mg/100 g 含まれる．かんきつ類の果皮
および薄皮には苦味成分である**ヘスペリジン**が多く含ま
れ，酵素処理して糖転移したヘスペリジンには，血中の
中性脂肪を減らす作用などが認められる．果皮を陰干し
にしたものが陳皮として漢方薬に利用される．うんしゅ
うみかんはおもに生食に利用されるが，果実飲料や缶詰
にも加工される．缶詰加工では，じょうのう膜を希塩酸
溶液で分解・剥離後，水酸化ナトリウム溶液で中和し，
シロップ漬けにして製造する．ヘスペリジンはみかん缶
詰の白濁の原因になることがある．
② オレンジ類（Oranges） **オレンジ**は，ミカン科の果
物で，インドのアッサム地域が原産とされる．世界のか

もも　　　　　　　　　　　　　　　　　　　　　　ネクタリン　　すもも

んきつ類の代表的なもので，欧米で多く栽培されている．温暖な冬季，乾燥した夏季の気候で，良質のものができる．普通オレンジ，ネーブルオレンジ，ブラッドオレンジなどの品種に大別される．オレンジは世界でもっとも生産量が多いかんきつ類である．

炭水化物は9.8%含まれ，ほとんどが糖質である．ビタミンCは40 mg/100 gと多く含まれる．苦味成分は**リモニン**，香気成分は**リモネン**などである．生食および果実飲料として広く利用される．

③ グレープフルーツ（Grapefruit）　**グレープフルーツ**はミカン科の果物で，西インド諸島が原産とされる．果実がブドウの房のように樹になるので，この名前が付けられた．世界のおもな産地は米国，イスラエル，中国などである．日本ではすべて輸入している．果肉の色により，白色種と紅色種に大別される．

炭水化物は9.6%，有機酸は1.0～1.4%，ビタミンCは36 mg/100 g含まれる．グレープフルーツを始めかんきつ類の果皮近くには，苦味成分である**ナリンギン**が含まれる．特徴あるさわやかな香気成分はテルペン類の**ヌートカトン**などである．グレープフルーツには**ジヒドロキシベルガモチン**という物質が含まれ，血圧降下剤を増強する作用が認められるため，薬との同時摂取はしない．生食および果実飲料として利用される．

④ レモン（檸檬，Lemon）　**レモン**はミカン科の果物で，ヒマラヤ東部山麓が原産とされる．耐寒性が弱いので，世界でも温帯および熱帯地方で栽培されている．果実の形，色は品種により異なるが，主要品種はだ円形で，色は黄色が多い．果皮は厚く，油胞（表面の小さい粒々）中には独特の強い芳香がある．

果汁には，有機酸の**クエン酸**が6.5%も含まれ，強い酸性を示す（pH 2.3）．ビタミンCは50 mg/100 g含まれる．特徴のある香りの成分はテルペン類の**シトラール**などである．レモンにはペクチンが多い．レモンは生食用のほか，果汁を搾汁・濃縮し，飲料などの原料となる．搾汁残渣からはレモン油やペクチンが取りだされ，ペクチンはマーマレードなどの原料となる．

⑤ かき（柿，Japanese persimmon, Kaki）　**かき**は，カキノキ科の果実で，日本，中国，朝鮮半島に自生し，原始時代から食用にされた．しだいに栽培化され，現在，日本を代表する果実である．かきの品種は非常に多いが，利用の面から大別すると**甘がき**と**渋がき**に分類され，富有，次郎は甘がきの代表で，西条，蜂屋，平核無は渋がきの代表である．

生の甘がきの炭水化物は15.9%と果実類では高い．有機酸は果実類の中では少ない．ビタミンCが多く含まれる（70 mg/100 g）．β-カロテン当量も高い（420 μg/100 g）．ペクチンは0.5～1.0%含まれ，熟すと水溶性ペクチンが増加して，果実は軟化する．果皮の色素はリコペンなどのカロテン類とアントシアニン系色素である．渋味はタンニン類で，未熟な果実に多く含まれる．渋がきには0.8～1.0%の**可溶性タンニン**が含まれる．甘がき中の**不溶性タンニン**は渋味を示さない．

渋がきの脱渋法には，さらしがきにする方法と，干しがきにする方法がある．さらしがきの脱渋法には，炭酸ガス脱渋，アルコール脱渋，温湯脱渋などがある．さらしがきは，いずれも嫌気的呼吸を盛んにして，それによって生じたアセトアルデヒドが可溶性タンニンを不溶化し脱渋すると考えられる．干しがきは，皮をむくことにより果実の表面に薄い膜ができ，酸素を通さなくなるため，嫌気的な状態になり，エタノールが発生し，これ

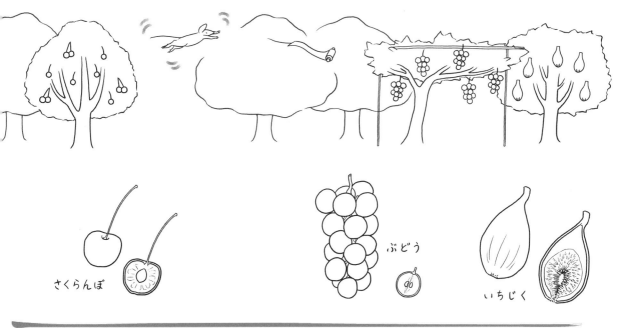

さくらんぼ　　ぶどう　　いちじく

がアルデヒドに変化しタンニンと反応する.「渋を抜く」とは, 渋味を除去するのではなく, 渋味成分を不溶化して, ヒトの味覚に渋味を感じさせなくする. また, 干しがきの表面の白い粉はぶどう糖と果糖が結晶化したものである. かきの用途は生食や菓子材料などである.

2.6.4　核果類

①もも類（Peaches）　もも（桃, Peache, バラ科）の原産は, 中国黄河上流の高山地帯といわれる. 日本での栽培の歴史は古く, 古事記や日本書紀にも記録がある. 日本では, 明治になってから中国や南欧から生食用の品種を輸入し, 主要な品種が育成された. 品種は, 果肉が白色系と黄色系に大別され, おもに白色系は生食用, 黄色系は加工用である. 表皮には微白毛をもつ. 果皮が無毛の品種はネクタリン（油桃, Nectarine）といい, ももの変種である.

　ももの甘い芳香はラクトン類のγ-ウンデカラクトンである. 白色系のももの赤い色素はアントシアニン系色素, 黄色系のももの黄色はカロテノイド系色素による. 生食のほか, 缶詰やジャム, 果実飲料, とくに果肉飲料（ネクター）として利用される. 缶詰用品種には, 黄色かつゴム質である, 核の周囲に赤い色素をもたない, 粘滑で芳香と酸味をもつことなどが望まれる.

②すもも類（Plums）　すももは, アジア系, ヨーロッパ系, アメリカ系に大別され, にほんすもも（李, Japanese plum, バラ科）はアジア系で, 原産地は中国である. ヨーロッパ系の西洋すももおよびその乾果は, プルーン（European plum）とよばれる. 有機酸は 1 ～ 2 ％含まれ, ももよりも酸味が強い. 生食用, 乾果, 缶詰, 果実飲料, 果実酒などに広く利用される.

③うめ（梅, Mume）　うめは, バラ科の果実で, 原産地は中国で, 日本には 751 年に遣唐使により導入されたという説がある. 現在, 食用の品種は約 50 種あり, 利用上大別すると小粒種, 中粒種, 大粒種に区別できる. 生食はせず, 加工専用である.

　有機酸が 4 ～ 5 ％と果実類ではもっとも多く含まれ, クエン酸やリンゴ酸がおもな酸である. うめ, あんず, ももなどのバラ科の未熟果実の種子（仁）には, 青酸配糖体であるアミグダリンが含まれ, 酵素作用によりベンスアルデヒドと猛毒の青酸を生成する. ベンズアルデヒドは梅干しや梅酒を特徴付ける香気成分である. ベンズアルデヒドは酸化されると安息香酸となり強い抗菌作用をもつ. アミグダリン自体には毒性はない. 果実が熟すにつれてアミグダリンは分解され消失し, 熟した果実では, 青酸中毒の心配はない. 梅干し, 梅漬, 果実酒, ジャム, 果汁飲料, ゼリー, ようかんなどに広く利用されている.

④さくらんぼ（桜桃, Sweet cherry）　さくらんぼはバラ科のセイヨウミザクラの果実で, コーカサス地方が原産とされる. おうとうともよばれる. 品種は甘果おうとうと酸果おうとうに大別され, 現在日本で栽培される品種は, 生食用に適した甘果おうとうがほとんどである. 酸果おうとうは欧米などで栽培され, リキュールやジャムなどに利用される. 日本で栽培されるおもな品種は, 佐藤錦, 紅秀峰, 高砂, ナポレオンなどである. 果皮の色素はアントシアニン系色素である. さくらんぼにはソルビトールが多く含まれている（表2.16）. 生食用および缶詰, 砂糖漬けなどに広く利用されている.

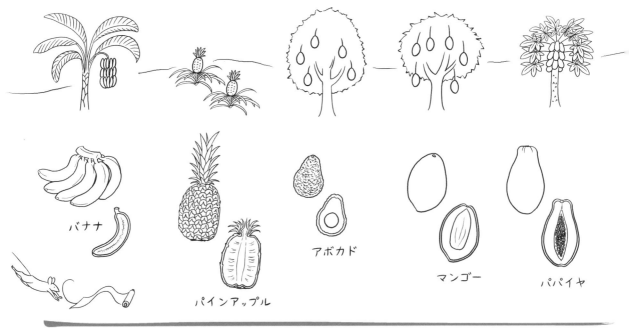

バナナ　パインアップル　アボカド　マンゴー　パパイヤ

2.6.5　漿果類

① ぶどう（葡萄，Grape）　<u>ぶどう</u>はブドウ科の果実で，西アジアが原産とされ，温帯地方で広く栽培される．日本へは 12 世紀頃，中国から渡来し，明治以後に欧米種が導入された．ぶどうは世界でも生産量が多い果物のひとつで，数千品種がある．欧米の品種は，おもにワイン，果実飲料，干しぶどうなどに加工されるが，日本の品種は生食用が多く，巨峰，ピオーネ，デラウエア，シャインマスカットなどが栽培されている．ぶどうの実にはふつう 4 個の種子が形成されるが，ジベレリン処理すると種なしぶどうができる．

　皮なしぶどうの炭水化物含量は 15.7％である．品種により差が大きいが，有機酸は 0.6％程度含まれ，他の果物類には含まれない<u>酒石酸</u>が多いという特徴をもつ．果皮の色素はアントシアニン系色素で，ワインの品質にとって重要な成分である．果皮に，アントシアニン系色素と同じポリフェノール類の一種で抗酸化作用のある<u>レスベラトロール</u>が含まれる．香りの成分は，エステル類の<u>アントラニル酸メチル</u>などである．

② いちじく（無花果，Fig）　<u>いちじく</u>はクワ科の果実で，原産地はアラビア南部とされ，エジプトでは約 4,000 年前から栽培していた記録がある．いちじくの可食部は，花托の発達した果肉とその内部に密集する花の偽果である．花を咲かせずに実を付けるので「無花果」と書く．栽培品種には，17 世紀中国から導入された東洋種，1902 年アメリカから導入した西洋種がある．果実の収穫時期により秋，夏および秋・夏兼用と多くの品種があり，秋果は品質が良好である．

　生のいちじくには炭水化物が 14.3％含まれ，有機酸は 0.1％と少ない．果肉，茎から出る乳液にはたんぱく質分解酵素の<u>フィシン</u>が含まれ，肉の軟化剤として利用される．生食用，乾果，ジャムなどに利用される．

2.6.6　熱帯果類

① バナナ（Banana）　<u>バナナ</u>はバショウ科の果実で，東南アジアの高原地帯が原産とされる．国内で消費されるバナナはほとんど輸入品で，未熟果（青バナナ）を 15〜20 ℃付近の部屋で，約 1,000 ppm（0.1％）濃度のエチレンガスで追熟処理をして出荷する．熟成した黄色いバナナには日本の農作物に被害を及ぼす可能性のある害虫が寄生している恐れがあることから，熟した状態のバナナの輸入は植物検疫法により禁止されている．

　バナナは 93 kcal/100 g のエネルギーをもち，栄養価が高い．アフリカの一部の国では主食にする．生食用バナナは樹上で熟させるか，未熟果を追熟させるとでん粉が糖化する．料理用バナナは熟してもでん粉が糖化しない．未熟果にはでん粉が 20〜23％存在するが，完熟果では 1 〜 2 ％まで減少する．炭水化物が 22.5 g/100 g 含まれ，そのうちしょ糖が 10.5 g を占める．有機酸は 0.7％含まれ，リンゴ酸とクエン酸が多い．カリウム含量も多い（360 mg/100 g）．バナナの特徴的な香りの成分は，エステル類の<u>酢酸イソアミル</u>などである．バナナにはポリフェノール化合物が含まれ，未熟果の渋味の原因であるが，熟すと不溶性になるため渋味を感じなくなる．生食用，乾燥バナナ，果実酒などに利用されている．

② パインアップル（Pineapple）　<u>パインアップル（パイナップル）</u>はパイナップル科の果実で，南アメリカが原産とされる．乾燥に強く，多数の小花が集まり，発達・肥厚した花托の部分が食用となる．日本には江戸時代末に導入され，沖縄や南九州でわずかに栽培される．

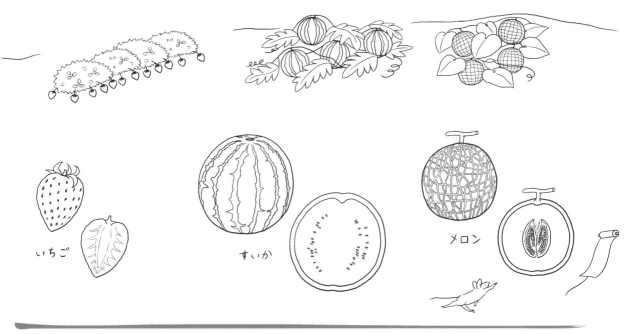

いちご　　　　　　　　　すいか　　　　　　　　　メロン

炭水化物は 13.7％，有機酸は 0.6〜1.6％で，クエン酸とリンゴ酸がおもな酸である．香りの成分はエステル類の<u>酢酸エチル</u>などである．各成分とも品種，産地により大きく変動する．パインアップルの果実，茎，根にはたんぱく質分解酵素の<u>ブロメライン</u>が多く含まれ，医療や食品に使用される．生食用，缶詰，ジュース，果実酒など広く利用される．

③ アボカド（Avocado）　<u>アボカド</u>は，クスノキ科の果実で，原産地はコロンビア，エクアドル，メキシコの南部とされる．アボカドの木は，樹高 7 〜20 m に達する常緑高木である．アボカドの果皮の色は緑，紫，褐色などで厚く，果実の形もなす形，たまご形などいろいろである．

アボカドの果実は，ほかの果実と比較すると成分が大きく異なる．脂質が 17.5％と多く，果実類ではとくにエネルギーが高い特徴がある（176 kcal/100 g）．そのため「森のバター」ともいわれる．脂肪を構成する脂肪酸の80％は不飽和脂肪酸である．果実類でもカリウムがかなり多く含まれる（590 mg/100 g）．生食用で，バターのようにパンに塗る，サラダに利用するなどされている．果肉が褐変を起こしやすい．

④ マンゴー（Mango）　<u>マンゴー</u>はウルシ科の果実で，インドおよびマレー半島が原産地である．マンゴーの果実はたまご形，まがたま形，長だ円形などで，果皮の色は緑，黄橙色，赤黄色などで硬く，大きさも 100 g から2 kg とさまざまである．果肉は黄色で，熟すと甘酸っぱくなり，独特の芳香がある．マンゴーはウルシ科のため，うるしに似た皮膚炎を引き起こす原因物質を含み，食べるとかゆみや湿疹などを引き起こす場合がある．マンゴーは品種，産地により成分の差異が大きい．

生のマンゴーには炭水化物が 16.9％，有機酸が 0.15〜0.35％含まれる．果実としては酸の量が低く，β-カロテン当量が 610 μg/100 g と高い．マンゴーは熟すとしょ糖の含量が増加する．生食用，シロップ漬け，缶詰，果汁飲料，ジャム，乾果などに利用されている．

⑤ パパイヤ（Papaya）　<u>パパイヤ</u>はパパイヤ科の果実で，熱帯アメリカ原産とされる．果実により大きさ（長さ）は 15〜30 cm，重さは 0.5〜 8 kg と差が大きい．果実は熟すと軟化し，テルペン類のリナロールを主成分とする独特の香気を生成し，果肉の色は淡黄色または橙赤色になる．パパイヤは，パパイヤリングスポット・ウイルスに耐性を示す遺伝子組換えパパイヤ品種の開発が進められ，それらには表示義務のある遺伝子組換え農作物のひとつである．ビタミン C が比較的多く含まれる（50 mg/100 g）．果肉にはたんぱく質分解酵素の<u>パパイン</u>が含まれ，肉の軟化，ビールの安定剤などに利用される．

2.6.7　果実的野菜類

① いちご（苺，Strawberry）　現在栽培されている**いちご**（バラ科）は，18 世紀頃オランダで南アメリカ産のチリーイチゴと北アメリカ産のバージニアイチゴとの交配から生まれた．いちごは多年草で比較的冷涼な気候に適し，温帯から亜寒帯に及ぶ広範囲の地域で栽培される．食用とする果肉は花托が発達した漿果で，その表面の黒い粒が植物学上の果実である．現在はビニールハウスの普及と品種改良により栽培が拡大し，とちおとめ，あまおう，紅ほっぺ，さがほのか，さちのかなどの多くの品種がある．

炭水化物は 8.5％，有機酸は 0.8％含まれる．ビタミン

Cは62 mg/100 gと多い．アントシアン系色素の赤色色素であるペラルゴニジンが85%を占める．生食用，ジャム，果実飲料などに広く利用される．

② すいか（西瓜，Watermelon）　すいかはウリ科の果実的野菜で，アフリカ中部砂漠地帯が原産である．室町時代に渡来したといわれる．すいかの品種は，果肉色，果形，果皮色，果実の大きさによって分類される．もっとも一般的な品種は，果肉が赤く球形で，果皮はしま模様で中くらいの大きさである．食味には糖度と果肉の質が重要で，シャリシャリ感のする果肉が重視される．

　炭水化物は9.5%，β-カロテン当量（リコペンを多く含む）は高く，830 µg/100 gである．すいかにはアミノ酸の一種であるシトルリンが多く含まれる．おもに生食する．

③ メロン（甜瓜，Muskmelon）　メロンはウリ科で，アフリカが原産である．日本には，明治期にヨーロッパから温室メロンを導入し，大正時代に普及した．カンタープ，網目メロン，冬メロンの3種に大別できる．また，栽培形態には露地栽培と温室栽培がある．収穫後，追熟してから食用とする．温室メロンは，日本で高級ネットメロンとして定着した．高級ネットメロンはマスクメロンとよばれるが，果実がじゃ香の香り（マスク）がするからである．メロンには炭水化物が10.3%，カリウムが340 mg/100 g含まれる．

2.6.8　果実類の加工食品

　果実は，野菜同様に水分含量が高く，呼吸，蒸散するため鮮度低下が早い．また，生産地および収穫期が限定され，年間を通じた安定供給が難しい．このような欠点を補い，果実の風味を改善し，利用性を高めるために，ジャム類，果実飲料，砂糖漬け，缶詰・瓶詰，乾燥果実，冷凍果実などの加工食品がつくられる．

① ジャム類　ジャムは果実を原料とし，砂糖を加えて，煮詰めてゼリー状に凝固させたもので，さまざまな果実からつくることができる．マーマレード，プレザーブなどもこの分類に入る（表2.17）．ジャムのゼリー化には，ペクチン，酸および糖の三成分が必要である．一般にペクチンは0.5〜1.0%，酸（クエン酸，リンゴ酸）約0.5%，糖（砂糖，糖アルコール，水あめなど）は約60%の範囲でゼリー状のものが形成する．pHが高い場合はpHを下げるために有機酸が必要となり，クエン酸を多く含むレモン汁などを混ぜる．pHは2.8〜3.6でゼリー化する．糖は保水することで，ゼリーを一定の形に保つ役割を果たす．酸は酸性にすることでペクチンのカルボキシ基の解離が抑えられ，ペクチン分子同士の静電的反発をなくし，多量の糖を添加することで糖に水分が吸着し水分活

表2.17　ジャム類の分類

分類	定義
ジャム	マーマレードおよびゼリー以外のもの
マーマレード	かんきつ類の果実を原料としたもので，かんきつ類の果皮が認められるもの
プレザーブスタイル	ベリー類（いちごを除く）の果実を原料とするものでは全形の果実，いちごの果実を原料とするものでは全形または二つ割りの果実，ベリー類以外の果実などを原料とするものでは5 mm以上の厚さの果肉片などを原料とし，その原形を保持するようにしたもの
ゼリー	果実などの搾汁を原料としたもの

性が下がる．その結果，ペクチン同士の安定な分子間結合を生じ，ゲル化する．

② 果実飲料　**果汁飲料**とは，果汁の搾汁（さくじゅう）または果実を破砕して裏ごしした果実ピューレ，またはこれらを主原料とする，アルコールを含まない飲料をいう．日本で生産される果汁飲料の使用果実としては，りんごとうんしゅうみかんが多い．輸入果汁の多くは濃縮状態で貯蔵，運搬され，国内で希釈，調合を経て製品となる．濃縮果汁は1/5〜1/6に濃縮され，使用時に解凍し，水を加えて元の100%ジュースの濃度に戻す．これを還元といい，このような果汁を**濃縮還元果汁**という．りんごの果汁飲料の製造では，酵素的褐変しやすいため，アスコルビン酸（ビタミンC）を添加して破砕，搾汁する．果汁ジュースの製造工程を図2.27に示す．

日本農林規格（JAS規格）では，濃縮果汁，果実ジュース，果実ミックスジュース，果粒入り果実ジュース，果実・野菜ミックスジュース，果汁入り飲料などに分類されている（表2.18）．ストレート以外の果実ジュースには砂糖類を加えることができるが（別途「加糖」の表示は必要），加えられる砂糖やはちみつの量が制限されているため，果実本来の甘さを生かした飲料であるといえる．

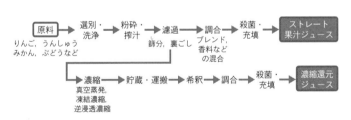

図 2.27　果汁ジュースの製造工程

表 2.18　果実飲料の分類

分類	定義
濃縮果汁	果実の搾り汁を濃縮したもの
果実ジュース	1種類の果実（果実の搾り汁または還元果汁）で果汁100%のもの
果実ミックスジュース	2種類以上の果汁を混合して果汁100%としたもの
果粒入り果実ジュース	かんきつ類のさのうやかんきつ類以外の果肉を細切りにしたものを含む，果汁100%のもの
果実・野菜ミックスジュース	果汁と野菜汁を加えて100%にしたもので，果汁の割合が50%以上のもの
果汁入り飲料	果汁の割合が10%以上100%未満のもの

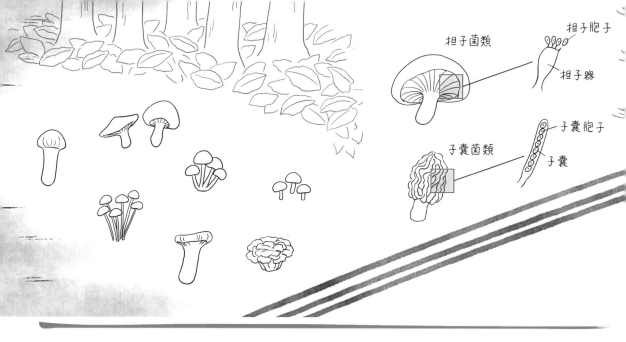

担子菌類
担子胞子
担子器
子嚢菌類
子嚢胞子
子嚢

2.7　きのこ類　MUSHROOMS

　日本列島は温暖で豊富な雨量と豊かな森林に恵まれ，きのこの生育には適した自然環境にあり，南北に細長い地形であるため，亜熱帯，温帯，亜寒帯の植生から世界的にも多種類のきのこが自生している．きのこにはそれぞれ独特の風味があり，秋になると季節の味覚の代表として日本人の食卓を賑わせてきた．古来，きのこの栽培は難しく自生したものを採集するしかなく，とても貴重な食品であった．しかし，人工栽培の方法がしだいに確立され，現在では人工栽培されたものが市場流通品のほとんどを占めるようになった．その結果，一年中安定かつ安価にきのこを食べることができるようになった．

2.7.1　きのこ類全般

（1）　きのこ類の分類と特徴

　きのこは，光合成機能をもたない，カビや酵母と同じ菌類の仲間である．きのこ類は真菌類に属し，胞子の形成の仕方で担子菌類と子嚢菌類に分類される．担子菌類は担子器という菌糸の先端に胞子を形成し，しいたけ，まつたけ，えのきたけなど多くのきのこが属している．子嚢菌類は子嚢という袋の中に胞子を形成し，トリュフやあみがさだけなどごく一部のきのこが属している．きのこは，それらの菌類がつくる大きな子実体を食用とする．子実体は胞子をつくる生殖器官で，高等植物では花，胞子は種子に相当する．

　きのこは，栄養の取り方によって，大きく腐生菌と菌根菌に分かれる．腐生菌は落ち葉や倒木，切り株などに生える菌であるのに対し，菌根菌は生きた植物の根と共生体（菌根）をつくり栄養を得る．腐生菌にはしいたけ，

マッシュルーム，えのきたけ，ぶなしめじ，まいたけ，エリンギ，なめこなどがあり，菌根菌には，まつたけ，ほんじめじ，トリュフなどがある．

　昔から日本で食用として利用されているきのこは約120種類，うち約22種が販売・利用されている．野生のきのこは，秋期に一時出回るだけで，一年中流通されているもののほとんどは，人工栽培によるきのこである．現在まで人工栽培されているものは，えのきたけ，しいたけ，ぶなしめじ，ほんしめじ，マッシュルーム，まいたけ，なめこ，エリンギなどである．野生のきのこには毒きのこがあり，命を失うこともある．毒きのこを見分ける共通の方法はないので，きのこ狩りでは，経験豊かな人の指導を受けることが不可欠である．

（2）　きのこ類の成分

　きのこの成分は種類により異なるが，一般に野菜に類似する（表2.19）．生のきのこは一般に水分が90％程度あり，三大栄養素の炭水化物は10％未満，たんぱく質は5％未満，脂質は1％未満である．野菜と比較するとビタミンD，ビタミンB群，ナイアシンなどが多い．カルシウムは少なく，カロテン類やビタミンCはほぼ含まれていない．食物繊維は野菜と同等かそれ以上含まれる．難消化性有機物の多いきのこ類や藻類のエネルギーの値は，食品成分表ではヒトの消化吸収率にかかわる個人差が大きいことから，暫定的な値としている．

　きのこ類は栄養価よりも，うま味や独特の香り，その歯切れなどの嗜好性に特徴がある．うま味成分として5′-グアニル酸，遊離アミノ酸（アスパラギン酸，グルタミン酸，アラニン，アルギニン，ヒスチジン，バリン）が含まれる．糖は，おもにトレハロース，ぶどう糖，マ

第2章　植物性食品

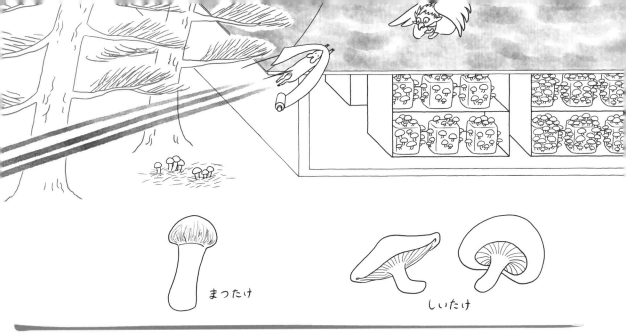

まつたけ

しいたけ

表2.19　おもなきのこ類の成分（100 g あたり）

食品名	エネルギー	水分	たんぱく質	脂質	炭水化物	灰分	無機質						ビタミン							食物繊維総量
							ナトリウム	カリウム	カルシウム	マグネシウム	リン	鉄	ビタミンA（β-カロテン当量）	ビタミンD	ビタミンE（α-トコフェロール）	ビタミンB₁	ビタミンB₂	ナイアシン	ビタミンC	
単位	kcal	g					mg						μg		mg					g
しいたけ　菌床栽培　生	25	89.6	3.1	0.3	6.4	0.6	1	290	1	14	87	0.4	0	0.3	0	0.13	0.21	3.4	0	4.9
しいたけ　原木栽培　生	34	88.3	3.1	0.4	7.6	0.7	1	270	2	16	61	0.4	0	0.4	0	0.13	0.22	3.4	0	5.5
まつたけ　生	32	88.3	2.0	0.6	8.2	0.9	2	410	6	8	40	1.3	0	0.6	0	0.10	0.10	8.0	0	4.7
マッシュルーム　生	15	93.9	2.9	0.3	2.1	0.8	6	350	3	10	100	0.3	0	0.3	0	0.06	0.29	3.0	0	2.0
えのきたけ　生	34	88.6	2.7	0.2	7.6	0.9	2	340	Tr	15	110	1.1	0	0.9	0	0.24	0.17	6.8	0	3.9
ぶなしめじ　生	26	91.1	2.7	0.5	4.8	0.9	2	370	1	11	96	0.5	0	0.5	0	0.15	0.17	6.1	0	3.0
まいたけ　生	22	92.7	2.0	0.5	4.4	0.6	0	230	Tr	10	54	0.2	0	4.9	0	0.09	0.19	5.0	0	3.5
エリンギ　生	31	90.2	2.8	0.4	6.0	0.7	2	340	Tr	12	89	0.3	0	1.2	0	0.11	0.22	6.1	0	3.4
なめこ　生	21	92.1	1.8	0.2	5.4	0.5	3	240	4	10	68	0.7	0	0	0	0.07	0.12	5.3	0	3.4

Tr：Trace，微量.

ンニトールである. トレハロースはぶどう糖2分子がα-1,1 結合した非還元糖で，そう快な甘味をもつ. トレハロースは自然界ではとくにきのこ類に多く含まれ，なめこ，しいたけ，ほんしめじ，マッシュルームの固形物あたりのトレハロース含量は 10〜23％である. そのため，トレハロースは「菌糖，マッシュルーム糖（mushroom sugar）」ともよばれる. また，きのこ類には，β-グルカンが多く含まれる. β-グルカンとは，グルコースが化学的に結合して長く連なった多糖であるグルカンがβ-グリコシド結合で繋がったものの総称である. β-グルカンは，ヒトの消化酵素によって分解されない食物繊維である. 免疫増強作用の観点から注目されている.

2.7.2　おもなきのこ類

① しいたけ（椎茸，Shiitake mushroom）　しいたけは，野生では春と秋にシイ，ブナ，クヌギなどの広葉樹の枯れ木に群生する. 傘の直径は 5〜10 cm で，表面は褐色である. 収穫時期により2種類に分けられ，冬から春の寒い時期に生育した傘の開く前の肉厚のしいたけを冬菇といい，香味に優れる. また春や秋に温度が高くなり傘の開いたものを香信といい，肉薄である. 人工栽培の方法が 20 世紀に確立され，最近では原木栽培または菌床栽培されたものが，市場流通品のほとんどを占める. 原木栽培は，原木に穴をあけて種菌を打ち込んだほだ木を，一年間，林間地など自然環境下においてきのこを発生させる方法であり，菌床栽培は，おがくずに米ぬかなどの栄養源を加えて固めた菌床に種菌を接種し，3カ月ほど

えのきたけ

ぶなしめじ

エリンギ

空調設備などを備えた施設内においてきのこを発生させる方法である.

　生しいたけなどのきのこ類には, <u>エルゴステロール</u>（プロビタミンD_2）が多く含まれ, 紫外線を照射するとビタミンD_2に変わるため, 天日干しした干ししいたけにはビタミンDが多い（生しいたけ：0.3〜0.4 μg/100 g, 干ししいたけ：17.0 μg/100 g）. 食物繊維は約5％含まれる. しいたけのうま味成分は<u>5′-グアニル酸</u>, 特有の香気成分は<u>レンチオニン</u>である. レンチオニンは, 子実体に含まれるレンチニン酸が酵素の働きで生成したものである. また, しいたけに含まれるβ-グルカンの一種である<u>レンチナン</u>という多糖類には, 免疫力増強による抗腫瘍効果があり, しいたけから抽出したものが抗悪性腫瘍剤の医薬品として販売されている. 生しいたけは焼き物, 炒め物, 天ぷらなど, 干ししいたけはスープや煮物など, 各種料理に広く使われている.

② まつたけ（松茸, Matsutake mushroom）　<u>まつたけ</u>は, 野生きのこの代表で, 独特の香りと食感をもつ. 傘の直径は8〜15 cmくらいで, 表面は灰褐色である. 主として樹齢30〜40年のアカマツ林の傾斜が緩やかで, 排水のよい土地に生育する. まつたけはマツの樹木の細根に寄生して生育する菌根菌である. まつたけの人工栽培は長年研究されてきたが, 実用化には至っていない. 日本以外に中国, 朝鮮半島などにも分布する.

　まつたけ特有の香気成分は<u>マツタケオール</u>と<u>ケイ皮酸メチル</u>による. この香りと歯切れのよさを生かした焼き物, 吸い物, 蒸し物, まつたけごはんなど, 日本料理に珍重される.

③ マッシュルーム（つくり茸, Button mushroom）　<u>マッシュルーム</u>（mushroom）は英語で, 一般にきのこを表すが, 日本では特定のきのこをマッシュルームとよぶようになった. いわゆるマッシュルームは, 和名で<u>つくりたけ</u>, フランス語でシャンピニオン（champignon）ともいう. マッシュルームは, 17世紀フランスで人工栽培に成功し, 現在, 世界中で栽培されている. 傘の直径は5〜10 cmくらいで, 成長が進むと球形から平らに開いてくる. 傘の色により, ホワイト種, オフホワイト種, クリーム種, ブラウン種の四つの品種に大別される. 世界的にはホワイト系のマッシュルームの生産が多く, 淡白な味である. ブラウンマッシュルームは濃厚な味で, 香りは乏しいが, グルタミン酸が多いため味はよい（グアニル酸はほとんど含まれていない）. マッシュルームは, ほかのきのこ類に比べて水分がやや多く, ビタミンB_2含量が高い. スープ, サラダ, バター炒めなど西洋料理に多く用いられる. また, 長期保存のため, 瓶詰, 缶詰, 冷凍食品などに加工される. ポリフェノールオキシダーゼの働きが強く, 加工品などで褐変が問題となる場合は, ブランチング処理が施される.

④ えのきたけ（榎茸, Winter mushroom）　市販されている<u>えのきたけ</u>は, 人工栽培したものである. 遮光栽培するため, 軸が伸び, 傘が5〜8 mmと小さく, 色は黄白色である. 野生のえのきたけは晩秋から冬にかけて広葉樹の枯れ木に群生する. 傘が数cm以上になり, 色は暗黄褐色で, 栽培品と見た目がかなり異なる.

　血圧降下作用などがある<u>γ-アミノ酪酸</u>（GABA）を多く含む. 生のえのきたけには溶血活性を示すたんぱく質毒素のフラムトキシンがあり, 鮮度がよくても決して生食してはいけない（熱に弱いため, 加熱して食べると問題ない）. 鍋物の具材などに広く用いられる.

⑤ ぶなしめじ（撫しめじ, Beech mushroom）　野生の

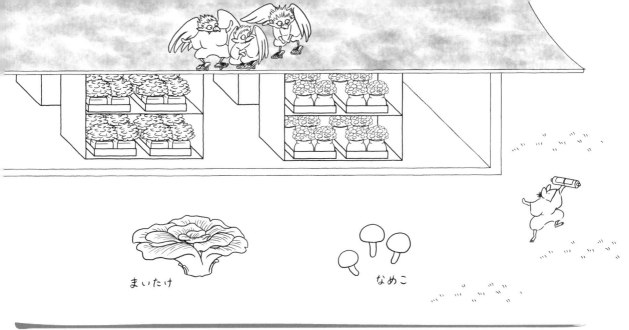

まいたけ　　　　　　なめこ

ぶなしめじは，ブナなどの枯れ木や倒木に群生する．褐色で整った形をしており，人工栽培品が広く流通している．純白系の栽培種もある．**オルニチン**を含む代表的な食品であるしじみ（10〜15 mg/100 g）と比べて，より多く含む（約 100 mg/100 g）．歯切れがよく，風味にもクセがないため，どんな料理にもよく合う．昔から「香りまつたけ，味しめじ」といわれるものは，ぶなしめじではなく**ほんじめじ**（本しめじ，Honshimeji mushroom）を指す．菌根菌であるほんじめじは人工栽培が難しいとされてきたが，可能となり栽培品が流通している．

⑥ まいたけ（舞茸，Maitake mushroom）　**まいたけ**はブナ科樹木の根株に寄生する，昔からの食用きのこである．さるのこしかけのような硬質菌の仲間で，硬くならず食べられ，歯ざわりがよい．大きな集合体となり，直径 50 cm 以上，重さ 10 kg 以上になるものもある．以前はまつたけ以上に珍重されていたが，人工栽培が可能になり身近な食品となった．

　きのこ類の中でもとくにビタミン D 含量が多い（4.9 µg/100 g）．多糖類の β−グルカンを含み，抗腫瘍性がある．まいたけは数種のプロテアーゼを含み，卵白たんぱく質を分解するため，茶碗蒸しにまいたけを生で使うと凝固しにくくなる．この性質を利用して，食肉をまいたけ抽出液と一緒に真空包装し，70 ℃で 2 時間スチーミングすると，水の場合より有意に軟らかくなることも知られている．

⑦ エリンギ（King oyster mushroom）　**エリンギ**は，地中海，ロシア南部，中央アジアが原産地である．野生ではおもにセリ科ヒゴタイサイコ属（エリンギウム）の植物の枯死した根部に自生する．日本でも人工栽培され，普及している．ラッパ型をしている．香りは乏しいが，

その特異的な食感が好まれ，フランス，イタリア料理の食材としてだけでなく，中華スープ，炒め物，佃煮などに利用が広がっている．

⑧ なめこ（滑子，Nameko mushroom）　天然の**なめこ**は，日本や台湾に分布する．ブナ，ナラの枯れ木や切り株に群生する．茶褐色の傘と白色または茶色の茎，大量の粘着物がある．原木栽培と菌床栽培で人工栽培される．現在，流通しているものはほとんどが菌床栽培品である．傘が開いていない小さいものが好まれる．粘質物には，糖たんぱく質やマンナンが含まれる．みそ汁の具やおひたしなどに利用される．

⑨ きくらげ類（木耳，Tree ears）　野性の**きくらげ**（くろきくらげ，Jew's ear）は，クワ，ナラ，シイなどの枯木に群生する．形状は耳たぶ状など不規則で，表面は暗褐色，ゼリー状でくらげのような独特の食感がある．くろきくらげの近縁種に**あかげきくらげ**（Hairy Jew's ear）や**しろきくらげ**（White jelly fungus）があり，乾燥品として輸入されている．きくらげのビタミン D 含量は非常に高い（ゆできくらげ：8.8 µg/100 g，乾燥きくらげ：85.0 µg/100 g）．水で戻して，中華料理などに幅広く利用される．

⑩ トリュフ（Truffle fungus）　**トリュフ**は，フォアグラ，キャビアと並んで世界の三大珍味のひとつとされる．コナラなどの樹木の根に菌根をつくる菌根菌で，地中に生育する塊状のきのこである．香気成分にはアンドロステノンという哺乳類のフェロモン物質がある．雄豚の唾液に多く含まれ，雌豚や犬を訓練して地中のトリュフを探させる．フランス料理などによく利用される．

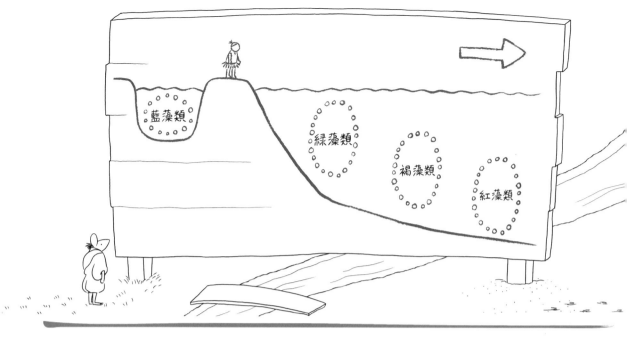

2.8　藻類　ALGAE

　和食のだしを取るためのこんぶ，おにぎりや寿司など
に使われるのり（海苔），汁物や煮物の具材としてのわ
かめ，ようかんといった和菓子に使われる寒天の原料で
あるてんぐさなど，これらはすべて藻類である．藻類は，
日本食では重要な位置を占めている．世界全体を見れば，
日本のようにさまざまな藻類を日常的に食するところは
少ない．日本人にとって藻類は，うま味成分や食物繊維
などを多く含むものとして馴染みのある食品群である．

2.8.1　藻類全般

（1）藻類の分類と特徴

　藻類は葉緑体をもち，水中で光合成を行う単細胞ある
いは多細胞で，葉，茎，根の区別のない植物である．胞
子によって繁殖し，その生活史は陸上植物のシダ類と似
ている．日本の近海には1,000種以上の藻類が知られて
いるが，食用にしているのはごくわずかである．

　食用藻類の多くは海水産の**海藻**で，淡水産のものは少
ない．海藻類は生育場所の深さで色調が異なり，浅瀬に
緑藻類（あおさ，あおのりなど），より深いところに**褐
藻類**（こんぶ，わかめなど），さらに深いところには**紅
藻類**（あまのり，てんぐさなど）が生育する．暖流を好
む海藻（わかめ，てんぐさなど）と寒流を好む海藻（こ
んぶなど）の分類もある．食用となる淡水藻類には**藍藻
類**（すいぜんじのり，スピルリナなど）がある．

（2）藻類の成分

　藻類のほとんどは水分含量が10％以下の乾燥品とし
て流通している．藻類乾燥品の一般成分は，炭水化物が
多く，平均すると約50％含まれる．そのほとんどは難
消化性多糖類で，食物繊維として整腸作用が期待できる．
たんぱく質含量は藻類ごとに大きなばらつきがある（5
〜40％）．アミノ酸価は，こんぶ，わかめ，あまのり，あ
おのりが100，ひじきが93（制限アミノ酸はリシン）で
ある．脂質はほとんど含まれず約5％未満である．藻類

表2.20　おもな藻類の成分（100 g あたり）

食品名	エネルギー	水分	たんぱく質	脂質	炭水化物	灰分	無機質							ビタミン						食物繊維総量
							ナトリウム	カリウム	カルシウム	マグネシウム	リン	鉄	ヨウ素	ビタミンA（β-カロテン当量）	ビタミンE（α-トコフェロール）	ビタミンB1	ビタミンB2	ナイアシン	ビタミンC	
単位	kcal	g					mg						µg	µg		mg				g
まこんぶ　素干し　乾	170	9.5	5.8	1.3	64.3	19.1	2600	6100	780	530	180	3.2	200000	1600	2.6	0.26	0.31	1.3	29	32.1
わかめ　カットわかめ　乾	186	9.2	17.9	4.0	42.1	26.8	9300	430	870	460	300	6.5	10000	2200	0.5	0.07	0.08	0.3	0	39.2
ひじき　干しひじき　乾	180	6.5	9.2	3.2	58.4	22.7	1800	6400	1000	640	93	6.2	45000	4400	5.0	0.09	0.42	1.8	0	51.8
あまのり　干しのり	276	8.4	39.4	3.7	38.7	9.8	610	3100	140	340	690	11.0	1400	43000	4.3	1.21	2.68	12.0	160	31.2
あおのり　素干し	249	6.5	29.4	5.2	41.0	17.8	3200	2500	750	1400	390	77.0	2700	21000	2.5	0.92	1.66	6.3	62	35.2

すいぜんじのり

あおさ

あおのり

は，ほかの食品と比べてヨウ素がとくに多く，カルシウム，マグネシウム，リン，鉄なども多く含み，無機質（ミネラル）供給源として有用である．プロビタミン A を多く含むため β-カロテン当量が高く，ビタミン B 群にも富む（表2.20）．

各藻類に含まれる光合成色素のクロロフィルには特徴がある．緑藻類はクロロフィル a と b，褐藻類はクロロフィル a と c，紅藻類と藍藻類はクロロフィル a をそれぞれ含む．クロロフィル以外の色素成分として，カロテノイド系色素（β-カロテン，ルテイン，フコキサンチン）やフィコビリン類の色素（フィコシアニン，フィコエリトリン）などが知られている（表2.21）．藻類に特徴的な成分としては，マンニトール，アルギン酸，寒天，カラギーナンなどがある．<u>マンニトール</u>は，糖アルコールの一種で甘味を呈する．<u>アルギン酸</u>は褐藻類の細胞壁

表2.21 藻類の色素成分

色素	光合成色素		色	緑藻類	褐藻類	紅藻類	藍藻類
クロロフィル	クロロフィル a		青緑	◎	◎	◎	◎
	クロロフィル b		黄緑	◎			
	クロロフィル c		薄緑		◎		
カロテノイド系色素	カロテン	β-カロテン	橙黄	◎	○	○	○
	キサントフィル	ルテイン	黄	◎			
		フコキサンチン	褐		◎		
フィコビリン類	フィコシアニン		青			○	◎
	フィコエリトリン		赤			◎	○

○：その藻類がその色素をもつことを示す．
◎：その藻類で主要な色素であることを示す．

に多く含まれる多糖類で，ゼリーなどの食品品質改良剤として用いられる．<u>寒天</u>は，紅藻類のてんぐさなどを煮ると溶出してくる細胞壁成分である．冷却するとゲル化し，ゼリーやようかんなどの凝固剤として用いられるほか，微生物の培地などとしても利用される．<u>カラギーナン</u>は，おもに紅藻類から抽出された凝固剤で，アイスクリームの増粘剤，肉製品の結着剤，摂食・えん下障害の人向けのとろみ剤やゲル化剤として使用されている．

2.8.2 おもな藻類

（1） 褐藻類

① こんぶ（昆布，Kombu） 寒流系の海藻で，胞子が秋に岩礁に付着して帯状に成長する．大きなものは長さ 20 m，幅 30 cm に達する．刈り取るか海岸に打ち寄せられたものを乾燥する．北海道沿岸がおもな産地で，<u>まこんぶ</u>（真昆布），<u>りしりこんぶ</u>（利尻昆布），<u>ながこんぶ</u>（長昆布），<u>ほそめこんぶ</u>（細目昆布），<u>みついしこんぶ</u>（三石昆布，日高昆布ともいう），<u>えながおにこんぶ</u>（羅臼昆布ともいう），<u>がごめこんぶ</u>など多くの種類がある．外観上は根，茎，葉と区別されるが，組織は同一である．こんぶは多年生であり，刈り取る場合は二年ものを夏期に収穫する．

乾燥まこんぶの 64.3% は炭水化物で，糖アルコールのマンニトールを多く含む（23.4 g/100 g）．ヨウ素，食物繊維も多く含む．こんぶのうま味成分は <u>L-グルタミン酸</u>である．干しこんぶの表面の白い粉は，マンニトールやグルタミン酸が析出したものである．こんぶを煮たときなどに出る特有のぬめり成分は，<u>アルギン酸</u>や<u>フコイダン</u>などの海藻類に多く含まれる特有の水溶性食物繊維である．こんぶはだしを取るほか，こんぶ巻き，塩こん

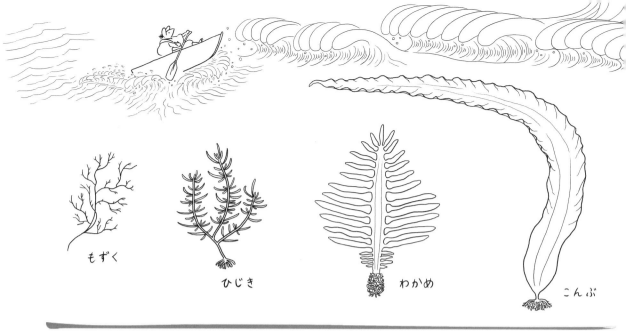

もずく

ひじき

わかめ

こんぶ

ぶ，佃煮，とろろこんぶなど用途が広い．とろろこんぶは，干しこんぶを酢に数分間漬けて，一夜ねかせて軟らかくしたものを何枚も重ねて圧縮し，その表面をかんなのような刃で細い糸状に削ったものである．子もちこんぶは，葉状部ににしんが産卵したものの塩蔵品である．

②わかめ（若布，Wakame）　わかめは，本州各地の近海に広く分布し，褐色，緑褐色の軟らかい葉状の一年生海藻である．生で流通することもあるが，乾物や塩漬けに加工される．養殖がほとんどを占める．わかめは北方系の葉の長いなんぶわかめ（南部わかめ）と南方系の茎が短いなるとわかめ（鳴門わかめ）に大別される．なるとわかめは，葉と根元部分のめかぶが離れており，形も細長い．

　乾燥したわかめの成分は，42.1％が炭水化物，17.9％がたんぱく質である．めかぶ部分にはとくにアルギン酸やフコイダンが多く含まれる．また，わかめの色には緑色のクロロフィルと黄色のカロテノイドのフコキサンチンが含まれ，フコキサンチンは生のときはたんぱく質と結び付いて赤色を示すため，クロロフィルと合わさり褐色に見える．加熱するとたんぱく質からフコキサンチンが外れ黄色となるため，クロロフィルと合わさった鮮やかな緑色になる．味噌汁などの汁物の具としてよく使われるほか，酢の物，サラダなど幅広く利用されている．

③ひじき（鹿尾菜，Hijiki）　ひじきは，海岸のいたる所で見かける海藻である．生では茶褐色であるが，乾燥するとタンニン様物質が酸化して黒くなる．葉状部は成長中に脱落するので，枝状部を食用とする．生で渋味があって生食には適さず，干しひじきとして利用される．

　干しひじきは，カルシウム，マグネシウム，鉄，ヨウ素などの無機質が豊富である．β-カロテン当量

（4,400 µg/100 g）や食物繊維含量（51.8 g/100 g）も非常に高い．干しひじきは，水で戻してから醤油，砂糖などで煮て食される．

④もずく（藻付，Mozuku）　もずくは，ほんだわらなどの他の褐藻類に巻き付いて生息する．もずくの名前は，他の海藻に付着して育つ「藻付く」が由来といわれている．独特のぬめりがあり，生のまま，または塩漬けしてから酢の物などに供される．

（2）　紅藻類

①あまのり（甘海苔，Purple laver）　あまのりは，あさくさのり，すさびのり，うっぷるいのりなど約20種類のあまのりが日本各地に分布する．いわゆる，海苔の原料である．とくに江戸時代に浅草沖の東京湾産のものを用いてのりとしたものが「浅草のり」とよばれ有名になった．

　藻類の中ではあまのり（干しのり）は，炭水化物含量が38.7％と比較的低く，たんぱく質含量が39.4％と高い．他の藻類と比べると，カルシウム，マグネシウム，ヨウ素含量は低めではあるが，リンや鉄の含量は多い．β-カロテン当量，ビタミンB群，ビタミンCなど各種ビタミンの含量も高い．とくにβ-カロテン当量は43,000 µg/100 gと食品成分表に掲載の食品中でもっとも高い．のりのうま味成分として，L-グルタミン酸，L-アスパラギン酸，5'-グアニル酸，5'-イノシン酸などが複数含まれる．のりのいわゆる「磯の香り」成分はジメチルスルフィドなどである．

　のりは，海藻ののりを収穫後，水洗し，裁断機で切断してペースト状にする．四角に漉いたあと，40 ℃の温風で乾燥し，1束に仕上げたものを干しのりという．この干しのりを焦がさないよう赤外線を用いて短時間で焼

あまのり

てんぐさ

いた製品が**焼きのり**である。さらに砂糖や醤油などで味付けをして乾かしたものが，**味付けのり**である。焼きのりは熱に弱いフィコビリン類の赤色色素フィコエリトリンが分解され，熱に強いクロロフィルが残ることで緑色が強くなる。また湿気を含むとクロロフィルが分解され，紫色が強くなる。

②**てんぐさ**（天草，マクサ，Tengusa） **てんぐさ**は，北海道南部以南の暖流が流れる沿岸に生育している。まくさ，おにくさ，おおぶさ，きぬくさなどの種類がある。通常，てんぐさというと**まくさ**のことを指す。てんぐさは寒天の原料として用いられる。また，海藻サラダとしても用いられる。

（3）緑藻類

①**あおのり**（青海苔，Green laver） **あおのり**は，日本各地の沿岸に生育する。日本産のあおのりは約15種あり，中でもすじあおのりは香り豊かで高級品とされる。すじあおのりは，汽水（淡水と海水の混ざり合う）から海水で見られ，青緑色から黄緑色で，太さ0.5〜1mm，長さ20〜40cmのものが収穫される。乾燥させたものや，すいたものが食用とされる。ふりかけ（青のり），佃煮としても用いられる。

素干しのあおのりには，炭水化物が41.0%，たんぱく質が29.4%含まれる。緑藻類には特有の香気があり，これは，**ジメチルスルフィド**によるものである。ジメチルスルフィドは海藻中では，香りのない別の物質の**ジメチル-β-プロピオテチン**（ジメチルスルホニオプロピオナート）として存在し，緑藻類に多く含まれる。緑藻を加工することによって，海藻内の酵素の作用でジメチルスルフィドに変わり，香り高くなる。

②**あおさ**（Sea lettuce） **あおさ**は，あおさのりともいわれる。一般に潮の満ち引きのある岩の上などに葉状の塊で生育している。あおさはあおのりと比べるとやや香りが劣る。汁物に生のまま用いるほか，乾燥させて粉末にし青粉として，たこ焼きやお好み焼き，ポテトチップスなどへのトッピングとしても用いられる。

（4）藍藻類

①**すいぜんじのり**（水前寺海苔，Suizenji-nori） **すいぜんじのり**は，淡水産の藍藻で，直径3cmくらいの軟らかい寒天状の塊で存在する。熊本市の水前寺の池で発見され，現在福岡県の朝倉市甘木地区の黄金川で養殖されている貴重な淡水のりである。成分は，他の藻類と比べると無機質の含量が多い。また，すいぜんじのりの寒天質（細胞外マトリックス）には，サクラン（Sacran，学名の *Aphanothece sacrum* に由来）という硫酸化多糖が含まれ，重量比で約6,100倍もの水を吸収する性質をもつ。生産量が少なく，珍味とされており，酢の物，刺身のツマなどに利用したり，佃煮などに加工される。

②**スピルリナ**（Spirulina） **スピルリナ**は，汽水域に生息する藍藻で，幅6〜10µm，長さ300〜500µmほどのらせん形の構造をもつ（スピルリナとはラテン語でらせんを意味する）。古くはアフリカ中央部にあるチャド湖に自生するスピルリナを付近の住民が天日乾燥し，ダイエと称し食用としていたとされる。スピルリナ粉末には，たんぱく質50〜70%，炭水化物10〜20%，脂質2〜9%，灰分5〜10%含まれる。たんぱく質をはじめビタミンや無機質などの栄養素を豊富に含有していることから，緑藻類の**クロレラ**と並んでいわゆる健康食品として市販されている。

第2章　植物性食品

●コラム ②●

食品の起源

～私たちが食べている野菜はどこから来たのか～

　現在，栽培されている植物（作物）には，それぞれ故郷ともいえる場所がある．栽培植物の起源の地は，世界中に散らばっているのか，それともある範囲の地域に集約されるのか．植物のルーツを探ることは人類史にもかかわることであり，これまで多くの研究者の関心を集め，研究されてきた．

　スイスの植物学者であったド・カンドルは，1883年に『栽培植物の起源』という本を著し，数多くの栽培植物の起源地を論じている．そのド・カンドルに続いて，旧ソ連の植物学者ニコライ・ヴァヴィロフは，栽培植物の野生種との比較や，変異の地域差などを分析することで，栽培植物起源の研究に大きな発展をもたらした．

　ヴァヴィロフは，徹底的なフィールドワーカーで，栽培植物の起源地を探し歩いた．1929年には『栽培植物発祥地の研究』という本でその研究をまとめ，栽培植物の「発祥中心」という説を唱えた．発祥中心，すなわち，栽培植物が生まれた地域はおもに以下の八つである．

Ⅰ 中国（そば，大豆，小豆，はくさい，ももなど）
Ⅱ インド～マレー（なす，きゅうり，ごま，さといもなど）
Ⅲ 中央アジア（そら豆，たまねぎ，ほうれんそう，だいこん，りんご，ぶどうなど）
Ⅳ 中東（小麦，大麦，にんじんなど）
Ⅴ 地中海（キャベツ，レタス，アスパラガス，オリーブなど）

Ⅵ アビシニア（オクラ，コーヒーなど）
Ⅶ 中央アメリカ（とうもろこし，いんげん豆，日本かぼちゃ，さつまいもなど）
Ⅷ アンデス（じゃがいも，西洋かぼちゃ，とうがらし，トマト，らっかせいなど）

　その後の研究でも，ヴァヴィロフの考え方に大きな誤りがないことがわかっている．

　現在，日本で栽培され，市場に出されている野菜の数は約150種類といわれる．このうち，日本が原産地と考えられるのは，うど，ふき，せり，みつば，みょうが，わさびなど10種類程度である．日本各地の伝統野菜といわれるものは，その起源をたどるとほとんどが発祥の地からそれぞれ日本に渡来してきた野菜である．また，世界各地から栽培植物が拡散した結果，地域ごとに特徴をもつ多様な栽培植物が品種改良などによって生産されることとなった．

　近代以降，インフラの発展によるグローバル化によって，あらゆる野菜，あらゆる食品が，世界の隅々にまで広まり，地球規模で見ると食生活が均質化されている．しかしその一方で，ひとつの植物が世界中に広がり，各地で品種改良などが行われた結果，品種の数が増え，食品の多様性は拡大している．食の世界では，このグローバル化とローカル化によって食の均質化と多様化が同時に起こっているといえる．

第 3 章

動物性食品

Animal Foods

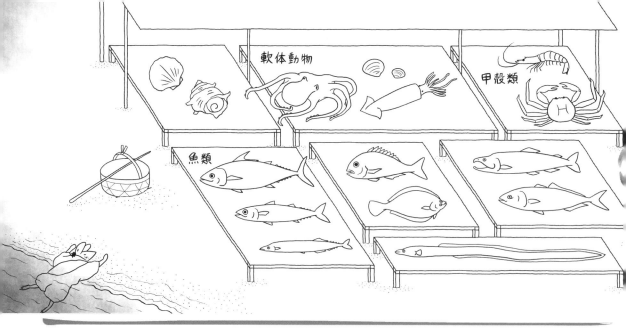

3.1　魚介類　FISH, MOLLUSKS AND CRUSTACEANS

　魚介類は，魚，貝，えび，かにだけでなく，甲羅のないいか，たこ，うになども含めた水産物全般（わかめなどの海藻は除く）の総称として定着している．人間の食用となる水産物はシーフードともよばれる．日本人にとって魚介類は，貴重なたんぱく質源として古くから利用されてきた食品である．

3.1.1　魚介類全般

（1）　魚介類の分類と特徴
　魚介類は，魚類，軟体動物（いか・たこ・貝類），甲殻類（えび・かに類）などに分類される．魚類は，生息域別に海水魚，淡水魚，汽水魚（河口など海水と淡水が混じり合った汽水域に生息する魚）に分類できる．日本の海水魚は約1,100種類ほど，淡水魚は約100種類近くが認められる．それらの生育場所により，遠洋回遊魚，近海回遊魚，沿岸魚，底生魚などにも分類される．また，魚の形や表皮，肉の色（赤身魚，白身魚）から分類されることもある．

（2）　魚介類の構造
① 皮膚の組織　魚類は基本的に頭，胴，尾の三部から成る．魚類の皮膚は，外側の**表皮**とその内側の**真皮**から構成される．表皮は数層の表皮細胞から，真皮は数層の結合組織から成る．真皮には石灰質が沈着してできた鱗（うろこ）があり，魚体を保護する．皮下組織は脂肪層から成り，その厚さは魚種や季節，年齢などにより変動する．焼き魚の皮がおいしいのは，この脂肪層が皮とともにはがれて

くるからである．
② 筋肉
ａ．普通肉と血合肉，白身魚と赤身魚　脊椎動物の筋肉は，**横紋筋**と**平滑筋**に分けられる．食用となる筋肉は横紋筋で，**筋原線維**が詰まった筋束の束で構成される．この束の集まりを**筋節**という．筋節の間は結合組織である薄い**筋隔**（腱状隔膜）で接合されている．加熱するとこの筋隔がゼラチン質様となり，凝固した筋節がはがれやすくなる．

　魚を体軸に対して垂直に切断すると，色の淡い**普通筋（普通肉）**と，背肉と腹肉の境目に赤褐色の**血合筋（血合肉）**が存在する．普通筋は筋収縮の速度が早い速筋線維で，血合筋は収縮速度が遅い遅筋線維で占められる．一般に血合筋が多い魚を**赤身魚**（魚体が青く見えるので，青魚とよぶ場合もある），少ない魚を**白身魚**とよぶ．筋肉の色は筋肉色素（**ミオグロビン**）や血色素（**ヘモグロビン**）による．一般に目安としてミオグロビンとヘモグロビンの含量が10 mg/100 g以上含む魚が赤身魚である．たい，かれいなどの白身魚の普通筋は白色で，血合筋は体側表面に存在し，その量も少ない．あじ，いわしなどの赤身魚の普通筋は淡い赤色で，白身魚より発達した**表層血合筋**が存在する．かつおなどの赤身魚では，表層血合筋のみならず身体の中心部分近くにも**真正血合筋**が存在する．

　血合筋は，普通筋と比べ脂質や色素成分，結合組織を多く含み，各種の酵素活性も高い．血合筋は通常，遊泳するときに用いられるが，普通筋は，逃げたり，餌をとらえたりする時といった急激な遊泳時におもに用いられる．そのため，赤身魚は回遊魚に多く見られ，白身魚は遊泳をあまりしない沿岸魚や底生魚に多い．

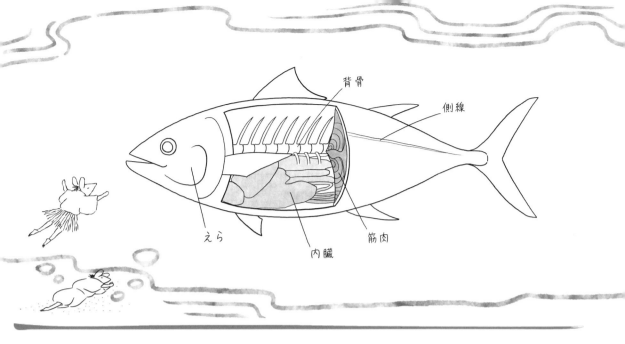

魚の魚肉たんぱく質のうち，水溶性で加熱すると凝固するたんぱく質は，白身魚より赤身魚の方に多い．そのため，白身魚を加熱するとその身はほぐれやすくなり，そぼろ状のでんぶを形成するが，赤身魚を加熱すると硬くなり，節を形成する．また，白身魚の筋肉は早く収縮するため，新鮮な切身魚を氷水にさらすと味が引き締まりあらいとなる．

b．軟体動物の筋肉　軟体動物に属するいかやたこ，貝類の筋肉は，斜紋筋とよばれる魚類とは異なる形態の組織で構成される．筋線維は束ねられ，200〜500 μm ごとに筋膜上の組織で仕切られ，束ねられた筋線維が胴をぐるりと環走する構造をとる．そのため，いかやたこの胴部は横方向に裂きやすい．

表3.1　おもな魚介類の成分（100 g あたり）

食品名	エネルギー	水分	たんぱく質	脂質	炭水化物	灰分	無機質							ビタミン							食物繊維総量
							ナトリウム	カリウム	カルシウム	マグネシウム	リン	鉄	亜鉛	ビタミンA（レチノール活性当量）	ビタミンD	ビタミンE（α-トコフェロール）	ビタミンB$_1$	ビタミンB$_2$	ナイアシン	ビタミンC	
単位	kcal		g						mg					μg			mg				g
まあじ　皮つき　生	112	75.1	19.7	4.5	0.1	1.3	130	360	66	34	230	0.6	1.1	7	8.9	0.6	0.13	0.13	5.5	Tr	0
まいわし　生	156	68.9	19.2	9.2	0.2	1.2	81	270	74	30	230	2.1	1.6	8	32.0	2.5	0.03	0.39	7.2	0	0
かつお　春獲り　生	108	72.2	25.8	0.5	0.1	1.4	43	430	11	42	280	1.9	0.8	5	4.0	0.3	0.13	0.17	19.0	Tr	0
かつお　秋獲り　生	150	67.3	25.0	6.2	0.2	1.3	38	380	8	38	260	1.9	0.9	20	9.0	0.1	0.10	0.16	18.0	Tr	0
まさば　生	211	62.1	20.6	16.8	0.3	1.1	110	330	6	30	220	1.2	1.1	37	5.1	1.3	0.21	0.31	12.0	1	0
さんま　皮つき　生	287	55.6	18.1	25.6	0.1	1.0	140	200	28	28	180	1.4	0.8	16	16.0	1.7	0.01	0.28	7.4	0	0
くろまぐろ　天然　赤身　生	115	70.4	26.4	1.4	0.1	1.7	49	380	5	45	270	1.1	0.4	83	5.0	0.8	0.10	0.05	14.0	2	0
くろまぐろ　天然　脂身　生	308	51.4	20.1	27.5	0.1	0.9	71	230	7	35	180	1.6	0.5	270	18.0	1.5	0.04	0.07	9.8	4	0
ひらめ　天然　生	96	76.8	20.0	2.0	Tr	1.2	46	440	22	26	240	0.1	0.4	12	3.0	0.6	0.04	0.11	5.0	3	0
まだい　天然　生	129	72.2	20.6	5.8	0.1	1.3	55	440	11	31	220	0.2	0.4	8	5.0	1.0	0.09	0.05	6.0	1	0
まだら　生	72	80.9	17.6	0.2	0.1	1.2	110	350	32	24	230	0.2	0.5	10	1.0	0.8	0.10	0.10	1.4	Tr	0
しろさけ　生	124	72.3	22.3	4.1	0.1	1.2	66	350	14	28	240	0.5	0.5	11	32.0	1.2	0.15	0.21	6.7	1	0
ぶり　成魚　生	222	59.6	21.4	17.6	0.3	1.1	32	380	5	26	130	1.3	0.7	50	8.0	2.0	0.23	0.36	9.5	2	0
うなぎ　養殖　生	228	62.1	17.1	19.3	0.3	1.2	74	230	130	20	260	0.5	1.4	2400	18.0	7.4	0.37	0.48	3.0	2	0
するめいか　生	76	80.2	17.9	0.8	0.1	1.3	210	300	11	46	250	0.1	1.5	13	0.3	2.1	0.07	0.05	4.0	1	0
まだこ　生	70	81.1	16.4	0.7	0.1	1.7	280	290	16	55	160	0.6	1.6	5	0	1.9	0.03	0.09	2.2	Tr	0
ほたてがい　生	66	82.3	13.5	0.9	1.5	1.8	320	310	22	59	210	2.2	2.7	23	0	0.9	0.05	0.29	1.7	3	0
かき　養殖　生	58	85.0	6.9	2.2	4.9	2.1	460	190	84	65	100	2.1	14.0	24	0.1	1.3	0.07	0.14	1.5	3	0
くるまえび　養殖　生	90	76.1	21.6	0.6	Tr	1.7	170	430	41	46	310	0.7	1.4	4	0	1.6	0.11	0.06	3.8	Tr	0
ずわいがに　生	59	84.0	13.9	0.4	0.1	1.6	310	310	90	42	170	0.5	2.6	Tr	0	2.1	0.24	0.60	8.0	Tr	0

Tr：Trace，微量．

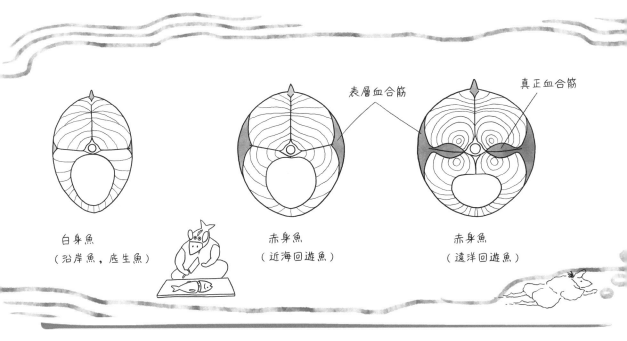

白身魚
（沿岸魚，底生魚）

表層血合筋

赤身魚
（近海回遊魚）

真正血合筋

赤身魚
（遠洋回遊魚）

（3）　魚介類の成分

　魚介類の成分は，生物種，雌雄，年齢，生息環境，季節，部位などによって大きく異なる．おもな魚介類の成分を表3.1に示す．多くの魚介類の水分含量は60～85%で，畜肉より約10%多い．たんぱく質は15～20%と豊富に含まれる．脂質は，変動が大きい成分で，脂質を多く含むまぐろの脂身やさんまなどは20%を超える含量である．脂質含量は魚類に比べて，いか・たこ・貝類，えび・かに類では低い．

①たんぱく質　魚介類の筋肉たんぱく質は，筋漿（筋形質）たんぱく質，筋原線維たんぱく質，肉基質（筋基質）たんぱく質の三つに分けられ，それぞれ水溶性，塩溶性，不溶性を示す（表3.2）．筋原線維たんぱく質の割合は，魚種による差があまり認められないが，筋漿たんぱく質

は，回遊魚（赤身魚が多い）の方が底生魚（白身魚が多い）より多い傾向がある．肉基質たんぱく質は，畜肉では20～30%含まれているのに対し，多くの魚介類で2～3%しか含まれない．そのため，魚介類は水分含量が多いこととあいまって，畜肉より軟らかく，これが刺身として食べられる理由ともなっている．

a．筋漿（筋形質）たんぱく質　筋原線維の間を満たす細胞液に含まれる水溶性たんぱく質で，主成分は解糖系にかかわる酵素やミオグロビン，クレアチンキナーゼなどである．

b．筋原線維たんぱく質　筋肉の収縮を司る筋原線維を形成するたんぱく質で，収縮たんぱく質のミオシンとアクチン，調節たんぱく質のトロポニン，トロポミオシンなどから成る．いか・たこ・貝類では，さらにパラミオシンも含まれる．練り製品の足（弾力性を表す食感）を形成するたんぱく質でもある．

c．肉基質（筋基質）たんぱく質　筋隔や結合組織のほか，鱗や皮などを構成するたんぱく質で，コラーゲンとエラスチンが主成分である．コラーゲンは，分解すると可溶化してゼラチンとなる．煮魚を放置すると煮こごりができるが，これはゼラチンが冷えてゲル化したものである．

　ほとんどの魚介類のアミノ酸価は100である．しかし，ゼラチンには必須アミノ酸であるトリプトファンが含まれないため，アミノ酸価は0である．

②脂質　魚肉の脂質含量は，その部位によっても異なり，腹部の脂質含量は背部に比べて高い．一般に，脂質含量は白身魚の普通筋より赤身魚の普通筋の方が，また普通筋より血合筋の方が高い．さらに，天然魚より養殖魚の方が高い．

表3.2　筋肉たんぱく質の種類と特徴

筋肉たんぱく質		筋漿（筋形質）たんぱく質	筋原線維たんぱく質	肉基質（筋基質）たんぱく質
溶解度		水溶性	塩溶性	不溶性
存在箇所		筋細胞間または筋原線維間	筋原線維	筋隔膜，筋細胞膜，血管などの結合組織
おもな成分		解糖系酵素 ミオグロビン クレアチンキナーゼ	ミオシン アクチン トロポニン トロポミオシン	コラーゲン エラスチン
食品（%）				
魚類	まさば	38	60	1
	まいわし	34	62	2
	たい	31	67	2
	たら	21	76	3
	ひらめ	18～24	73～79	3
	ぶり	32	60	3
	するめいか	12～20	77～85	2～3
畜肉	子牛	24	51	25
	豚	20	51	29

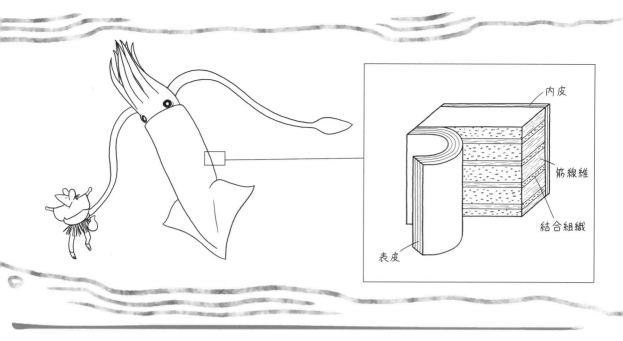

図中ラベル：内皮／筋線維／結合組織／表皮

　魚介類に含まれる脂質は，**蓄積脂質**と**組織脂質**に分類される．蓄積脂質は総脂質量の80〜90%を占め，おもにトリアシルグリセロール（中性脂肪）から成る．皮下組織や腸間膜，臓器間結合組織，肝臓などに運動エネルギー源として蓄えられ，季節によって大幅に変動し，とくに産卵前は蓄積脂質含量が高くなり，この時期をその魚の旬とよぶ．一方，組織脂質は総脂質の10〜20%を占め，リン脂質やコレステロールなどから構成される．細胞膜や血液中にも存在し，生体の維持にかかわる．

　魚介類の脂肪酸組成は，陸上動植物と同じく，飽和脂肪酸のパルミチン酸や不飽和脂肪酸のオレイン酸が多い．一方，不飽和脂肪酸のリノール酸，リノレン酸含量が低く，高度不飽和脂肪酸の**（エ）イコサペンタエン酸**〔**（E)IPA**〕，**ドコサヘキサエン酸（DHA)**なども多い点が陸上動植物の脂肪酸組成と異なる．EPAやDHAは**n-3系多価不飽和脂肪酸**で，魚介類では多いのが特徴である．魚類脂質の構成脂肪酸は，20〜30%が飽和脂肪酸で，70〜80%が不飽和脂肪酸であるため，常温で液体である．

　リン脂質はホスファチジルコリンとホスファチジルエタノールアミンで占められる．コレステロールは魚卵（すじこ，イクラ，たらこ，かずのこ），いか・たこ類，えび・かに類に多い．

　ばらむつなど一部の魚類は，脂肪酸と一価アルコールのエステルであるワックス（ろう）を筋肉に大量に蓄積している．このワックスはヒトの消化管では消化吸収できないため，これらを食べると下痢を起こすことから食用には不向きである．

③ **炭水化物**　魚介類の炭水化物含量は少なく，そのほとんどがグリコーゲンで，解糖系で分解されてエネルギーを筋肉に与える．グリコーゲンは貝類にもっとも多く2〜9%程度，魚類では赤身魚で約1%，白身魚で約0.4%含まれる．貝類の中でも，とくにかきはグリコーゲン量が多く，季節により変動し，夏の産卵期は少なく冬から春にかけて増加する．

④ **無機質**　魚介類の無機質は1〜2%でそれほど多くない．小魚やさくらえびなどは骨ごと，もしくは殻ごと食べられるので，良好なカルシウム源となる．軟体動物や甲殻類の血液色素はヘモシアニンであるため，いか・たこ・貝類やえび・かに類の銅含量が多い．魚介類からのリン，鉄，カリウム，マンガン，亜鉛などの摂取比率はいずれも10〜15%で，これらの無機質のよい供給源である．

⑤ **ビタミン**　魚介類は脂溶性ビタミンに富む．一般に，ビタミンは筋肉よりも皮や内臓に多く，また普通筋より血合筋に多い．魚類は優れたビタミンD供給源である．魚類中のビタミンDはすべて活性型ビタミンD_3で，いわし類，さけ・ます類，にしんなどの回遊魚に多く，ひらめやたいなどの白身魚には少なく，いか・たこ類やえび・かに類にはほとんど含まれない．うなぎにはビタミンA（レチノール）が豊富に含まれる．水溶性ビタミンの中でナイアシン，ビタミンB_{12}などは魚介類に比較的多く含まれ，ビタミンCはほとんど含まれない．

（4）　魚介類のエキス成分

　食品の水または熱水抽出物を通常**エキス**とよび，このエキス中に含まれる成分のうち，たんぱく質，脂質，グリコーゲン，色素，ビタミン，無機質などを除いた遊離アミノ酸，オリゴペプチド，ヌクレオチド，有機酸，低分子糖質などをまとめて**エキス成分**という．エキス成分

は，魚介類の味や香りに強い影響を及ぼす．魚類では2〜5％，いか・たこ・貝類で5〜10％，えび・かに類で10〜12％含まれる．

① 遊離アミノ酸　エキス成分の大部分は遊離アミノ酸で，魚介類の味にかかわる．一般に遊離アミノ酸は魚肉に少なく，えび・かに類や貝類の筋肉に多い．ヒスチジンは，さば，まぐろ，いわしなどの赤身肉に多く含まれる．常温に放置されたりするとヒスタミンが生成され，摂取するとアレルギー様の中毒を引き起こすことがある．タウリンはうま味を示す含硫アミノ酸とされ，貝類，いか・たこ類，えび・かに類に多く，魚類では白身魚に多く含まれる．タウリンは，血圧の正常化，中性脂質の改善，肝機能を高め解毒作用を促進する働きを示す．いか・たこ類ではプロリンが，えび・かに・貝類ではグリシン，アラニン，プロリンが，うにではメチオニン，バリンが呈味性にかかわると考えられる．グリシン，アラニン，プロリンは，甘味のあるアミノ酸である．うま味成分のグルタミン酸は魚肉エキス中に少ないが，うにや貝類のエキスには多い．

② ペプチド類　ペプチド類では，うなぎにとくに多いカルノシン，かつおやまぐろに多いアンセリンなどが知られている．どちらも，筋収縮などにかかわる．

③ ヌクレオチド類　魚介類にはATPを主成分とするヌクレオチド類が含まれる．ATPは，魚介類の死後，時間とともに急激に減少し，魚肉ではIMP（イノシン酸）が，いか・たこ・貝類ではAMPが，えび・かに類ではIMPとAMPの両方が蓄積する．これはATPの分解経路が異なるためである．IMPはうま味成分として知られる．生成したIMP，AMPはグルタミン酸とうま味の相乗効果を示す．

④ 有機酸　魚介類エキス中の有機酸では，コハク酸と乳酸がその代表的な呈味成分として知られる．コハク酸は，あさり，しじみ，はまぐりなどの貝類に比較的多く含まれ，独特のうま味を示す．淡水中で生活する貝類には少ない．乳酸は，まぐろ，かつおなどの赤身魚に多く含まれる．解糖系によりグリコーゲンから生成するため，死後の保存状態により含有量が変化する．

⑤ ベタイン　ベタインは，いか・たこ・貝類，えび・かに類の筋肉中に多く含まれ，生体内の浸透圧の調節にかかわるとともに甘味やうま味がある．

⑥ トリメチルアミンオキシドと尿素　トリメチルアミンオキシドは，海水産魚介類に多量に存在する．魚の死後，微生物によって還元されてトリメチルアミンとなり，魚臭の原因となる．尿素はたんぱく質の最終代謝生成物で，いか・たこ類・貝類，えび・かに類にはない．魚類では，とくにさめ，えいなどの軟骨魚類に多く，鮮度が低下すると微生物のウレアーゼによりアンモニアに分解されるため，さめなどはアンモニア臭を放ちやすい．

（5）魚介類の鮮度

① 死後硬直と解硬　魚肉も，畜肉と同様のメカニズムで，死後一定時間を過ぎると硬直する．ただし，死後硬直が始まる時間は畜肉に比べて早く，後述するようにその持続時間も短い．死後の魚のpH低下は筋肉中のグリコーゲン量に依存し，グリコーゲンの多い赤身魚（1％以上）でpH5.6〜6.0，少ない白身魚（1％以下）でpH6.0〜6.4である．

ATPは，ATP → ADP → AMP → IMP → HxR（イノシン）→ Hx（ヒポキサンチン）と酵素分解される．このATP分解経路ではIMP以降の分解速度が速く，硬直中はうま味成分のIMPが蓄積して，うま味の中心となる．

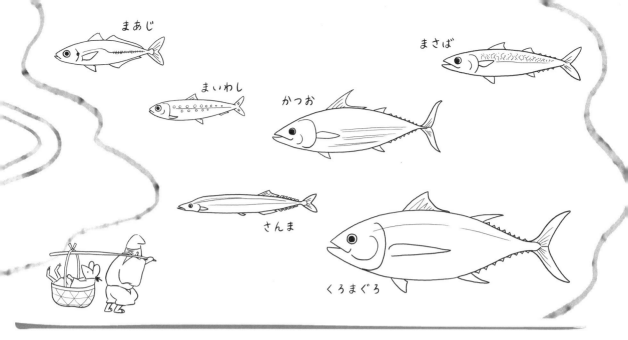

まあじ

まさば

まいわし

かつお

さんま

くろまぐろ

魚類の死後硬直持続時間は魚種や致死条件によって異なるが，畜肉よりははるかに短く，2〜20時間と見られる．その後，筋肉は筋肉中の各種酵素により筋肉たんぱく質が分解すること（**自己消化**）や，カルシウムイオンによる筋肉組織の損傷により構造変化を生じ，筋肉が再び軟らかくなる（**解硬**）．それとともにたんぱく質分解物も蓄積する．

② **鮮度判定**　魚の鮮度を客観的に測定する方法がいくつかある中で，**K 値**は化学的評価法として鮮度判定によく用いられる．K 値は次式で表され，ATP の分解生成物量を測定することで求めることができる．

$$K 値 (\%) = \frac{HxR + Hx}{ATP + ADP + AMP + IMP + HxR + Hx} \times 100$$

K 値は活きのよさとよく一致することでも注目されている．K 値は低いほど鮮度がよく，死後直後の魚で 10% 以下，生食用で 20% 程度，煮魚で 40% 程度，初期腐敗は 60% 以上とされる．同一条件で保存しても魚種により K 値に違いが見られる．一般に赤身魚は白身魚よりも K 値が増加しやすく，普通筋は血合筋よりも K 値が増加しにくい．

3.1.2　赤身魚

① **あじ類**（鯵, Horse mackerels）　**まあじ**（真鯵, Japanese Jack mackerel, Horse mackerel）は，日本の代表的な食用魚である．体側の側線上に鋭い突起をもつ稜鱗（ぜいご）が発達しているのが特徴である．季節を問わず漁獲される．味にクセがないため，生食（刺身，たたき），塩焼き，フライなど料理も多彩である．あじの開きは，内臓を除いたあじを塩水に漬けて干したもの

で，脱水されて身が締まり，うま味が凝縮されている．

② **いわし類**（鰯, Sardines）　日本沿岸各地に分布し，**まいわし**（真鰯, Japanese pilchard），**うるめいわし**（潤目鰯, Pacific round herring, Red-eye round herring），**かたくちいわし**（片口鰯, Japanese anchovy）の 3 種類がよく見られる．まいわしは，体側に黒い斑点が 7 個前後あり，七つ星ともよばれる．たんぱく質，脂質ともに富み，鉄やビタミン D なども多い．生鮮・冷凍品や缶詰，干物（煮干し）などの加工食品として利用されるほか，魚油などにも利用される．稚魚（体長 3 cm 以下）をしらすといい，薄い塩水でゆでて七分乾きとしたものをしらす干し，さらに乾燥したものをちりめんじゃことよぶ．

③ **かつお**（鰹, Skipjack tuna, Bonito, Skipjack）　**かつお**は，暖海に広く分布する回遊魚である．春に黒潮に乗って日本列島を北上し始め，春獲りのかつおを**初がつお**という．秋には三陸から北海道に至り再び南下し，秋獲りのかつおを**戻りがつお**という．かつおはたんぱく質が多く，脂質は戻りがつおが初がつおと比べてかなり多い（初がつお 0.5%，戻りがつお 6.2%）．ナイアシンにも富む．他の魚類に比べて遊離アミノ酸（グルタミン酸など）やイノシン酸などのうま味成分を含むエキス分が多い．鮮魚として刺身やたたきで食べられるほか，缶詰，かつお節，塩辛などに加工される．

④ **さば類**（鯖, Mackerels）　日本近海には，背中に青黒い斑点をもつ**まさば**（真鯖, Chub mackerel, Mackerel）と腹部に細かい黒点のある**ごまさば**（胡麻鯖, Spotted mackerel）が多い．まさば（生），ごまさば（生）の脂質含量は高く，それぞれ 16.8%，19.9% である．ビタミン類も多く，とくにビタミン B_1，ビタミン B_2，ナイアシンなどに富む．血合筋が全筋肉の 10% 以上を占める．そ

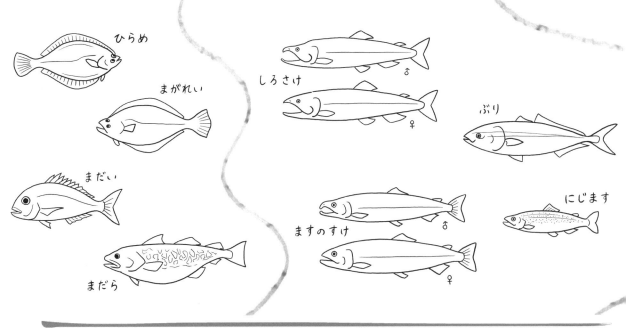

のエキス分はうま味成分に富み，ヒスチジンも多い．さば類の内臓に含まれる消化酵素は強力で死後組織を分解し，微生物も繁殖しやすく，多量にある遊離アミノ酸のヒスチジンがアレルギー症状を引き起こす**ヒスタミン**へと変化する．さばの外観が新鮮に見えても腐敗しやすく，人によりアレルギーを起こすことがあり，これをさばの生き腐れという．鮮度のよいものはしめさばにして生食されるほか，干物，塩さば，缶詰などに加工される．

⑤ さんま（秋刀魚，Pacific saury）　**さんま**は，太平洋のほぼ全域に分布し，北海道および東北沿岸で漁獲される主要な食用魚類のひとつである．季節により脂質含量は異なるが，皮付きで 25.6% 含まれる．塩焼きが一般的であるが，一部は缶詰やみりん干しなどにも加工される．

⑥ まぐろ類（鮪，Tunas）　かつおと同じサバ科に属し，形も似ているが大型である．全世界の温暖海域に分布し，種類は**くろまぐろ**（ほんまぐろともいう）（黒鮪，本鮪，Bluefin tuna），**みなみまぐろ**（南鮪，Southern bluefin tuna），**きはだまぐろ**（黄肌鮪，Yellowfin tuna），**びんながまぐろ**（鬢長鮪，Albacore），**めばちまぐろ**（目鉢鮪，Big-eye tuna）などがある．成長とともにおよび名の変わる出世魚のひとつである．栄養価は，魚種だけでなく部位によっても大きく異なる．くろまぐろの赤身は，たんぱく質が 26.4% と高く，脂質は 1.4% と低い．それに対し，脂身（とろ）は，たんぱく質 20.1%，脂質 27.5% である．また，赤身はナイアシン，脂身はビタミン A（レチノール）やビタミン D 含量が多い．寿司のネタや刺身などに用いられる．

⑦ にしん（鰊，Pacific herring）　**にしん**は，北太平洋などに広く生息し，古くより利用されている魚である．内臓や頭を取り除いて乾燥し，干物として加工されたものが身欠きにしんである．にしん（生）にはビタミン D 含量が 22 μg/100 g と，魚類の中でも多く含まれる．にしんの卵は，**かずのこ**（数の子）とよばれる．

3.1.3　白身魚

① かれい類・ひらめ　日本近海だけで 100 種以上分布し，左右に扁平で両眼が側面に付いている側扁型の代表的な魚である．俗に「左ひらめに右かれい」とよばれる．かれい類は，**まがれい**（真鰈，Brown sole），**まこがれい**（真子鰈，Marbled sole），**子もちがれい**〔Righteye flounders，アカガレイ（赤鰈，Red halibut），ババガレイ（婆鰈，Slime flounder）〕など種類が多く，脂質の少ない代表的な白身魚である．**ひらめ**（鮃，Olive flounder，Bastard halibut，Japanese flounder）は，体長は 50〜60 cm くらいのものが多く，イノシン酸含量が高い．かれい類は刺身のほか煮付けやフライ，干物などに，ひらめは，刺身や寿司のネタなどに用いられる．

② たい類（鯛，Sea breams）　**まだい**（真鯛，Red sea bream），**ちだい**（血鯛，Crimson sea bream），**くろだい**（黒鯛，Black sea bream），**きだい**（黄鯛，Yellow sea bream）などがある．たいの名が付いているが，いしだい，きんめだいは別科の魚である．日本沿岸の岩礁域に分布する．まだいの旬は春の花見時で，この頃に産卵期を迎え，脂が乗り色も鮮やかとなり，さくらだいとよばれ珍重される．脂質が少なく，また酵素活性が低いため死後の K 値上昇が穏やかで，鮮度の低下が緩慢である．またイノシン酸の分解も遅く，味も落ちにくいので「腐っても鯛」といわれる．姿焼き，刺身などに調理される．

③ たら類（鱈，Cod fishes）　日本近海の寒域には，**まだら**（真鱈，Pacific cod），**すけとうだら**（介党鱈，鯳，

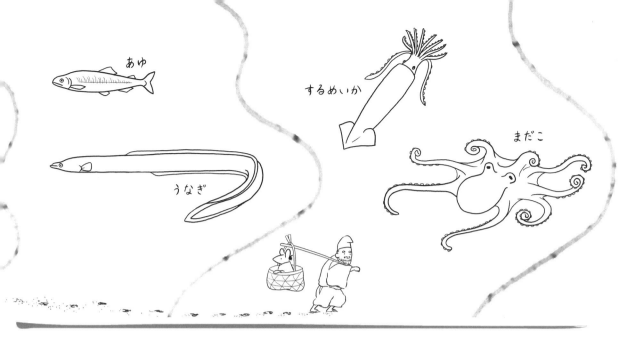

あゆ

するめいか

まだこ

うなぎ

Walleye pollock, Alaska pollock) が分布する. 脂質が少なく, 臭みもなく淡白な味で, 鍋物, 煮物などに用いられる. 胃が大きく貪欲な魚であることから,「たらふく食う」という言葉が生まれた. 鮮度が落ちやすく, とくに凍結すると解凍後の身がスポンジ化しやすい. しかし, 漁獲後の魚肉を水さらしなどして冷凍変性防止剤（しょ糖, ソルビトールなど）を添加し, 冷凍すり身に加工すると品質が長期間変化しにくい. また, かまぼこの材料（とくにすけとうだらのすり身）として広く利用される. たらこはすけとうだらの卵巣を塩蔵したもので, ビタミンE, ビタミンB$_1$, ナイアシンが豊富である.

3.1.4 中間魚

① さけ・ます類（鮭・鱒, Salmons and trouts） 厳密には白身魚でも赤身魚でもない. さけは, 一般にしろさけ（白鮭, Chum salmon）を指し, ほかにも, ぎんざけ（銀鮭, Coho salmon）, べにざけ（紅鮭, Sockeye salmon）, からふとます（樺太鱒, Pink salmon）, ますのすけ（キングサーモン, 鱒の介, Chinook salmon）などがあり, ますは, にじます（虹鱒, Rainbow trout）などがある. 分類学上, マス類という分類はなく, すべてがサケ類である. 河川源流で産卵し, 長い海洋期間（3〜4年）を送り大型化するものをさけ, 淡水系に分布する小型をますとよぶ. 栄養価の高い魚で, 秋口に産卵のため母川に回帰してきたさけは, とくに脂が乗っている. ビタミンDがとくに豊富である（しろさけのビタミンD含量は32.0 μg/100 g）. 身の赤色はアスタキサンチンによるもので, べにざけに多く含まれる. 荒巻きざけ, 燻製, 塩ざけなどに加工される. しろさけの魚卵は, すじこ, イクラとして利用され, ビタミンD, ビタミンE,

ビタミンB$_1$, ビタミンB$_2$, ビタミンB$_{12}$が多く含まれる.
② ぶり（鰤, Yellowtail, Five-ray yellowtail） 暖海性の回遊魚で, 冬季に日本近海に回遊してくる. 出生魚の代表で, 成魚は, 体長1 m, 体重1 kgほどになる. 冬の寒ぶりはとくに脂質が多い. 塩焼き, 照り焼き, 刺身などに用いられる.

3.1.5 淡水魚

① あゆ（鮎, Ayu） あゆは, 日本全国の清流に広く分布する川魚の代表で, 孵化した幼魚は海で冬を越し, 春に川を遡上する. きゅうりやすいかのような特有の芳香をもつことから香魚とよばれる. 生の内臓にはビタミンB$_1$を分解する酵素（チアミナーゼ）が多い. 塩焼きなどに用いられる.
② うなぎ（ニホンウナギ, 日本鰻, Japanese eel） うなぎは深海で産卵し, 春に稚魚が川を遡上する. 市場に出回るうなぎのほとんどが養殖である. 人工孵化させて成魚まで飼育し, その成魚が産んだ卵から次の世代の成魚を育てる完全養殖が難しく, 商業化はまだされていない. 脂質含量が19.3%と高く, ビタミンDやビタミンEも多いが, とくにビタミンA（レチノール活性当量）が2,400 μg/100 gときわめて多く含まれる. 蒲焼きの形で消費されることが多い. 血液中に弱い神経毒であるイクチオヘモトキシンをもつため, 生食を避けた方がよい.
③ その他の淡水魚 泥底に生息するこい（鯉, Common carp）, なまず（鯰, Japanese catfish）, どじょう（泥鰌, 鰌, Asian pond loach, Loach, Pond loach）などを食用にする. 淡水魚特有の魚臭はピペリジンである. 清流にはやまめ（山女魚, Seema）やいわな（岩魚, White-spotted char, Char, Japanese char）などが分布する.

3.1.6 いか・たこ・貝類

① いか・たこ類（烏賊・蛸，Squids and cuttlefishes, Octopuses）　いか・たこは，どちらも軟体動物で，種類により地域性があるが，ほぼ全国各地の沿岸に生息する．いかは，**するめいか**（鯣烏賊，Japanese common squid, Short-finned squid），**けんさきいか**（剣先烏賊，Swordtip squid），**やりいか**（槍烏賊，Spear squid），**ほたるいか**（蛍烏賊，Firefly squid）などが知られる．たこは，**まだこ**（真蛸，Common octopus），**いいだこ**（飯蛸，Ocellated octopus）などが有名である．1～2月が旬となる．いか・たことも，生のものでコレステロールが150～350 mg/100 g と多く含まれる．いかのうま味成分は**ベタイン**と**タウリン**で，たこではベタインとされる．いかは刺身で食するほか，するめ，さきいか，塩辛などに加工される．たこは，刺身，酢の物などに利用される．
② 貝類（Shellfishes）　巻貝では，**あわび**（鮑，Abalone），**さざえ**（栄螺，Turban shell）などが，二枚貝では**あさり**（浅蜊，蛤仔，Short-neck clam, Baby-neck clam, Manila clam, Japanese littleneck），**はまぐり**（蛤，Hard clam），**ほたてがい**（帆立貝，Giant ezo-scallop, Common scallop），**しじみ**〔マシジミ（真蜆），ヤマトシジミ（大和蜆），Freshwater clam〕などがある．タウリンおよび炭水化物の含量が多い点が貝類共通の特徴で，とくに冬の**かき**〔マガキ（真牡蠣），Oyster, Pacific oyster〕はグリコーゲン量が増加する．かきには亜鉛がとくに多く含まれる（14.0 mg/100 g）．あさりは，鉄，マグネシウム，リンを豊富に含み，しじみはビタミンB_{12}やメチオニンが多い．しじみ，ほたてがいなどは，コハク酸を多く含み，うま味がある．貝類は種々の料理に用いられるほか，佃煮，缶詰などに加工される．

3.1.7 えび・かに類

　甲殻類に属し，えび類（海老類，Prawns and shrimps）は，**いせえび**（伊勢海老，Japanese spiny lobster），**くるまえび**（車海老，Kuruma prawn），**さくらえび**（桜海老，Sakura shrimp）などが，かに類（蟹類，Crabs）は，**毛がに**（毛蟹，Horsehair crab），**ずわいがに**（楚蟹，Snow crab, Tanner crab），**たらばがに**（鱈場蟹，Red king crab, King crab）などが有名である．いずれも日本人の好物で，うま味成分は，ベタイン，グリシン，アルギニンなどのエキス分の多さによる．また，タウリンも豊富である．さくらえびなどの小型のえびは，殻ごと食べられるため食物繊維で多糖類の**キチン**質（**キチン**，**キトサン**）も摂取できる．えび・かに類には赤色色素の**アスタキサンチン**が含まれるが，生のえびやかにが黒っぽい色をしているのはアスタキサンチンとたんぱく質が結合しているからである．加熱するとたんぱく質が変性脱離するため，本来の鮮やかな赤色が現れてくる．えび・かにとも煮物，焼き物などに用いられるほか，えびは，干しえびや佃煮などに，また，かには缶詰や塩辛などに加工される．

3.1.8 その他の魚介類

　棘皮動物のうに（雲丹，Sea urchin）やなまこ（海鼠，Sea cucumber），刺胞動物のくらげ（海月，Edible jellyfish），原索動物のほや（海鞘，Sea squirt）などがある．

3.1.9 魚介類の加工食品

（1）　魚介類の加工食品の製造原理

　魚類は，畜肉に比べて死後の劣化の進行が速く，長期保存するためにさまざまな加工食品が開発された．製造

されるおもな水産加工食品は，干物，塩蔵品，節類，かまぼこなどの練り物，缶詰などで，古くから食の重要な部分を占めてきた．この中で，干物，塩蔵品，節類は，水分活性を下げることにより，保存性を高めている．

（2）おもな魚介類の加工食品

① 干物 干物は魚介類を自然または熱風乾燥し，水分活性を下げることで保存性を高めたものである．乾燥前の処理法により，素干し（するめ，棒だらなど），塩干し，煮干し，焼干し，みりん干しなどがある．

② 塩蔵品 魚介類を塩漬けして，水分活性を低下させるとともに，食塩の防腐効果により保存性を高めたものである．塩蔵魚類（塩さけなど），魚卵（イクラ，たらこなど），塩辛（いかの塩辛など）などがある．

③ 節類 原料の魚を煮たあと，十分に乾燥（焙乾）させたものである．節類は，かつおを原料とした<u>かつお節</u>とそれ以外の魚からつくられる<u>雑節</u>に分けられる．雑節の原料としては，まぐろ，そうだがつお，さば，あじ，いわし，さんまなどが使用される．節類には，アミノ酸やイノシン酸が多く含まれる．

かつお節は，乾燥度が低いものから，なまり節，荒節，裸節，枯れ節に分類される．なまり節は，煮熟後に軽く乾燥したもので，枯れ節は，焙乾後にカビ付けをして製造されたものである（図3.1）．カビ付けは，純粋培養したカビの菌液を表面に噴霧して，低温・低湿の室に保存して行われる．最初に，カビが節表面全体をおおった時を一番カビとよぶ．これを天日干しをして乾燥後，再度室に保存し，カビを成長させる．このあとにカビが節表面をおおった時を二番カビとよぶ．室内での保存と天日干しを繰り返して，カビ付けが行われる．かつお節や

加工品のかつお節は，二番カビか三番カビで終了し，四番から六番カビまで付けたものは本枯れ節という．カビを付けることでカビが荒節の水分を吸収し，さらに脂肪を分解して雑味が消え，上品な味わいになる．

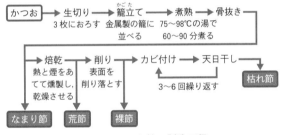

図3.1 かつお節の製造工程

④ 練り物 練り物は，原料（冷凍すり身など）に食塩や調味料などを添加して練り上げる擂潰，さらに成形したあとに坐りという一定時間放置する処理をし，加熱したものをいう（図3.2）．かまぼこ，ちくわ，はんぺん，だて巻，さつま揚げなどがある．

図3.2 練り物の製造工程

⑤ 缶詰 魚介類を水煮，味付け，油漬け，トマト漬け，蒲焼きなどの処理を施してから缶詰とし，保存性を高めたものである．

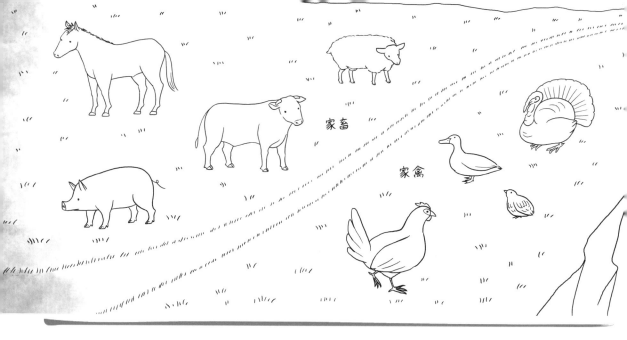

3.2　肉類　MEATS

　狩猟採集社会では，自然界の鳥や獣をとらえて，その肉を食べていた．畜産を含む農業が発達すると，家畜として育てられた動物の肉を食べることが主流となった．さまざまな宗教で，食してよい肉と食してはいけない肉を，動物の種類や処理方法により区別している．また肉類は，宗教とは別の個人的な価値観や嗜好，健康上の理由などで話題に取りあげられやすい食品である．

3.2.1　肉類全般
（1）　肉類の種類と特徴
　肉類は，一般に家畜や家禽の肉などを食用に適するように屠殺解体処理したもので，可食内臓も含まれる．屠殺後，内臓を除いた骨付き肉のかたまりは**枝肉**とよばれる．いのししやしかなどの野生獣も**ジビエ肉**として利用される．食品成分表では，畜肉類，鳥肉類，その他に分類される．畜肉類として，牛（Cattle），豚（Swine），めんよう（綿羊，Sheep），馬（Horse），やぎ（山羊，Goat），うさぎ（兎　カイウサギ，Rabbit），鯨（Whale　ミンククジラ，minke whale）などが，鳥肉類として，鶏（Chicken），七面鳥（Turkey），家鴨（あひる）（Duck），鶉（うずら）（Japanese quail）などが，そのほかに，すっぽん（鼈・鼈・鼈　キョクトウスッポン，Chinese softshell turtle），かえる（蛙　ウシガエル，Frog，bullfrog），いなご（蝗　コバネイナゴ，Rice hopper）などが掲載されている．

（2）　肉類の構造
　牛肉，豚肉および鶏肉などの肉類の組織は，基本的に魚類と同じ構造である．食肉になるのはおもに筋肉で，

筋肉は平滑筋と横紋筋に分けられる．平滑筋は消化管や血管壁を構成し，横紋筋は**骨格筋**と**心筋**に分けられる．食肉は，おもに骨格筋により構成される．骨格筋は**筋線維束**が筋周膜によって集合した形をとり，筋線維束は，筋内膜に包まれた 20〜150 μm の円柱状の細長い**筋線維**が集まったものである．筋線維は，さらに骨格筋の最小単位である長さ数 cm，太さ数十 μm の**筋原線維**から成り，筋原線維は液体の筋漿で満たされている．

① **筋原線維**　筋原線維は偏光顕微鏡で見ると，明るく見える **I 帯**と暗く見える **A 帯**が規則正しく繰り返されている．これが筋肉の横しま（横紋）として観察される．A 帯の中央に H 帯があり，I 帯の中央には **Z 線**がある．筋原線維の Z 線と Z 線の間は**サルコメア**とよばれ，筋肉が収縮する際の基本単位である．サルコメアは，太いフィラメントの**ミオシン**と細いフィラメントの**アクチン**を主成分とした 20 種類以上のたんぱく質からできている．I 帯はアクチンフィラメントのみで，一部が Z 線と結び付き，残りは A 帯のミオシンの間に入り込んでいる．この入り込む割合が筋肉の収縮の強さと関係する．

② **肉質と結合組織**　筋線維束の太さ，すなわち断面積が小さいほど，きめが細かく肉質も軟らかい．筋線維束を取り囲む筋周膜には，コラーゲンなどから成る結合組織，血管，神経，脂肪組織がある．結合組織の発達している肉は一般に硬い．結合組織は，家畜や家禽の品種や運動量，雌雄，年齢，肉の部位などによって異なる．

③ **脂肪組織**　脂肪は一般に皮下や内臓組織の周囲，腹腔に集まり，筋肉の内部組織には存在しにくい．しかし家畜・家禽の品種や飼育方法によって，脂肪が筋肉内部まで細かく全体に分布して沈着することがある．この肉が**霜降り肉**とよばれる．

（3） 肉類の成分

　肉類の成分は，動物の種類，品種，栄養状態，年齢および雌雄などで異なる．おもな肉類の成分を表3.3に示す．多くの肉類の主成分は，水分，たんぱく質，脂質である．たんぱく質は10～25%と豊富に含まれる．脂質含量は水分と逆の相関関係を示し，脂質含量の高い肉は，その分だけ水分含量が少なくなる．

　① たんぱく質　肉類のたんぱく質には，必須アミノ酸がバランスよく含まれる．ほとんどの肉類のアミノ酸価は100で，良質なたんぱく質である．肉類の筋肉たんぱく質は，魚介類と同様に筋漿たんぱく質，筋原線維たんぱく質，肉基質たんぱく質に分けられる（表3.2）.

　a. 筋漿たんぱく質　筋原線維の筋漿に存在する水溶性

のたんぱく質で，全筋肉たんぱく質の約30%を占める．ミオグロビン，ヘモグロビン，ミオゲン，グロビン，解糖系たんぱく質，ATP合成に関する酵素などの球状たんぱく質などがある．

　b. 筋原線維たんぱく質　全筋肉たんぱく質の50～60%を占める塩可溶性たんぱく質である．ミオシン，アクチン，トロポニン，トロポミオシンなどのたんぱく質がある．ミオシン，アクチンとともにアクトミオシンという複合たんぱく質を形成し，筋肉の収縮や死後硬直および解硬などにかかわる．

　c. 肉基質たんぱく質　全筋肉たんぱく質の10～20%を占める．水，塩，希酸，希アルカリに不溶性のたんぱく質である．結合組織や筋肉膜，筋周膜，および腱など

表3.3　おもな肉類の成分（100 g あたり）

食品名	エネルギー	水分	たんぱく質	脂質	炭水化物	灰分	無機質							ビタミン							食物繊維総量
							ナトリウム	カリウム	カルシウム	マグネシウム	リン	鉄	亜鉛	ビタミンA（レチノール活性当量）	ビタミンD	ビタミンE（α-トコフェロール）	ビタミンB1	ビタミンB2	ナイアシン	ビタミンC	
単位	kcal			g							mg			μg				mg			g
和牛肉　かたロース　脂身つき　生	380	47.9	13.8	37.4	0.2	0.7	42	210	3	14	120	0.7	4.6	3	0	0.5	0.06	0.17	3.2	1	0
和牛肉　サーロイン　脂身つき　生	460	40.0	11.7	47.5	0.3	0.5	32	180	3	12	100	0.9	2.8	3	0	0.6	0.05	0.12	3.6	1	0
和牛肉　ばら　脂身つき　生	472	38.4	11.0	50.0	0.1	0.5	44	160	4	10	87	1.4	3.0	3	0	0.6	0.04	0.11	3.1	1	0
和牛肉　ヒレ　赤肉　生	207	64.6	19.1	15.0	0.3	1.0	40	340	3	22	180	2.5	4.2	1	0	0.4	0.09	0.24	4.3	1	0
和牛肉　肝臓（レバー）　生	119	71.5	19.6	3.7	3.7	1.5	55	300	5	17	330	4.0	3.8	1100	0	0.3	0.22	3.00	14.0	30	0
豚肉　ロース　脂身つき　生	248	60.4	19.3	19.2	0.2	0.9	42	310	4	22	180	0.3	1.6	6	0.1	0.3	0.69	0.15	7.3	1	0
豚肉　ばら　脂身つき　生	366	49.4	14.4	35.4	0.1	0.7	50	240	3	15	130	0.6	1.8	11	0.5	0.5	0.51	0.13	4.7	1	0
豚肉　ヒレ　赤肉　生	118	73.4	22.2	3.7	0.3	1.2	56	430	3	27	230	0.9	2.2	3	0.3	0.3	1.32	0.25	6.9	1	0
鶏肉　むね　皮つき　生	133	72.6	21.3	5.9	0.1	1.0	42	340	4	27	200	0.3	0.6	18	0.1	0.3	0.09	0.10	11.0	3	0
鶏肉　むね　皮なし　生	105	74.6	23.3	1.9	0.1	1.1	45	370	4	29	220	0.3	0.7	9	0.1	0.3	0.10	0.11	12.0	3	0
鶏肉　もも　皮つき　生	190	68.5	16.6	14.2	0	0.9	62	290	5	21	170	0.6	1.6	40	0.4	0.7	0.10	0.15	4.8	3	0
鶏肉　ささみ　生	98	75.0	23.9	0.8	0.1	1.2	40	410	4	32	240	0.3	0.6	5	0	0.7	0.09	0.11	12.0	3	0
羊肉　ラム　ロース　脂身つき　生	287	56.5	15.6	25.9	0.2	0.8	72	250	10	17	140	1.2	2.6	30	0	0.6	0.12	0.16	4.2	1	0
馬肉　赤肉　生	102	76.1	20.1	2.5	0.3	1.0	50	300	11	18	170	4.3	2.8	9	—	0.9	0.10	0.24	5.8	1	0

Tr : Trace，微量.

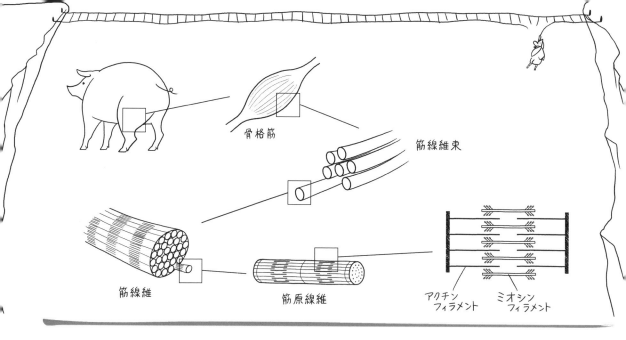

骨格筋

筋線維束

筋線維

筋原線維

アクチン
フィラメント　ミオシン
フィラメント

を構成するたんぱく質で，**コラーゲン**，**エラスチン**など
の高分子たんぱく質である．すじ肉などに多く，肉の基
本的な硬さの要因となる．加齢にともなって多くなり，
その結果肉が硬くなる．

② **脂質**　肉類の脂質は，魚介類と同様に**蓄積脂質**と**組
織脂質**に分けられる．蓄積脂質は皮下，内臓周囲および
筋膜にトリアシルグリセロールとして存在する．組織脂
質は，細胞成分としてのリン脂質，糖脂質，コレステ
ロールとして存在する．肉類の脂質には飽和脂肪酸が多
く含まれるため常温で固形となる．また，飽和脂肪酸と
不飽和脂肪酸の含有比によって口溶けが異なる．飽和脂
肪酸が多く，融点が高い脂質ほど口溶けが悪くなる．た
とえば，飽和脂肪酸が多い牛脂の融点は 40～50 ℃と高
く，多価不飽和脂肪酸（リノール酸，リノレン酸）が牛
脂に比べて多い鶏油は 30～32 ℃と低い．

　肉類には，コレステロール含量の高い部位もある．と
くに，肝臓（レバー）は，いずれの肉類でもコレステ
ロール含量が一般部位よりも高い．

③ **炭水化物**　レバーを除き，肉類の炭水化物含量は約
1 ％以下と低く，そのほとんどはグリコーゲンの形で存
在する．

④ **無機質**　ほぼ 1 ％以下程度で，リン，亜鉛などが多い．
鉄は比較的多く，とくにレバーは鉄の供給として重要で
ある．また，肉類に含まれる**ヘム鉄**は非ヘム鉄と比べて
生体での吸収率が高い．

⑤ **ビタミン**　水溶性ビタミンであるビタミン B_1，ビタ
ミン B_2，ナイアシン，ビタミン B_6，ビタミン B_{12}，パン
トテン酸などを多く含み，とくに豚肉はビタミン B_1 が
豊富である．レバーにはビタミン A（レチノール）も豊
富に含まれ，ビタミン C もある程度含まれる．

⑥ **機能性成分**　肉類の機能性成分として，抗酸化物質
であるカルノシン，アンセリン，脂肪燃焼促進効果など
が期待されている L-カルニチン，抗変異原性活性のあ
る共役リノール酸，および血圧降下作用のある各種機能
性ペプチドなどが知られている．

（4）　肉類の死後硬直と熟成

① **死後硬直の仕組み**　屠殺した直後の動物の筋肉は軟
らかいが，しばらくすると筋肉が一時的に硬くなる現象
が**死後硬直**である．動物が死に心臓が停止し組織に酸素
が供給されなくなると，筋肉中のグリコーゲンが嫌気的
解糖により分解されて乳酸が生成し，筋肉の pH が 7 付
近から最大 5.5 程度まで低下する．pH が酸性になり
ATP が分解するにともない，筋原線維を構成するアク
チンとミオシンが結合した**アクトミオシン**が生じ，筋肉
は収縮し，硬くなり死後硬直が起こる．死後硬直中の肉
は硬く，食用や加工に適さない．屠殺から最大硬直期ま
で，牛は 24 時間，豚は 12 時間，鶏は 2～3 時間かかる．

② **肉類の熟成**　死後硬直期を過ぎると筋肉は少しずつ
柔軟性を増し，この現象を硬直解除（**解硬**）という．解
硬中は，筋肉中のプロテアーゼの作用（**自己消化**）に
よって，Z 線の脆弱化，アクチンとミオシン間の結合の
脆弱化などが起こる．硬直した肉類を低温で貯蔵すると，
肉は徐々に軟らかくなり，保水性が高まり，うま味や香
り，コクも出てくる．そのため，屠殺解体した肉は一定
期間貯蔵し，**熟成**させてから食用とする．

　熟成中，筋原線維たんぱく質や筋漿たんぱく質が細胞
内の酵素であるカルパイン類やカテプシン類などのプロ
テアーゼによって，ペプチドや遊離アミノ酸が生成する．
遊離アミノ酸は熟成の進行に伴い増加し，とくに**グルタ**

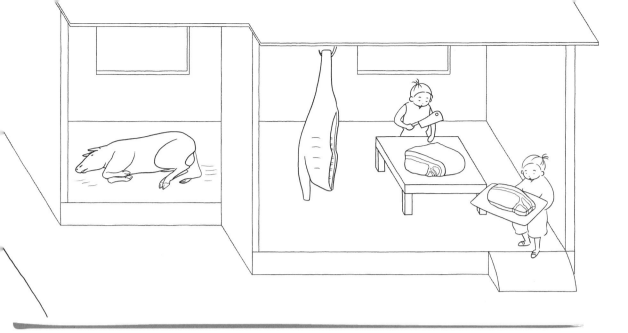

ミン酸の増加は食肉のうま味に大きくかかわる．もうひとつのうま味成分である<u>イノシン酸</u>（IMP）は，魚介類と同様，ATP の分解経路によって生成する．牛肉中の IMP 含量が最大となるのは屠殺後 1 ～ 2 日の熟成初期で，そのあとは徐々に減少する．そのため，熟成によるうま味の向上には，IMP よりもペプチドやアミノ酸が大きくかかわる．熟成によって牛肉にはミルク臭に似た甘い香りの熟成香が生じ，加熱した肉にも残存する．

　熟成期間は肉の種類によってさまざまである．ラムのように鮮度が重要で，熟成期間なしにすぐに食べた方がよい肉もあり，また鶏肉は 0 ～ 1 ℃の冷蔵庫でほぼ 12 時間で熟成が終わり，その後 24 時間程度でおいしく食べられる．一方，豚肉は約 3 ～ 5 日，牛肉は約 10 日かけて熟成すると，軟らかくなり風味もよくなる．

（5）肉類の色素

　屠殺し放血した食肉にはヘモグロビンが少ないため，食肉の色はおもに筋肉に含まれる色素たんぱく質である<u>ミオグロビン</u>による．筋肉中のミオグロビン含量は動物の種類や部位，年齢により異なる．牛肉や豚肉は，鶏肉に比べてミオグロビン含量が多く，肉色が濃い．

　ミオグロビンは，鉄イオンを含むヘム色素（ヘム鉄）を含むたんぱく質で，この酸化還元反応により食肉の色が変化する．かたまり肉の段階ではミオグロビンが空気に触れにくいため内部は暗い赤色（デオキシミオグロビン）をしているが，薄切り肉にすると酸素と接触し，鮮やかな赤色（オキシミオグロビン）に変わる．この変化を<u>ブルーミング</u>という．鮮赤色も時間が経つにつれて，褐色（メトミオグロビン）となる（図 5.25）．この現象を<u>メト化</u>という．

食肉は加熱すると灰褐色（メトミオクロモーゲン）になるが，食肉加工では発色剤を添加して赤色を保つことが多い．発色剤として使われる食品添加物には，亜硝酸ナトリウム，硝酸ナトリウム，硝酸カリウムがある．ミオグロビンは発色剤と反応して鮮紅色のニトロソミオグロビンとなり，さらに加熱すると熱に安定な鮮やかな赤色のニトロソミオクロモーゲンへと変化する．これが，ハムやベーコンあるいはソーセージなどの赤色である．発色剤を添加しない場合は，加工中の加熱によりミオグロビンは分解され，白っぽい色になる．

3.2.2　おもな肉類

　食品成分表には，牛肉，豚肉，鶏肉などの主要な肉の部位ごとに成分値が示されている．牛肉と豚肉は，脂身付き，皮下脂肪なし，赤肉に分類される．脂身付きは，皮下脂肪（5 mm）と筋間膜脂肪を残したもの，皮下脂肪なしは筋間膜脂肪を残したまま皮下脂肪を除去したもの，赤身は皮下脂肪と筋間膜脂肪の両方を除去したものである．

① 牛肉　日本で流通する牛肉を食品成分表では，和牛肉，乳用肥育牛肉，交雑牛肉，輸入牛肉，子牛肉に分けている．**和牛**には 4 品種とその交雑種があるが，流通している和牛の大部分は黒毛和種である．乳用肥育牛は乳用種の雄を肥育したものである．交雑牛は大型の乳用種の雌に肉質のよい黒毛和牛の雄を交配した雑種第 1 代（F 1）で，国産牛肉の約 4 分の 1 を占める．子牛肉には皮下脂肪がほとんど付着していない．和牛は部位によって赤色の筋肉組織中に白い脂肪が網目状に交雑する遺伝的特徴があり，これを利用して霜降り肉の生産が行われている．

　食品成分表では小売用の食肉の部位別に，かた，かた

ロース，リブロース，サーロイン，ばら，もも，そともも，ランプ，ヒレの9部位の成分が示されている．脂身付きの和牛肉（生）のリブロース，ばら，サーロインの脂質含量は，それぞれ56.5%，50.0%，47.5%と高く，一方，ヒレやももは，15.0%，18.7%と低めである．副生物としての内臓肉には，肝臓（レバー），第一胃（みの，がつ），大腸（しまちょう，てっちゃん），横隔膜（はらみ，さがり）などがあり，大部分が利用される．

② **豚肉**　豚は，野生のイノシシを育種・改良して家畜化したものである．食肉となる豚の多くは，大ヨークシャー種，ランドレース種，デュロック種の3種類を交配した三元交配種で，食品成分表では大型種とされている．中型種のバークシャー種は，食品成分表で黒豚に分類される．国産，外国産を問わず，黒豚と表示が可能な肉は純粋なバークシャー種の肉だけである．

　豚肉には，かた，かたロース，ロース，ばら，もも，そともも，ヒレの7部位が表示されている．豚肉は牛肉に比べて霜降りは少ないが，肉は軟らかい．牛と同様に内臓肉も大部分利用される．

③ **鶏肉**　日本で流通している鶏肉には，ブロイラーと地鶏がある．一般に成長効率のよい品種や飼育方法で大量生産される肉用若鶏を総称してブロイラーとよび，生後10週齢以内（8週齢程度）で出荷される．市場に出回る鶏肉の大部分がブロイラーで，食品成分表で「にわとり」とされているのはブロイラーである．

　鶏肉の脂質は，牛肉や豚肉と比べて総じて少ない．また，それらとは脂肪酸組成が異なり，飽和脂肪酸が少なく不飽和脂肪酸が多い．鶏肉は，手羽，むね（胸肉），もも（もも肉），ささみの4部位に分けられる．手羽は鶏の翼の部分を指し，胸肉に続く手羽元と手羽先に分けら

れる．胸肉は鶏の胸にある部分の肉で，ほとんど浅胸筋から成る．肉色は薄く，皮を除くと脂肪が少なく，淡白で軟らかい．もも肉は脚からももの付け根にかけての部分で，運動するときによく使われる筋肉が多いため肉色は胸肉より濃く，すじがありやや硬い．ささみは鶏の深胸筋にあたる部分で，両胸肉の内側の胸骨に沿って1本ずつ付いている．ささみのたんぱく質含量は肉類の中でも23.9%と高く，脂質含量は0.8%と低い．

④ **羊肉**　羊肉は，1年未満の子羊肉がラム，1年以上経った成羊肉がマトンとよばれる．マトンには羊特有の臭みがあるが，ラムには臭みがなく風味が良好で，その肉質はきめが細かく軟らかい．

⑤ **馬肉**　馬肉は欧州での消費量が多く，中でもフランスの消費量が多く，タルタルステーキなどで食べられる．ミオグロビン含量が多いため，切断直後の馬刺の肉は空気に触れるときれいな桜色になる．馬肉が桜肉とよばれるのは，そのためである．

3.2.3　肉類の加工食品

（1）　肉類の加工食品の製造原理

　肉類の加工食品には，ハム，ソーセージ，ベーコン，プレスハムなどがある．これらは，一般に肉を原料として，塩漬，充塡，燻煙，加熱，冷却，包装などの工程を経て製造される．

　塩漬は，発色剤（**亜硝酸塩，硝酸塩**），ポリリン酸，アスコルビン酸，調味料，香辛料などから成る塩漬剤を原料肉と混ぜ合わせて，一定期間貯蔵する工程である．この間に，原料肉に塩漬色の固定と塩漬フレーバーの形成の各反応が進行する．添加する亜硝酸塩量が少なすぎるとアンダーキュアという現象を起こし，緑変の原因となる．

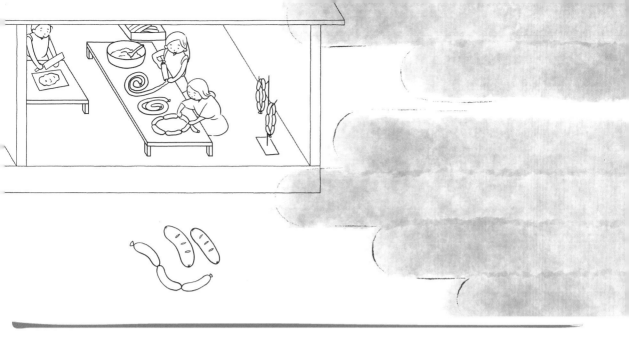

充填工程は，塩漬処理した原料肉を<u>ケーシング</u>とよばれる袋に詰める処理である．充填された原料肉は，55〜60℃で一定時間煙でいぶして燻煙され，製品の表面に燻煙色や香りが付着される．煙成分には，抗菌作用あるいは抗酸化作用のあるアルデヒドやフェノール化合物が含まれ，これらの成分が付着した製品は保存性も高くなる．その後加熱され，殺菌処理が施される．殺菌条件は62〜65℃，30分間である．冷却後に包装されて，製品が完成する．

(2) おもな肉類の加工食品

① ハム類　本来，<u>ハム</u>は豚のもも肉を指す言葉である．現在は豚のロースあるいはもも肉を原料としたもので，ロースから製造されたものが**ロースハム**，もも肉から製造されたものが**ボンレスハム**である．**プレスハム**は日本独自の規格で，豚肉以外の肉や副原料を加えてケーシングして加熱したものである．ハムを塩漬する場合には，塩漬剤を溶かしたピックル液に原料肉を浸漬する湿塩法が用いられる．ケーシングに充填されたハムは，燻煙後，加熱，冷却，包装の各工程を経て完成する（図3.3）．<u>生ハム</u>は，加熱工程がない非加熱製品である．

② ベーコン類　ベーコンは，豚肉のばら肉を原料とし，塩蔵，燻煙したものである．豚のかた肉を用いたショルダーベーコンや，ロース肉を用いたロースベーコンもある（図3.3）．

③ ソーセージ　<u>ソーセージ</u>は，畜肉に食塩や香辛料を加えて調味し，練り合わせたものをケーシングし，加熱，燻煙，乾燥したものである（図3.4）．原料肉の種類，副原料の混合割合，水分含量などで規格分類される．水分含量が55％を超え，冷蔵が必要なドメスチックソー

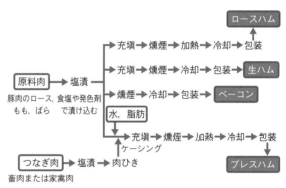

図3.3　ハム類，ベーコンの製造工程

セージ，55％以下のセミドライソーセージ，35％以下のドライソーセージに区分される．日本で見るソーセージのほとんどはセミドライソーセージである．ケーシングの種類または直径，副原料の組み合わせによっても，ボロニア，フランクフルト，ウインナー，リオナの4種類の規格が決められている．

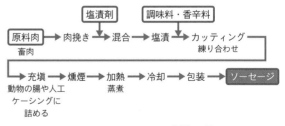

図3.4　ソーセージの製造工程

④ その他の肉類の加工食品　上記以外の肉類の加工食品として，ローストビーフ，コンビーフ，牛肉の大和煮，ハンバーガーパテ，ビーフジャーキーなどがある．

3.3　乳類　MILKS

人間と牛乳との出会いは古い時代にさかのぼる．旧約聖書にも，ノアの方舟に牛を乗せたと記述されている．乳は哺乳類の乳腺からだされる液体で，乳児が育つためにつくりだされた唯一の食品といえる．そのため，子の成長に必要なすべての栄養素が，乳にはバランスよく含まれている．

3.3.1　乳類全般

（1）　乳類の種類と特徴

人類が牛（Cow）や山羊（Goat）の乳を飲み始めたのは，約1万年前頃といわれている．乳が食用に利用される家畜は，牛，山羊，ひつじ，馬などであるが，らくだ，水牛，やくの乳も利用される．

乳用牛には，ホルスタイン種，ジャージー種，ガンジー種，ブラウン・スイス種，ショートホーン種などがある．牛乳の成分には個体差があり，品種，年齢，泌乳期，季節，飼料によって異なり，脂肪含量と年間泌乳量によって特徴付けられる．日本ではおもにホルスタイン種とその雑種が乳用牛として飼育されている．

牛が子牛を出産してから泌乳を止めるまでの期間を泌乳期間（約300日）といい，産後約1週間に分泌される乳を初乳，そのあとの乳を常乳という．初乳の組成は常乳と著しく異なり，濃厚で，黄色く，異臭とわずかな苦味があり，粘度が高い．初乳は乳糖含量が低く，子牛に必要な免疫グロブリンを高濃度に含むため加熱凝固しやすい．食品衛生法では，出産後5日以内の乳の販売および乳製品原料としての利用を認めていない．通常，食品として利用される乳は初乳時期を過ぎたあとの8日～10か月までの**常乳**で，この時期の乳の組成の変動は少ない．

（2）　乳類の成分

生乳は搾乳したままの未殺菌の牛の乳汁で，子牛が離乳するまでに必要な栄養成分をすべて含む．生乳（ホルスタイン種）と人乳（母乳）を比較すると，生乳はたんぱく質や灰分が多く，人乳は炭水化物含量が多い特徴がある（表3.4）．生乳を加熱殺菌した**牛乳**（普通牛乳）は，水分が87.4%あり，水分を除いた乳の成分を**乳固形分**，乳固形分から乳脂肪分を除いた成分を**無脂乳固形分**という．無脂乳固形分のほとんどが，たんぱく質である．

①たんぱく質

a．カゼイン　牛乳中に，たんぱく質は3.3%含まれている（表3.5）．牛乳のpHは約6.6で，pH4.6にすると白色の沈殿を生じる．この沈殿は乳たんぱく質全体の約75%を占め，**カゼイン**とよばれる．カゼインは，分子内にリン酸を結合するリンたんぱく質で，牛乳中でリン酸カルシウムと複合体（クラスター）を形成し，直径平均0.15 μmの安定なコロイド粒子として乳中に分散する．これを**カゼインミセル**という．牛乳が白く見えるのは，このカゼインミセルや脂肪球が光を乱反射するためである．カゼインは，アミノ酸組成が異なるα_s-**カゼイン**，β-**カゼイン**，κ-**カゼイン**に分けられる．α_s-カゼインとβ-カゼインは疎水性が高く，κ-カゼインは疎水性と親水性の部分がある**両親媒性**の性質をもつ．κ-カゼインはカゼインミセルの表面に多く存在し，カゼインミセルの安定化にかかわる．

b．乳清たんぱく質　カゼイン以外の液体部分を**乳清（ホエイ）**とよび，その乳清中に含まれるたんぱく質を**乳清たんぱく質**という．乳清たんぱく質は乳たんぱく質

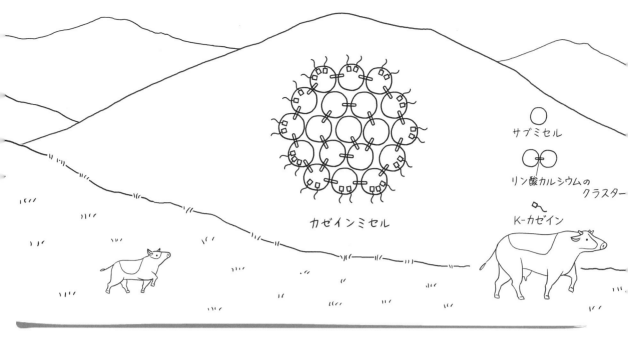

サブミセル

リン酸カルシウムの
クラスター

カゼインミセル

K-カゼイン

表 3.4　生乳と人乳の成分（100 g あたり）

食品名	エネルギー	水分	たんぱく質	脂質	炭水化物	灰分	無機質							ビタミン							食物繊維総量
							ナトリウム	カリウム	カルシウム	マグネシウム	リン	鉄	亜鉛	ビタミンA（レチノール活性当量）	ビタミンD	ビタミンE（α-トコフェロール）	ビタミンB1	ビタミンB2	ナイアシン	ビタミンC	
単位	kcal	g					mg							μg		mg					g
生乳	63	87.7	3.2	3.7	4.7	0.7	40	140	110	10	91	Tr	0.4	38	Tr	0.1	0.04	0.15	0.1	1	0
人乳	61	88.0	1.1	3.5	7.2	0.2	15	48	27	3	14	0.04	0.3	46	0.3	0.4	0.01	0.03	0.2	5	0

Tr：Trace，微量.

3・3 乳類

の約 25％を占め，β-ラクトグロブリン，α-ラクトアルブミン，血清アルブミン，ラクトフェリン，免疫グロブリンなどがある. β-ラクトグロブリンは牛乳の乳清たんぱく質の約 50％を占めているが，人乳に含まれていないため，牛乳アレルギーの主要アレルゲンとなっている. β-ラクトグロブリン，α-ラクトアルブミンは加熱によって凝固しやすく，ヨーグルトなどのゲル化にかかわる. 機能性たんぱく質であるラクトフェリンは鉄イオンを結合できるたんぱく質で，牛乳にはわずかにしか含まれていないが（20～200 mg/mL），人乳には多く含まれる（2,000 mg/mL）.

② 脂質　牛乳には 3.8％の脂質が含まれ（表 3.5），その 98％はトリアシルグリセロールの中性脂肪である. ほかにリン脂質，ステロール類が含まれる. 牛乳の脂質は，リン脂質やリポたんぱく質，コレステロールから成る皮膜（乳脂肪皮膜という）に包まれた直径 0.1～22 μm（平均 3 μm）の乳脂肪の形で存在し，水中油滴型（O/W 型）エマルションとして安定に分散する. 脂溶性ビタミン類も乳脂肪に含まれる.

脂肪を構成する脂肪酸には，パルミチン酸（30％），オレイン酸（23％）ステアリン酸（12％），ミリスチン酸（11％）などが含まれる. 炭素数の少ない揮発性の短鎖脂肪酸や中鎖脂肪酸〔酪酸（3.7％），カプロン酸（2.4％），カプリル酸（1.4％），カプリン酸（3.0％）〕も含まれ，これらはチーズの香気成分である. 牛乳中の機能性脂肪酸として共役リノール酸が知られ，反芻動物の消化管（ルーメン）で微生物によって合成される.

③ 炭水化物　牛乳に含まれる炭水化物のほとんどは，乳糖（ラクトース）である. 牛乳には 4.4％，人乳には 6.4％含まれ，乳糖は哺乳動物の乳にしか存在しない. 乳糖の甘さはしょ糖の 5 分の 1 程度であるため，牛乳はほのかな甘味を示す.

乳糖はぶどう糖（グルコース）とガラクトースから成る二糖類で，ラクターゼという酵素で加水分解され，腸管から吸収される. ラクターゼは乳児の時期に酵素活性が高く，離乳とともにしだいに低下する. ラクターゼ活性が低い人は乳糖を分解することができず，腸管が刺激され腹痛や下痢などの症状が現れる. これを乳糖不耐症という.

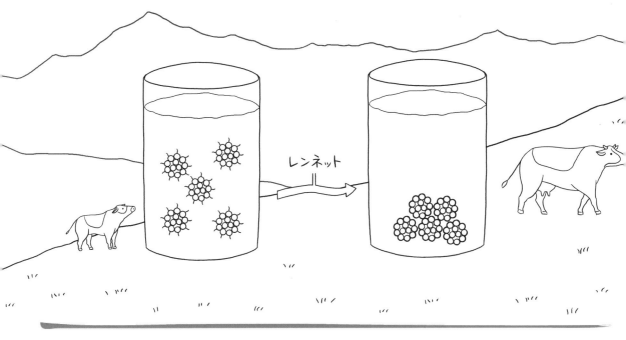

レンネット

表3.5　おもな飲用乳と乳製品の成分（100 g あたり）

食品名	エネルギー	水分	たんぱく質	脂質	炭水化物	灰分	無機質							ビタミン							食物繊維総量
							ナトリウム	カリウム	カルシウム	マグネシウム	リン	鉄	亜鉛	ビタミンA（レチノール活性当量）	ビタミンD	ビタミンE（α-トコフェロール）	ビタミンB₁	ビタミンB₂	ナイアシン	ビタミンC	
単位	kcal		g				mg							μg		mg					g
普通牛乳	61	87.4	3.3	3.8	4.8	0.7	41	150	110	10	93	0.02	0.4	38	0.3	0.1	0.04	0.15	0.1	1	0
脱脂乳（無脂肪牛乳）	31	91.0	3.4	0.1	4.8	0.8	51	150	100	10	97	0.1	0.4	Tr	Tr	Tr	0.04	0.15	0.1	2	0
全粉乳	490	3.0	25.5	26.2	39.3	6.0	430	1800	890	92	730	0.4	2.5	180	0.2	0.6	0.25	1.10	0.8	5	0
脱脂粉乳（スキムミルク）	354	3.8	34.0	1.0	53.3	7.9	570	1800	1100	110	1000	0.5	3.9	6	Tr	Tr	0.30	1.60	1.1	5	0
無糖練乳（エバミルク）	135	72.5	6.8	7.9	11.2	1.6	140	330	270	21	210	0.2	1.0	50	Tr	0.2	0.06	0.35	0.2	Tr	0
加糖練乳（コンデンスミルク）	314	26.1	7.7	8.5	56.0	1.6	96	400	260	25	220	0.1	0.8	120	0.1	0.2	0.08	0.37	0.3	2	0
クリーム（生クリーム）	404	48.2	1.9	43.0	6.5	0.4	43	76	49	5	84	0.1	0.2	160	0.3	0.4	0.02	0.13	Tr	0	0
アイスクリーム　高脂肪	205	61.3	3.5	12.0	22.4	0.8	80	160	130	14	110	0.1	0.5	100	0.1	0.2	0.06	0.18	0.1	Tr	0.1
アイスクリーム　普通脂肪	178	63.9	3.9	8.0	23.2	1.0	110	190	140	13	120	0.1	0.4	58	0.1	0.2	0.06	0.20	0.1	Tr	0.1
有塩バター	700	16.2	0.6	81.0	0.2	2.0	750	28	15	2	15	0.1	0.1	520	0.6	1.5	0.01	0.03	0	0	0
食塩不使用バター	720	15.8	0.5	83.0	0.2	0.5	11	22	14	2	18	0.4	0.1	800	0.7	1.4	0	0.03	Tr	0	0
ヨーグルト　全脂無糖（プレーンヨーグルト）	56	87.7	3.6	3.0	4.9	0.8	48	170	120	12	100	Tr	0.4	33	0	0.1	0.04	0.14	0.1	1	0
ナチュラルチーズ　モッツァレラ	269	56.3	18.4	19.9	4.2	1.3	70	20	330	11	260	0.1	2.8	280	0.2	0.6	0.01	0.19	Tr	—	0
ナチュラルチーズ　ゴーダ	356	40.0	25.8	29.0	1.4	3.8	800	75	680	31	490	0.3	3.6	270	0	0.8	0.03	0.33	0.1	0	0
ナチュラルチーズ　チェダー	390	35.3	25.7	33.8	1.4	3.8	800	85	740	24	500	0.3	4.0	330	0	1.6	0.04	0.45	0.1	0	0
ナチュラルチーズ　カマンベール	291	51.8	19.1	24.7	0.9	3.5	800	120	460	20	330	0.2	2.8	240	0.2	0.9	0.03	0.48	0.7	0	0

Tr：Trace，微量.

欧米系の人種と比べて日本人を含めたアジア系の人種は，遺伝的に乳糖不耐症になる割合が高いとされる.

④ **無機質**　牛乳の無機質ではカリウムがもっとも多く，カルシウム，リン，ナトリウムなどが次いでいる．中でもカルシウムは牛乳100 g あたり110 mg と豊富に含まれ，そのうち3分の2はカゼインミセルと結合し，コロイド状に分散し，吸収されやすい状態になっている．さらに乳糖や**カゼインホスホペプチド**（**CPP**）が，牛乳中のカルシウムの吸収を促進することが知られている．そのためCPPは，カルシウムの吸収を助ける食品として特定保健用食品の関与成分のひとつにもなっている．牛乳はカルシウム供給として量的にも質的にも大変重要な食品である.

⑤ **ビタミン**　牛乳はほとんどのビタミン類を含むが，とくにビタミンA（レチノールおよびカロテン類），ビタミンB₂，パントテン酸などの重要な供給源である．牛乳は飼料に由来するプロビタミンAとしてのβ-カロテンを含むため，これが牛乳や乳製品の黄色っぽさに関与している.

3.3.2　乳類の加工食品

（1）乳類の加工食品の製造原理

① **乳類の加工食品の種類**　飲用乳や乳製品は，食品衛生法に基づいて厚生労働省が定める「乳および乳製品の成分規格等に関する省令」（乳等省令）で，成分の規格や

製造の基準，保存方法，容器包装の規格，表示方法の基準などが定められている．飲用乳とは，牛乳，成分調整牛乳，低脂肪牛乳，無脂肪牛乳，加工乳，乳飲料などを指す．乳製品には，牛乳を原料とした粉乳，チーズ，ヨーグルトなどの発酵乳，バターなどがある．おもな飲用乳と乳製品の主要な成分を表3.5に示す．

② 牛乳の加熱殺菌　生乳は微生物が繁殖しやすいため，加熱殺菌操作が必須である．殺菌方法には，低温長時間殺菌（LTLT法，63～65℃，30分間），高温短時間殺菌（HTST法，72～75℃，15秒間），超高温短時間殺菌（UHT法，120～150℃，1～3秒間），超高温短時間滅菌（135～150℃，3～5秒間）がある．日本では超高温短時間殺菌（UHT）法による加熱殺菌が主流である．LL（long life）牛乳は，超高温短時間滅菌で処理され，常温（25～30℃）で長期間（3ヵ月程度）の保存が可能である．

③ 牛乳の凝固　牛乳中のカゼインミセルは，レンネットなどの凝乳酵素処理，塩析，脱塩あるいはアルコール添加などによって凝固する性質がある．これらはコロイドとして分散するカゼインミセルが安定性を失って互いに凝集し，沈殿・凝固する性質によるものである．

a．酸凝固　牛乳に酸を加えるか乳酸発酵させると酸性化し，pH4.6に近づくことでカゼインの電荷が中和され，<u>等電点沈殿</u>を起こす．ヨーグルトは，乳酸菌の作用により牛乳中の乳糖から乳酸を産生し，その酸でカゼインが凝固・ゲル化した乳製品である．

b．アルコール凝固　アルコール添加によってカゼインミセルの周囲の水分子が脱水され，水和部分が壊れることで凝固する．牛乳の新鮮度試験であるアルコールテストは，この原理に基づく．

c．凝乳酵素による凝固　凝乳酵素による牛乳の凝固は，チーズ製造のもっとも重要な工程のひとつである．牛乳に<u>レンネット</u>（牛乳を凝固させる酵素製剤）を加えると，レンネット中のたんぱく質分解酵素である<u>キモシン</u>により，カゼインミセルの表面にあるκ-カゼインのN末端から105番目のフェニルアラニンと106番目のメチオニンの間のペプチド結合が切断される．分解されたN末端から1～105番目までのペプチドは<u>パラ-κ-カゼイン</u>（疎水性のペプチド），106～169番目までを<u>グリコマクロペプチド</u>（親水性ペプチド）という．親水性のグリコマクロペプチドがカゼインミセルから離れることで不安定になり，水分や脂肪などを取り込みながら凝固し，チーズのカード（凝乳）が生成される．

（2）おもな飲用乳と乳製品

① 飲用乳　牛乳（普通牛乳）は，牛から絞った生乳だけを原料としたもので，無脂乳固形分8.0%以上，乳脂肪分3.0%以上の成分のものをいう．水はもちろん，ほかの原料を混入させてはならない．牛乳は生乳を均質化（ホモジナイズ）し，加熱殺菌して製造される（図3.5）．<u>成分調整牛乳</u>は生乳100%を原料とし，水分や乳脂肪分の除去により成分を調整したもので，無脂乳固形分8.0%以上のものをいう．<u>低脂肪牛乳</u>，<u>無脂肪牛乳</u>は牛乳から乳脂肪を一定量除去したもので，無脂乳固形分が

生乳	→ 清浄化	→ 加温	→ 均質化	→ 加熱殺菌
搾乳後，集乳したもの	ゴミなどを除く	60～85℃	ホモジナイズ	UHT法など

→ 冷却 → 充填 → 検査 → 牛乳

図3.5　牛乳の製造工程

8.0％以上で，乳脂肪が 0.5～1.5％以下のものが低脂肪牛乳，0.5％未満としたものが無脂肪牛乳である．**加工乳**は，決められた乳（生乳，牛乳，低脂肪牛乳など）と乳製品（脱脂粉乳，クリーム，バターなど）を水に混合溶解し，無脂乳固形分を 8.0％以上としたものをいう．**乳飲料**は，牛乳や乳製品を原料として製造され，乳・乳製品以外のもの（甘味料，酸味料，香料，着色料，果汁，コーヒー抽出物，ビタミン，無機質など）も添加することが認められている．

② 粉乳 **粉乳**とは，牛乳などの液体の乳から水分をほぼすべて除いて粉末状にしたものである．原料乳を殺菌したあと濃縮し，噴霧乾燥してつくられる．牛乳をそのまま粉末にした**全粉乳**，牛乳の乳脂肪分を除去した脱脂乳を粉末にした**脱脂粉乳**（**スキムミルク**），乳児用，妊産婦・授乳婦用，病者用など目的に応じて調整した**調製粉乳**などがある．保存性と輸送性に優れる．

③ 練乳 **練乳**は，牛乳を減圧下で濃縮したものである．しょ糖を加えず濃縮した**無糖練乳**（**エバミルク**）と，しょ糖を加え濃縮した**加糖練乳**（**コンデンスミルク**）がある．同様に脱脂粉乳を原料とした場合，無糖脱脂練乳，加糖脱脂練乳に分類される．

④ クリーム **クリーム**は牛乳から乳脂肪分以外の成分を除去したもので，乳脂肪 18％以上と定められている．乳脂肪分 20％前後のコーヒー用，乳脂肪分 40％前後のホイップ用がある．クリームはほかの成分の添加は認められておらず，添加物や植物性脂肪を添加したものは「乳または乳製品を主原料とする食品」に分類される．

⑤ アイスクリーム類 アイスクリーム類は，乳製品（牛乳，クリーム，練乳など）に卵黄，糖類，香料，乳化剤，安定剤などを加えて殺菌し，攪拌しながら凍結したもの

である．乳等省令によって成分の規格が定められ，**アイスクリーム**（乳固形分 15.0％以上，乳脂肪分 8.0％以上），**アイスミルク**（乳固形分 10.0％以上，乳脂肪分 3.0％以上），**ラクトアイス**（乳固形分 3.0％以上）がある．乳固形分 3 ％未満はアイスクリーム類ではなく，一般食品として**氷菓**に分類される．

⑥ バター バターは原料乳から得られた脂肪粒を塊状にしたもので，乳脂肪分 80.0％以上，水分 17.0％以下と定義される．クリームを激しく攪拌する（**チャーニング**という）と乳脂肪が凝集し**バター粒子**となる．これを練り上げ（**ワーキング**という），成形したものがバターである（図 3.6）．クリームは，牛乳と同じく水中油滴型（O/W 型）エマルションであるが，バターは転相によって**油中水滴型**（**W/O 型**）エマルションになっている．食塩添加の有無で**有塩バター**と**食塩不使用バター**がある．有塩バターには 1 ～ 2 ％の食塩が添加され，風味と保存性がよく，食塩不使用バターは業務用あるいは製菓用としておもに使用される．また，原料クリームの乳酸発酵の有無により，発酵バターと非発酵バター（フレッシュバター）にも分類される．

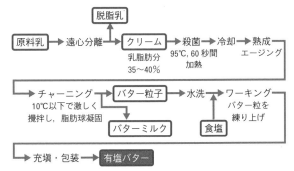

図 3.6 有塩バターの製造工程

⑦ 発酵乳，乳酸菌飲料　**発酵乳**は，牛乳や脱脂乳などの原料乳を乳酸菌または酵母で**発酵**させ，固体または液体状としたものと定義される．発酵乳の代表に**ヨーグルト**がある．ヨーグルトに使用する乳酸菌**スターター**（元菌）として，ブルガリア菌（*Lactobacillus bulgaricus*）とサーモフィル菌（*Streptococcus thermophilus*）の混合菌がよく用いられる．この2菌種は共生関係にある．ヨーグルトの成分の規格として，無脂乳固形分 8.0% 以上，乳酸菌または酵母の数が 1 mL あたり 10^7 個以上含まれる必要がある．

日本のヨーグルトは，プレーン，ハード，ソフト，ドリンク，フローズンの5種類が流通している．プレーン，ハードヨーグルトは後発酵タイプとよばれ，ヨーグルトミックスを小売容器に充塡後，発酵して製造される．一方，ソフト，ドリンク，フローズンヨーグルトは前発酵タイプとよばれ，あらかじめ発酵させ生じたカード（凝固乳）を均質化し，砂糖，香料などを混合してから，容器に充塡して製造される（図3.7）．さまざまな生理作用をもつ乳酸菌やビフィズス菌などの**プロバイオティクス**を加えたヨーグルトが，製造，販売されている．

乳酸菌飲料は，原料乳を乳酸菌または酵母で発酵したものを加工し，飲料に調整したものである．乳製品乳酸菌飲料と乳等を主原料とする食品に属する乳酸菌飲料がある．

⑧ チーズ　**チーズ**には大きく分けてナチュラルチーズとプロセスチーズがある．**ナチュラルチーズ**は，乳を乳酸菌で発酵または酵母を加えてできたカードからホエイを除去し，固形状にしたもの，または熟成させ製造される（図3.8）．ナチュラルチーズは菌や酵母が生きているため，熟成中に各種酵素が作用し，たんぱく質や脂質が徐々に分解され，独自の風味を形成する．原料乳の違い，熟成方法，微生物の種類などによりさまざまなタイプに分類される．フレッシュタイプのモッツァレラチーズ，セミハードタイプのゴーダチーズやチェダーチーズ，白カビタイプのカマンベールチーズなどがある．**プロセスチーズ**は，ナチュラルチーズに食品添加物の溶融塩（乳化剤）と必要に応じて副原料を加えて粉砕し，加熱溶融，乳化したものである．組織が均一で保存中の味の変化が少ないことから，ナチュラルチーズよりも長く保存することができる．

図 3.7　ヨーグルトの製造工程

図 3.8　ナチュラルチーズの製造工程

3.4 卵類 EGGS

卵は, ヒナが孵化するための栄養素がすべて詰まった生命のカプセルである. 卵は完全栄養食といわれるように栄養価が高いだけでなく, 私たちにとって手に入れやすい馴染み深い存在である. また, その豊富な加工特性から, 製菓・製パンを始めとして私たちの食生活になくてはならない食品である.

3.4.1 卵類全般

（1） 卵類の種類と特徴

食用とされる卵には, 鶏, うずら（鶉）, あひる（家鴨）などの卵があるが, 日常的に食べられている卵は, <u>鶏卵</u>である.

① **鶏卵** 主要な産卵鶏の白色レグホン種では, 1羽あたり年間約280個産卵する. 卵のサイズは農林水産省で定められた鶏卵規格取引要綱により分類される. 最小が40g以上46g未満のSSサイズから, 6gきざみでS, MS, M, L, そしてLLの最大76g未満までの6段階あり, 40g未満および76g以上の卵は規格外となる.

② **うずら卵** 日本で家禽化したうずらの卵は, 1個あたり8〜10gである. 100gあたりの全卵の鉄（3.1 mg）, レチノール活性当量（350 μg）, ビタミンB_1（0.14 mg）, ビタミンB_2（0.72 mg）含量は, 鶏卵よりも多い.

③ **あひる卵** あひる卵は1個あたり約70gで, 鶏卵よりもやや大きい. 中国の食品であるピータンは, あひる卵を殻付きのままアルカリで処理した卵の加工食品である. 鶏卵と比較して, 卵白は起泡性が悪く, 熱凝固温度が低い.

（2） 鶏卵の構造

鶏卵は大きく, **卵殻部**, **卵白部**, **卵黄部**に分けられ, それぞれの割合は, 約10%, 60%, 30%である.

① **卵殻部** 卵殻の表面は<u>クチクラ</u>とよばれる薄い膜でおおわれ, 微生物の侵入を防ぐ. しかし, クチクラははがれやすく, 洗浄すると容易に消失する. 卵殻の主成分は<u>炭酸カルシウム</u>である. 卵殻には, <u>気孔</u>とよばれる小孔が無数にある. 卵殻の内側には<u>卵殻膜</u>が密着し, 繊維状たんぱく質が網目状の構造を形成する. 卵殻膜には<u>**外卵殻膜**</u>と<u>**内卵殻膜**</u>があり, 両膜は卵の鈍端（丸い方）で分離し, その間に空気を含む<u>気室</u>が形成される.

② **卵白部** 卵白, カラザ, カラザ層から成る. 卵白には, 粘度の低い<u>水様卵白</u>と粘度の高い<u>濃厚卵白</u>があり, さらに水様卵白は, 卵殻部に接する<u>外水様性卵白</u>と卵黄部に接する<u>内水様性卵白</u>に分けられる. <u>カラザ</u>は糸状の物質で, 2本の太い繊維がねじれた構造をもち, 卵黄の両端に付着し, 卵黄を卵の中心に保持する役割を担う.

③ **卵黄部** 卵黄は, 濃色卵黄と淡色卵黄が交互に同心円状の層を形成し, <u>卵黄膜</u>に囲まれている. 淡色卵黄は濃色卵黄よりも密度が低い. 卵黄の中心には淡色卵黄のラテブラがあり, 卵黄の上にある胚盤に細長い柱状のラテブラの首でつながっている:

（3） 鶏卵の成分

卵白と卵黄の成分は大きく異なる（表3.6）. 卵白の88.3%は水分で, 残りの大部分がたんぱく質で, 脂質はほぼ存在しない. 卵黄には水分が49.6%, たんぱく質が16.5%, 脂質が34.3%含まれる. 卵黄は構造的に不均一で, 卵黄を遠心分離すると, 上清部の黄色の<u>プラズマ</u>, 沈殿部の<u>顆粒</u>に分けることができる. その割合はほぼ

第3章 動物性食品

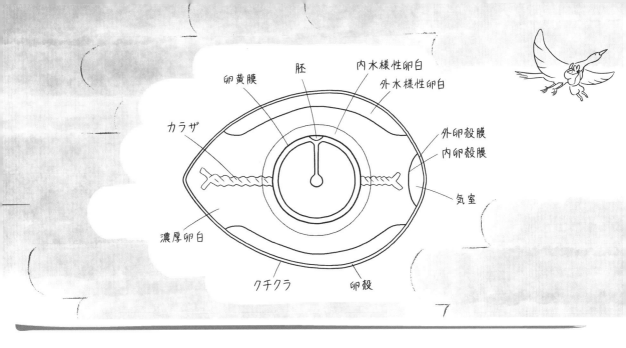

図ラベル: 卵黄膜　胚　内水様性卵白　外水様性卵白　カラザ　外卵殻膜　内卵殻膜　気室　濃厚卵白　クチクラ　卵殻

表3.6　鶏卵の成分（100 g あたり）

食品名	エネルギー	水分	たんぱく質	脂質	炭水化物	灰分	無機質							ビタミン							食物繊維総量
							ナトリウム	カリウム	カルシウム	マグネシウム	リン	鉄	亜鉛	ビタミンA（レチノール活性当量）	ビタミンD	ビタミンE（α-トコフェロール）	ビタミンB$_1$	ビタミンB$_2$	ナイアシン	ビタミンC	
単位	kcal	g					mg							μg		mg					g
全卵	142	75.0	12.2	10.2	0.4	1.0	140	130	46	10	170	1.5	1.1	210	3.8	1.3	0.06	0.37	0.1	0	0
卵白	44	88.3	10.1	Tr	0.5	0.7	180	140	5	10	11	Tr	0	0	0	0	0	0.35	0.1	0	0
卵黄	336	49.6	16.5	34.3	0.2	1.7	53	100	140	11	540	4.8	3.6	690	12.0	4.5	0.21	0.45	0	0	0

Tr：Trace, 微量.

4：1である．卵黄のプラズマと顆粒の組成は異なり，プラズマは脂質含量が高く（水分49％，たんぱく質9％，脂質41％），顆粒はたんぱく質含量が高い（水分44％，たんぱく質34％，脂質19％）．

① たんぱく質　卵白には多くの種類のたんぱく質が含まれる．**オボアルブミン**は，卵白たんぱく質の中でもっとも多く54％を占める．オボアルブミンは加熱によって変性しやすく，卵白の凝固性や泡立ち性に関係する．**オボトランスフェリン**は鉄結合性のたんぱく質で，鉄を必要とする微生物（赤痢菌など）の生育阻害に役立つ．**オボムコイド**はトリプシンインヒビターで，ウシやブタなどのトリプシン活性を阻害するが，ヒトのトリプシン活性は阻害しない．**オボムチン**は，濃厚卵白の構造形成にかかわる巨大な糖たんぱく質で，卵白の泡安定性にも関与する．**リゾチーム**は，グラム陽性細菌の細胞壁多糖を分解する酵素で，侵入した細菌を溶菌する作用がある．鶏卵はアレルギーの原因食品のひとつで，おもなアレルゲンは，卵白たんぱく質のオボアルブミン，オボムコイド，リゾチームなどである．

卵黄たんぱく質には，脂質と結合したリポたんぱく質と水溶性たんぱく質が存在する．前者は，**低密度リポたんぱく質（LDL）**や**高密度リポたんぱく質（HDL）**で，後者は**リベチン**や**ホスビチン**などである．LDLは，卵黄たんぱく質の65％を占める．脂質含量が高いことから比重が小さく，遠心分離によりプラズマ画分に集められる．卵黄の乳化性にかかわる．一方，HDLは卵黄たんぱく質の16％を占め，脂質含量が低いことから比重が比較的高く，顆粒画分に集められる．リベチンは産卵鶏の血清たんぱく質が卵黄に移行したもので，α-，β-，γ-の3種類がある．ホスビチンはリンたんぱく質で，さまざまな金属と結合でき，とくに鉄と強く結合することによって，脂質の酸化防止などに寄与すると考えられる．

② 脂質　鶏卵中の脂質はほとんどが卵黄に含まれ，たんぱく質複合体の形で存在する．脂質の組成は，トリアシルグリセロール（中性脂肪）が約65％，リン脂質が約30％，コレステロールが約4％で，とくに**リン脂質**と**コレステロール**の含量が多い．卵黄リン脂質の約80％を**フォスファチジルコリン（レシチン）**が占める．脂肪酸

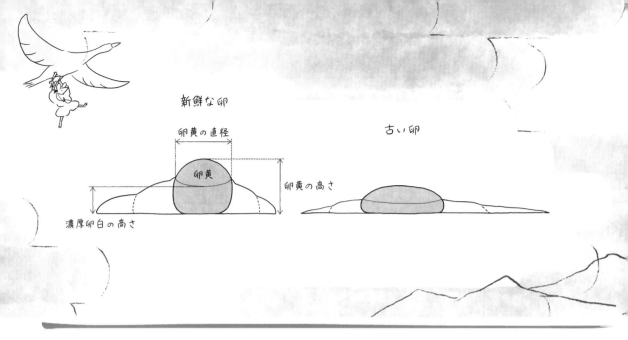

新鮮な卵　古い卵

卵黄の直径
卵黄
卵黄の高さ
濃厚卵白の高さ

では，オレイン酸（43%），パルミチン酸（25%），リノール酸（13%）などが多く含まれ，その組成は飼料によって変動する．

③ **無機質**　卵白にはナトリウムとカリウムが多く，卵黄にはカルシウム，リン，鉄，亜鉛が多い．

④ **ビタミン**　ビタミンCを除き，ほとんどのビタミンが含まれる．とくに鶏卵は，ビタミンA，ビタミンD，ビタミンB_2の供給源として重要である．ビタミンB_2は卵白と卵黄に同程度含まれるが，ビタミンAとビタミンDは，卵黄に局在する．

⑤ **その他の成分**　卵黄の黄色は，カロテノイド系色素（とうもろこしやパプリカに含まれるキサントフィル類）による．卵黄の色は，ニワトリの飼料に含まれる色素に依存する．

（4）鶏卵の鮮度

　鶏卵は産卵直後から鮮度が低下し始め，卵殻，卵殻膜，卵白，卵黄に変化が現れる．産卵直後の鶏卵はクチクラにおおわれ，水分の蒸発や微生物の侵入を抑えることができるが，クチクラの剥離や貯蔵期間が長くなると，卵殻の気孔から水分が蒸発し，卵白の体積の減少や二酸化炭素の放散による卵白のpH上昇などが起こる．その結果，気室体積が増加し卵白・卵黄の構成組織がもろくなる．鶏卵の鮮度は，外観検査，割卵検査，比重検査などにより評価される．

① **外観検査**　透過検卵法は，鶏卵に透過光をあて，気室の大きさ，卵黄の位置などを観察することによって鮮度を判定する方法である．また，新鮮な鶏卵の表面は，クチクラによりザラザラしている．

② **割卵検査**

a．ハウユニット　新鮮な鶏卵は，割卵すると濃厚卵白によって卵黄周辺が盛り上がる．鮮度が低下すると，卵全体が平坦化し高さが低下する．この現象を利用して鶏卵の鮮度が測定される．**ハウユニット**（HU）は，濃厚卵白の高さH（mm）と卵重W（g）から，次式により導きだされる数値で，鶏卵の鮮度を判定する代表的な指標である．

$$HU = 100\log(H - 1.7W^{0.37} + 7.6)$$

新鮮卵のHUは80〜90で，鮮度が低下すると濃厚卵白が水様化し，その高さが低くなるためHUが低下する．

b．卵黄係数　**卵黄係数**は，卵黄の直径d（mm）と高さh（mm）から卵黄係数$\dfrac{h}{d}$を求め，鮮度を判定する方法である．新鮮卵の卵黄係数は0.36〜0.44で，鮮度低下に伴い低下する．

c．卵白のpH　産卵直後の卵白pHは7.5程度で，室温で2〜3日間保存すると二酸化炭素の散逸により9.0以上になり，最終的には9.5〜9.7程度に達する．

③ **比重検査**　貯蔵中に鶏卵の水分が減少し，気室が拡大して卵の比重が低下することを利用し，塩水に沈めて調べる方法である．新鮮卵の比重は1.08〜1.09程度で，1.06〜1.07は古いとされる．

3.4.2　卵類の加工食品

（1）卵類の加工食品の製造原理

　卵は，ほかの食品と比較しても多彩な加工特性をもつ．それに加えて卵白と卵黄，全卵でそれぞれ異なる特性がある．卵の加工特性として，とくに重要なのは**凝固性**，**起泡性**，**乳化性**である．

① **卵の凝固性**　卵の凝固性とは，加熱，酸の添加などに

よってゲル化や凝集することである．**ゲル化**とは，たんぱく質分子が球状の分子構造を保ちつつ，部分的に会合して三次元の網目状構造を形成し，この中に水が固定された状態のことで，**凝集**とは，たんぱく質が水を排出しながら強固に結合することである．ゆで卵や卵焼きはこの凝固性を利用した食品である．

② 卵の起泡性　起泡性とは，泡立ちやすい性質のことである．卵白，卵黄，全卵いずれも起泡するが，卵白の起泡性がとくに高い．泡立てた卵白をメレンゲといい，さまざまな料理に利用される．起泡性は，泡立ちやすさ（一定の起泡条件で生じた泡の体積）と泡の安定性（一定重量の泡を一定時間放置したときに生じる流出液の量）の二つの指標がある．

③ 卵の乳化性　乳化性は，油液界面におけるたんぱく質の変性に基づく現象で，エマルションをつくる性質を利用して加工することである．乳化状態には，水中に油が分散する水中油滴型（O/W 型）エマルションと，油中に水が分散する油中水滴型（W/O 型）エマルションの二種類がある．卵を使用したマヨネーズなどの乳化物は，**水中油滴型（O/W 型）**エマルションである．

（2）おもな卵類の加工食品

卵の加工食品には，一次加工卵と二次加工卵がある．**一次加工卵**は，卵殻を除き二次加工食品の原料となるもので，**液卵**，**凍結卵**，**乾燥卵**がある（図3.9）．**二次加工卵**には，ゆで卵，ピータンなどの殻付き卵の加工食品と，一次加工卵の卵白や卵黄をさらに加工してつくられるマヨネーズなどのドレッシング類，ケーキやカステラなどの菓子，パンなどがある．

① 液卵　割卵によって卵殻を除いた全卵，卵白と卵黄

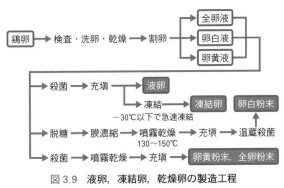

図3.9　液卵，凍結卵，乾燥卵の製造工程

に分けたものがあり，それぞれ全卵液，卵白液，卵黄液という．液卵の殺菌は，熱凝固を避けるために，卵白液は 55～77 ℃で 3.5 分以上，卵黄液は 60～65 ℃で 3.5 分以上の条件で連続殺菌が行われる．殺菌後，0 ～10 ℃に冷却し，容器に充填され出荷される．

② 凍結卵　液卵に保存性をもたせるため，−30 ℃以下で急速凍結させたものである．冷凍全卵，冷凍卵白，冷凍卵黄がある．卵黄を凍結すると変性し，ゲル化し溶解性や乳化性が低下する．それを防ぐために卵黄と全卵には，10～20％のしょ糖や 5 ～10％の食塩などが添加される．

③ 乾燥卵　各卵液を 130～150 ℃の熱風中に吹きだし，乾燥させる噴霧乾燥法で製造される．水分が少ないため，長期保存が可能で，室温でも保管できるメリットがある．卵白粉末の製造では，微量のぶどう糖がたんぱく質とアミノカルボニル反応を起こし，褐変や溶解性の低下を生じることがある．これを防ぐため，酵母や乳酸菌，あるいはグルコースオキシダーゼなどの酵素を使って糖を除く**脱糖**処理が行われる．

●コラム ③●

細胞農業による食料生産
～培養によって食品をつくる技術～

英国の元首相ウィンストン・チャーチルは，1931年のエッセーで「50年後には，鶏の胸肉や手羽肉を食べるのに，ニワトリ1羽を飼育するという不合理から解放され，これらの部位を最適な培養液の中で別々に育てるようになるだろう」と述べた．その予測から82年経った2013年，オランダのマーストリヒト大学の生理学者マーク・ポストは，ウシの幹細胞を培養し，3カ月かけてつくった2万本もの筋肉細胞に，パン粉と粉末卵を加え140gの1枚の牛肉パティをつくった．このハンバーガーの製作にかかった費用は，当時約3,000万円であった．さらに7年後の2020年，米国のサンフランシスコを拠点とするスタートアップ企業のイートジャスト社が，シンガポールのレストランにおいて，鶏の培養細胞からできたチキンナゲットの一般販売を開始した．

このような「培養肉」は，動物から特定の細胞を抽出し，その細胞を必要な栄養素を含んだ培養液中で培養して作製される．使用する細胞の種類によって，牛肉，豚肉，鶏肉といった家畜・家禽類，さらに赤身肉，霜降り肉といった肉の部位の生産が可能である．

本来は動物体から得られる食品を，特定の細胞を培養することにより生産する方法は，「細胞農業」とよばれる．細胞農業が登場してきた背景には，将来的な人口増加により，食肉を始めとした食料が不足することへの懸念などがあげられる．細胞農業によって効率的に生産される培養肉は，食肉を持続して得るための代替案として考えられている．

また，牛などの家畜の大規模飼育は，メタンガスなどの温室効果ガスの排出にかかわるため，代替としての培養肉の製造は，温室効果ガス排出量の削減につながり，必要な土地，水，エネルギーなどの環境負荷も大幅に減ると試算されている．さらに，培養肉は動物本体を処理しないため，イスラム教，ユダヤ教，ヒンドゥー教などの宗教的な食事規定や，動物愛護（アニマルウェルフェア）などのマーケットにも対応することが期待されている．

細胞農業は，上に述べたような数々の観点から新たな食料生産方法として開発が進められる一方，解決が必要な課題はある．たとえば，人工的につくられた肉に心理的な抵抗感を抱き，拒絶反応を示す人は少なくない．2013年に培養肉が実際に登場した際には，培養肉ハンバーガーは「フランケンバーガー」ともよばれた．また，食文化のない食品を消費者は受容するのかということや，さらに従来の畜産農家と競合することなどがある．

細胞農業のターゲットは，肉類だけでなく，魚やえびといった魚介類，乳や卵の成分を産生する細胞を培養した培養乳や培養卵，さらに植物のチョコレートやコーヒーにも及ぶ．細胞農業の登場は，これから食の生産を一変させる可能性があるといえるだろう．

第4章

その他の食品

Other Foods

4.1 油脂類 FATS AND OILS

常温で液体の油（oil）と常温で固体の脂（fat）を合わせて油脂という．食用油脂は，動植物に広く含まれ，抽出・精製されて用いられる．性質が合わず，しっくり調和しないことを古くから「水と油」というが，油脂は，この水と溶け合わない性質によって，食品に濃厚な味を与えるなどの性質をもつ．

4.1.1 油脂類全般

（1） 油脂の種類と特徴

油脂は，グリセロールと脂肪酸がエステル結合したト リアシルグリセロール（中性脂肪）から成る．油脂を構成する脂肪酸の種類と割合は異なり，その違いが油脂の性質や状態に大きく関連する．油には二重結合をもつ不飽和脂肪酸（オレイン酸，リノール酸，リノレン酸など）が多く，脂には二重結合をもたない飽和脂肪酸（パルミチン酸，ステアリン酸など）が多い．

植物性油脂の中で植物油には大豆油，なたね油，とうもろこし油，ごま油，オリーブ油などがあり，植物脂にはヤシ油，パーム油などがある．動物性油脂の中で動物油には魚油などがあり，動物脂には牛脂，ラード，バターなどがある．マーガリンやショートニングなどは加工油脂に含まれる．おもな油脂の脂肪酸組成を表4.1に示す．

表 4.1　おもな油脂の脂肪酸組成（g/100 g 脂肪酸総量）

食品名	飽和脂肪酸	一価不飽和脂肪酸	多価不飽和脂肪酸	n-3系多価不飽和脂肪酸	n-6系多価不飽和脂肪酸	飽和脂肪酸				不飽和脂肪酸				
						12:0 ラウリン酸	14:0 ミリスチン酸	16:0 パルミチン酸	18:0 ステアリン酸	18:1 n-9 オレイン酸	18:2 n-6 リノール酸	18:3 n-3 α-リノレン酸	20:5 n-3 イコサペンタエン酸	22:6 n-3 ドコサヘキサエン酸
大豆油	16.0	23.8	60.1	6.6	53.5	0	0.1	10.6	4.3	23.5	53.5	6.6	0	0
なたね油	7.6	64.4	28.0	8.1	19.9	0.1	0.1	4.3	2.0	62.7	19.9	8.1	0	0
綿実油	22.8	18.9	58.3	0.4	57.9	0	0.6	19.2	2.4	18.2	57.9	0.4	0	0
とうもろこし油	14.1	30.2	55.7	0.8	54.9	0	0	11.3	2.0	29.8	54.9	0.8	0	0
サフラワー油　ハイオレイック	7.8	77.7	14.5	0.2	14.2	0	0.1	4.7	2.0	77.1	14.2	0.2	0	0
サフラワー油　ハイリノール	10.0	14.0	76.0	0.2	75.7	0	0.1	6.8	2.4	13.5	75.7	0.2	0	0
米ぬか油	20.5	43.3	36.2	1.3	35.0	0	0.3	16.9	1.9	42.6	35.0	1.3	0	0
ごま油	16.0	40.1	43.9	0.3	43.6	0	0	9.4	5.8	39.8	43.6	0.3	0	0
オリーブ油	14.1	78.3	7.7	0.6	7.0	0	0	10.4	3.1	77.3	7.0	0.6	0	0
パーム油	50.7	39.5	9.9	0.2	9.7	0.5	1.1	44.0	4.4	39.2	9.7	0.2	0	0
パーム核油	82.0	15.4	2.6	0	2.6	48.0	15.4	8.2	2.4	15.3	2.6	0	0	0
ヤシ油	91.2	7.2	1.7	0	1.7	46.8	17.3	9.3	2.9	7.1	1.7	0	0	0
牛脂	45.8	50.2	4.0	0.2	3.8	0.1	2.5	26.1	15.7	45.5	3.7	0.2	0	0
ラード	42.4	47.0	10.6	0.5	10.1	0.2	1.7	25.1	14.4	43.2	9.6	0.5	0	0
たらのあぶら	18.9	51.7	29.4	26.1	2.6	Tr	3.8	11.8	2.3	19.6	0.8	0.5	15.1	7.1
有塩バター	71.5	25.5	3.0	0.4	2.6	3.6	11.7	31.8	10.8	22.2	2.4	0.4	0	0
マーガリン	30.6	52.2	17.2	1.6	15.7	4.8	2.3	15.1	6.4	51.6	15.7	1.6	0	0
ショートニング	49.5	38.1	12.4	1.1	11.3	3.7	2.1	32.8	8.8	37.6	11.3	1.1	0	0

Tr：Trace，微量．

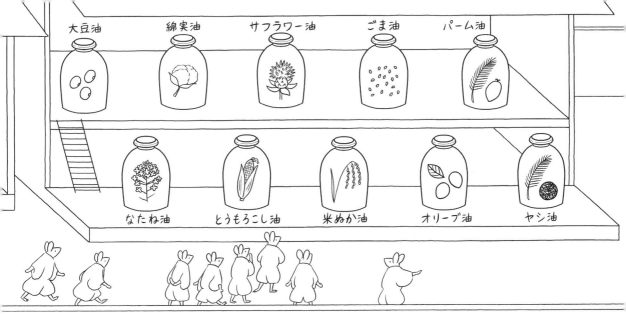

大豆油　綿実油　サフラワー油　ごま油　パーム油

なたね油　とうもろこし油　米ぬか油　オリーブ油　ヤシ油

（2）　油脂の製造

　油脂の製造は，おもに2段階で行われる．まず原料から油脂を採取（採油）し，原油をつくる．次いで原油から食用油を精製する．代表的な植物油の製造工程を図4.1に示す.

① 採油　採油は，原料の含油率や形状など，種類により異なる．採油法には，圧搾法，抽出法，この併用による圧抽法，さらに溶出法がある．

a．圧搾法　含油率の高いパーム油やヤシ油，あるいはごま油やオリーブ油などのような風味を生かした植物原料で行われる．原料に圧力をかけて物理的に搾油する．

b．抽出法　大豆のように，比較的含油率が低い植物原料で行われる．容器に食品添加物の揮発性溶剤を加えて，油分を溶剤に移行させる．これを連続的に行い，油脂が含有する溶剤を蒸留によって油分に分け，油を得る．原料残油は1％未満である．日本農林規格（JAS規格）では，油分の抽出に使用可能な溶剤として，食品添加物のヘキサン（n-ヘキサン）が認められている．

c．圧抽法　なたね油などのように圧搾処理では十分に採油できない原料では，圧搾の残りから採油するために抽出法を併用する．圧搾法と抽出法を合わせた方法である．

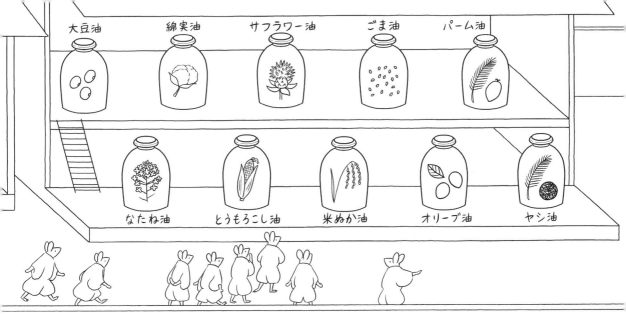

図4.1　植物油の製造工程

d．溶出法　おもに動物性油脂の採油で行われ，加熱して動物脂肪組織から油脂を溶出させる方法で，<u>レンダリング</u>ともよばれる．原料に水や食塩水を加えて加熱する煮取法，密閉した容器内に蒸気を吹き込んで抽出する蒸取法，原料を直火で加熱する煎取法がある．

② 精製　採油したままの原油には，遊離脂肪酸や色素，たんぱく質，ガム質，臭気物質などが含まれている．油脂の品質を向上させ貯蔵安定の目的のために，種々の精製処理が行われる．

a．脱ガム　原油に水蒸気の吹き込みまたは温水を加えると，リン脂質，たんぱく質，樹脂成分などのガム質が油から不溶化する．遠心分離機にかけて油と分離し，取り除く工程を<u>脱ガム</u>という．大豆油の場合，ガム質に機能性成分であるリン脂質のレシチンを含むため，レシチンがこの工程で回収される．

b．脱酸　原油中に含まれる遊離脂肪酸を除去するために行う．一般に苛性ソーダ（水酸化ナトリウム）を加えて中和することで石けんにし，遠心分離を行って取り除く．この工程で微量金属や色素の一部も除去される．

c．脱色　原油に天然の白土を加工した活性白土を加え，クロロフィルやカロテノイド系の色素を吸着させ脱色する．色素類を吸着させた白土は，濾過によって除去する．

d．脱ろう　ろうの含有量が多いサフラワー油やとうもろこし油などの場合，ろうが固まるまで油を冷却し，そのろうを濾過によって除去する．この操作を<u>脱ろう（ウィンタリング）</u>という．<u>サラダ油</u>は日本で開発された植物油で，低温でも結晶化しないように精製されている．日本農林規格によって，0℃で5.5時間清澄であることが定められている．清澄を妨げる成分はろうであるため，サラダ油の製造に脱ろう工程は不可欠である．

原料 → 精選 → 前処理 → 採油 → 原油
　　　夾雑物の除去　　圧搾法，抽出法，
　　　　　　　　　　　圧抽法，溶出法

精製
→ 脱ガム → 脱酸 → 脱色 → 脱ろう → 脱臭
　　　　　　　　　　　　（ウィンタリング）

→ 濾過 → 精製油 → 充填 → 植物油

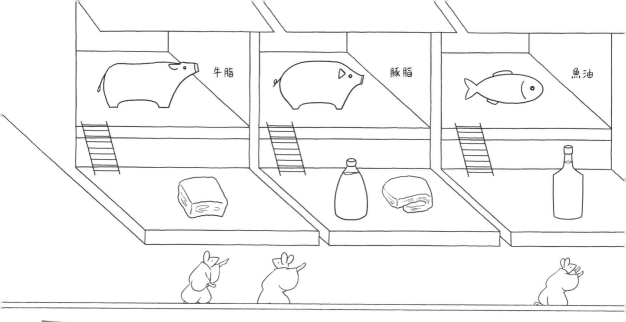

牛脂　豚脂　魚油

e．脱臭　油に高温・真空の状態で水蒸気を吹き込み，有臭成分を除去する．

4.1.2　植物性油脂

① 大豆油　大豆油は，食用植物油の中で世界でもっとも多く生産されている．脂肪酸組成に占めるリノール酸が 54% と高く，脂肪酸の不飽和度が高い．安価で色やにおいもないため，天ぷら油やサラダ油に適している．

② なたね油　なたね油は菜の花の種子である菜種から採油され，大豆に比べて淡白な風味で，熱安定性がよい．そのため，加熱調理から生食まで幅広く利用される．なたね油の脂肪酸組成は，オレイン酸が 63% ともっとも多い．キャノーラとは，カナダで改良された菜種の品種の総称である．菜種には心疾患を引き起こすなど健康上問題があるとされたエルシン酸（エルカ酸）が含まれていたため，食用油中のエルシン酸除去が最重要課題であったが，エルシン酸を含まない品種が開発された．

③ 綿実油　綿実油は，綿を取ったあとの綿の種子を原料とする．加熱により酸化しにくく，揚げ物に多用される．リノール酸が 58% 含まれる．綿実油中の成分ゴシポールには細胞毒性があるが，精製により除去される．

④ とうもろこし油　とうもろこし油はとうもろこしの胚芽から圧抽法によって採油される油で，甘味のある香りが特徴である．また，熱安定性が高いため揚げ物に適し，香ばしくカラッとした仕上がりで風味が長もちする．天然の抗酸化物質（α-トコフェロールやフェルラ酸など）を多く含むため，酸化安定性が高い．

⑤ サフラワー油　サフラワー油は紅花油ともいわれ，ベニバナの種から圧抽法により油が得られる．オレイン酸が多い種類（ハイオレイック）と，リノール酸が多い種類（ハイリノール）がある．リノール酸の摂りすぎによる健康上の弊害が指摘されて以降，ハイリノールタイプからハイオレイックタイプへの転換が進んだ．

⑥ 米ぬか油　米ぬか油は玄米を精米したときに出るぬかから採油されるもので，国産原料から得られる油である．原料には多量のワックス分を含むため，ほかの植物油よりも強力な脱ろう工程が必要である．脂肪酸組成に占めるオレイン酸の比率が 43% と高く，α-トコフェロールに加え，γ-オリザノール，フェルラ酸，トコトリエノールなどの抗酸化作用をもつ成分を多く含み，加熱により酸化が起きにくい．

⑦ ごま油　ごま油はごまの種子から採油した油で，深く煎るほど香りが強く，色も黒っぽくなる．抗酸化物質のリグナン類を多く含む．まったく煎らないものは太白とよばれ，ごま油特有の香りはしない．

⑧ オリーブ油　オリーブ油は，地中海沿岸などで栽培される樹木のオリーブ果実から取る油である．黄緑色を呈し，独特の香りが特徴で，オレイン酸を 77% 含有する．果汁から遠心分離などによって直接得られた油をバージンオイルとよび，その中でも香りが良好で油の品質が高いものをエクストラバージンオイルとよぶ．品質の劣るバージンオイルを精製して酸度 0.3% 以下にしたものを精製オリーブオイルといい，これと中程度の品質のバージンオイルをブレンドし，酸度 1.0% 以下にしたものをオリーブオイル（ピュアオリーブオイル）とよぶ．

⑨ パーム油，パーム核油　パーム油は，ヤシ科の常緑高木であるパームヤシの果肉（コプラとよばれる）から圧搾法で取った油脂である．また，種子から取った油をパーム核油という．パーム油はパルミチン酸（44%）が多く，パーム核油はラウリン酸（48%）が多い．パーム

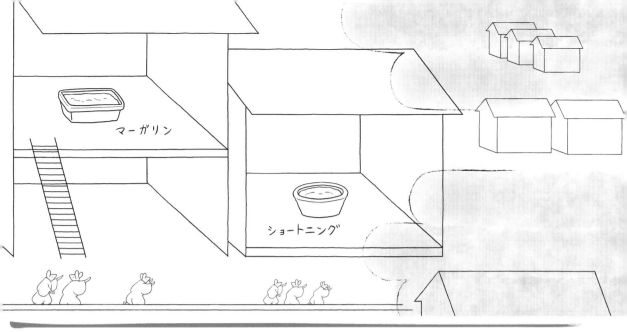

油は，フライなどの加工用油脂やマーガリン，ショートニングに使用され，パーム核油は，ホイップクリーム，チョコレート用油脂などに用いられる．

⑩ **ヤシ油**　ココヤシの実を乾燥したコプラから採油される．脂肪酸組成は，ラウリン酸（47%），ミリスチン酸（17%）をおもに含み，安定性が高い．融点が20〜28℃で口溶けがよい．水素添加によりココアバターの代用，ホイップクリーム，ラクトアイスの原料などにも使われる．中鎖脂肪酸含有率が高く，消化・吸収されやすいため，乳幼児食や病院食にも適している．

4.1.3　動物性油脂

① **牛脂（ビーフタロー，ヘット）**　<u>牛脂</u>の採油方法には，細断した脂肪組織を高圧缶に入れ，過熱蒸気を送り，溶出しながら採取する方法と，ひき肉状にして窯などでじっくり抽出する方法がある．常温で白色の固体で，融点は35〜55℃である．オレイン酸（46%），パルミチン酸（26%），ステアリン酸（16%）を多く含む．料理に独特のうま味と香気を与える．内臓から溶出した最高級の脂肪はプルミエジュ（premiere jus）とよばれ，そのまま料理に用いられる．

② **豚脂（ラード）**　<u>豚脂（ラード）</u>は脂肪組織を水で煮たり，蒸気をあてて脂肪を溶出させる方法で得られる．常温で白色の半流動性で，融点は27〜40℃である．オレイン酸（43%），パルミチン酸（25%），ステアリン酸（14%）がおもで，リノール酸を牛脂よりも多く含み（牛脂3.7%，豚脂9.6%），そのため融点が牛脂よりも低い．植物油に比べて飽和脂肪酸の割合が多く，酸化されにくいため，とんかつなどの揚げ物によく利用される．

③ **魚油**　日本ではさまざまな<u>魚油</u>が生産されているが，まいわしからつくられる<u>いわし油</u>が多い．蒸煮（じょうしゃ）したいわしを圧搾して魚油を分けたのち，遠心分離によって混在する液汁を除き，精製する．魚油は，精製しても魚臭が強く，（エ）イコサペンタエン酸やドコサヘキサエン酸といった高度不飽和脂肪酸を含むため，酸化されやすい．

4.1.4　加工油脂

① **硬化油**　植物油や魚油のような液体の油に，金属触媒存在下で高温（120〜220℃），高圧下で水素を吹き込むと，固体の油脂になる．これを<u>硬化油</u>という．不飽和脂肪酸の二重結合に<u>水素添加</u>され，飽和脂肪酸や低いモノエン酸（二重結合1個の不飽和脂肪酸）に変化する．硬化油にすると油脂の安定性が向上し，用途に応じた性質の油脂を製造することができる．マーガリン，ショートニングの原料として利用される．

② **マーガリン類**　<u>マーガリン</u>は，精製した油脂に粉乳や発酵乳，食塩，ビタミンなどを加えて乳化し，練り合わせた加工食品である．原料は，おもに大豆油，なたね油，とうもろこし油などの植物油が大部分を占める．日本農林規格では，マーガリン類の中にマーガリンとファットスプレッドがあり，油脂含有率が80%以上のものはマーガリン，80%未満がファットスプレッドとよばれる．ファットスプレッドは，油分が少なく，水分の割合が多いためエネルギーが少なく，軟らかいため，マーガリンよりもパンに塗りやすいのが特徴である．

③ **ショートニング**　植物油を原料とした，常温で半固形状（クリーム状）の食用加工油脂である．マーガリンとは異なり，水分や乳成分を含まない油脂のみから成る．焼き菓子やパンに練り込んで使うために開発され，バターやラードの代用としても使用される．

4.2 調味料 SEASONINGS

　洋の東洋を問わず，私たちの祖先は古くから料理の味付けにさまざまな調味料をつくり使ってきた．中でも，ヒトが生理的に必要とする塩は，調味の基本として用いられ，さまざまな食品と合わせて味噌や醤油などの嗜好性の高い調味料がつくられた．さらに，今から100年以上前にはこんぶのうま味成分が明らかになり，その工業生産が確立され，新たな調味料（うま味調味料）も急速に広がった．調味料のない料理は文字通り味気ないものになりやすく，私たちの食生活において調味料は，おいしさの要となっている．

4.2.1 甘味料

　甘味料は，食品に甘味を加える調味料である．もっとも代表的な甘味料は砂糖で，従来は甘味付与だけでなく，そのエネルギー摂取が主目的であった．近年は，エネルギー摂取量の低減や虫歯予防などの目的に合ったさまざまな甘味料が開発されている．

① 砂糖　砂糖の語源は，古代インドのサンスクリット語のさとうきび「サルカラ」を意味するとされる．この語源が示すように，砂糖は約2,400年前の古代インドで誕生したと考えられる．砂糖は，しょ糖（スクロース）を主成分とするもっとも重要な甘味料である．砂糖の原料作物には，さとうきび（甘藷，Sugarcane）とてんさい（甜菜，Sugar beet）があり，それぞれから甘藷糖とてんさい糖がとれる．日本で使われている砂糖の大部分は甘藷糖である．

　甘藷糖は，熱帯や亜熱帯のさとうきびの栽培地でしょ糖約96%の原料糖（粗糖ともいう）にされ，これを消費

地に運び，精製糖がつくられる（図4.2）．甘藷糖の製造は，まずさとうきびの茎を圧搾して得た粗汁に石灰乳（水酸化カルシウム）を加え，リン酸カルシウムの沈殿を生じさせる．この沈殿に不純物が吸着することで清澄液を得，濃縮後にしょ糖を結晶化させ，原料糖がつくられる．さらに，これを精製して精製糖とする．精製工程では，原料糖にしょ糖で飽和した少量の水で洗浄後，再度溶解させ，石灰乳を加え，さらに二酸化炭素を吹き込むことによって炭酸カルシウムの沈殿を生じる．この沈殿に不純物が吸着し，沈殿を除いたあと，活性炭やイオン交換樹脂を用いてさらに色素やイオン性の不純物を取り除く．最後に，濃縮し結晶化させ，精製糖を得る．

　砂糖は，原料から結晶化により糖みつ（砂糖の結晶から分離する糖液）を分離した分みつ糖（精製糖）と，みつを分離しない含みつ糖に分類される．分みつ糖は，砂

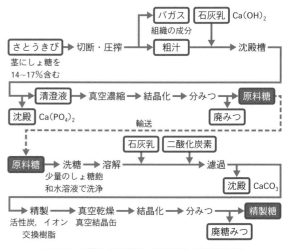

図 4.2　砂糖（原料糖，精製糖）の製造工程

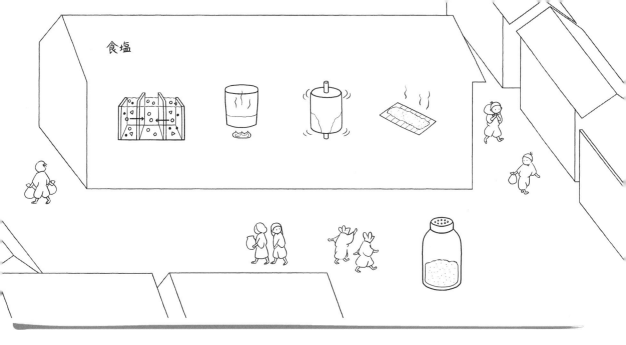

食塩

糖の結晶と糖みつを完全に分離した精製度の高い砂糖で，グラニュー糖などがあり，さらにそれを加工した**加工糖**（角砂糖，氷砂糖など）がある．**グラニュー糖**はしょ糖含量 99.88%で純度が高く，粒径が 0.2〜0.7 mm で，サラサラした光沢のある白砂糖である．**白ざら糖**はしょ糖含量 99.91%のもっとも純度が高い無色透明の白砂糖で，粒径は 1.0〜3.0 mm の大粒である．淡白な甘味から，高級和菓子や果実酒などに用いられる．**上白糖**はしょ糖含量 97.40%で，粒径が 0.1〜0.2 mm の細かい白砂糖である．ビスコという転化糖を 1〜1.5%結晶表面にまぶしてあるため，しっとりとした食感があり，水に溶けやすく，砂糖の結晶が固結しないという利点がある．**中白糖**や**三温糖**はしょ糖含量 95% 前後で，上白糖やグラニュー糖を分離した液糖から製造され，黄褐色で純度も低い．**角砂糖**は，グラニュー糖に飽和液糖を加えてブロック状に成形し，乾燥させた砂糖である．**氷砂糖**は，上白糖やグラニュー糖を水に溶解した濃厚液糖から再結晶させたものである．**黒砂糖**は含みつ糖で，砂糖の結晶と糖みつが混在した精製度の低い砂糖で，無機質，ビタミン B_1，ビタミン B_2 などを含む．**和三盆糖**は，糖液を布袋に入れ，重しをかけて糖みつを流出させた黄色っぽい砂糖で，分みつ糖と含みつ糖の中間にある．

② でん粉糖類　でん粉を酸または酵素によってある程度の大きさまで分解（糖化）したものを，**デキストリン**という．糖化の指標としてデキストロース当量（DE：ぶどう糖の還元力を 100 とした場合の相対的な尺度）が用いられる．食品成分表に収載されている粉あめの DE は 20〜40，**水あめ**は 40〜60 である．

でん粉を完全に加水分解すると，**ぶどう糖**（グルコース）ができる．このぶどう糖を**果糖**（フルクトース）に変える（異性化する）酵素が，**グルコースイソメラーゼ**である．でん粉の価格はしょ糖に比べて安く，果糖は低温の方が甘味を強く感じるため，清涼飲料水や冷菓などに**異性化糖**として広く使われる．異性化糖は，果糖含量が 90%以上の高果糖液糖，果糖含量が 50%以上 90%未満の果糖ぶどう糖液糖，果糖含量が 50%未満のぶどう糖果糖液糖と日本農林規格（JAS 規格）によってで定められている．

③ 糖アルコール　食品添加物や食品として使われている代表的な合成系の人工甘味料に，**糖アルコール**がある．糖アルコールは，吸収されにくく，吸収後にエネルギーになる割合が低いため，**低カロリー甘味料**として利用される．キシリトール，エリト（ス）リトール，ソルビトール，マンニトール，マルチトールなどがある．多量に摂取すると下痢を起こすことがある．また，非う蝕性（虫歯を誘発させない性質）である．

④ 人工甘味料　人工甘味料は化学合成によってつくられる甘味料である．清涼飲料水や菓子などにおもにエネルギー低減の目的で使用され，単独では独特のあと味があることが多い．しょ糖の味に近付けるために複数の人工甘味料を組み合わせて使用することが多い．**アスパルテーム**は，L-アスパラギン酸と L-フェニルアラニンメチルエステルがペプチド結合したジペプチドの人工甘味料である．熱や酸に対してやや不安定である．**アセスルファムカリウム**は日本でもっとも需要の多い人工甘味料で，あと味に若干の苦味がある．アスパルテームとアセスルファムカリウムを 1：1 で併用すると甘味度が強化され，甘味の立ち上がりがしょ糖に近くなり，甘味を早く感じるようになる．

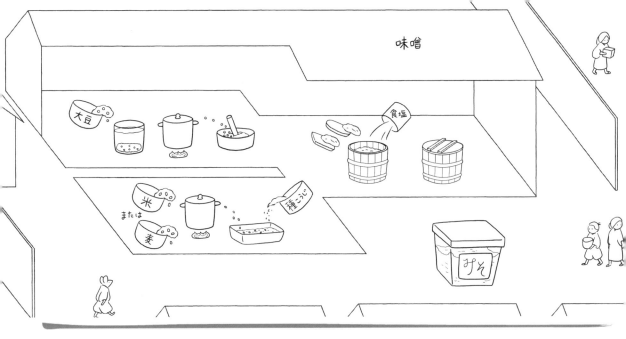

味噌

4.2.2 食塩

食塩は塩味をもつだけでなく，食べものが腐るのを防ぐ働きがあることから，清らかなものとして扱われてきた．葬儀のあとや大相撲の土俵などにまいて使う塩は「清めの塩」とよばれる．食塩は，海水，岩塩，塩湖などからつくられ，主成分は塩化ナトリウム（NaCl）である．ナトリウムは生物に欠くことのできない成分で，塩味は基本味のひとつとして利用されてきた．食塩には原料や製造法によりいろいろな種類があるが，日本で流通している食塩のほとんどは海水からつくられる海塩である．

海水から食塩を製造する製塩工程は，大きく採かん工程と煎ごう工程に分けられる（図4.3）．<u>採かん</u>工程は，海水を濃縮して<u>かん水</u>とよばれる濃い塩水をつくり，<u>煎ごう</u>工程は，かん水を煮詰めて食塩の結晶を析出させる方法である．日本の製塩の歴史を振り返ると，この両工程がしだいに洗練されていった．現在の日本の製塩法は，採かんは<u>イオン交換膜電気透析法</u>を利用してかん水をとり，煎ごうは真空蒸発缶で煮詰める方法が主流となっている．この方法によって，生産量が劇的に増加しただけでなく，海水の汚染物質や細菌類は除去され，安全性の高い塩を安価に安定供給できるようになった．

図 4.3　海水からの製塩工程（イオン交換膜電気透析法）

4.2.3　発酵調味料

① 味噌　味噌の起源は，古代中国から伝えられた「醬（しょう，ひしお）や「鼓（し，くき）」と考えられている．醬は穀物や野菜，肉や魚を塩蔵し，一定期間，微生物によって発酵させた調味料で，鼓は大豆や小麦などに塩を加えて漬けた穀醬に改良が加えられたものとされる．日本に伝わったのち「未醬」ができ，これから「味噌」ができたとされる．味噌の製造技術の基本は江戸時代に入って確立され，各地域の原料や気候風土，食習慣などに応じた地域特有の味噌が製造されている．

味噌の種類は原料と製造法により，米味噌，麦味噌，豆味噌およびこれらを混合した調合味噌の4種類に分けられる．現在，国内で生産されている約8割は米味噌である．さらに，色により白味噌，赤味噌，味により甘味噌，甘口味噌，辛口味噌にも分けられる．

味噌の主原料は，大豆，米や麦，および食塩である．大豆は味噌のうま味を決める原料で，米や麦は味噌づくりでもっとも重要な<u>こうじ</u>（麴）をつくる原料である．麦は大麦が用いられる．食塩は腐敗を防ぎ，<u>こうじ菌</u>（Aspergillus oryzae），酵母，乳酸菌の働きやすい環境を整える．味噌の製造はまず蒸した米や麦に，種こうじを付け，温度・湿度の管理をしながら約40時間ほど繁殖させてこうじにする（製こうじ）．蒸した大豆とこうじ，食塩，発酵菌（酵母や乳酸菌）などを均一に混ぜ，一カ月から半年ほど発酵・熟成させる（図4.4）．豆味噌は米味噌や麦味噌と異なり，大豆と塩だけを主原料としてつくられる．米や麦を使わないため，糖が少ない．

熟成中，こうじ菌が生成する酵素が大豆，米，麦のたんぱく質やでん粉を分解し，アミノ酸や糖質などのうま味成分や甘味成分に変えていく．また，製造過程で混入

によってつくられる．混合醸造方式および混合方式はアミノ酸液を添加するもので，発酵途中に添加すれば混合醸造方式，発酵終了後に添加すれば混合方式となる．

本醸造方式は，蒸煮した大豆と焙煎・割砕した小麦を混ぜ合わせたものに種こうじを加えて，これを食塩水とともに混合して発酵・熟成させて製造する方法である（図 4.5）．種こうじ菌には，プロテアーゼ活性，セルラーゼ活性，ヘミセルラーゼ活性の高い *Aspergillus oryzae* とアミラーゼ活性の高い *Aspergillus sojae* の 2 種類を用いる．醤油こうじに食塩水を混ぜ，3 ～ 6 カ月発酵させたものをもろみという．もろみの発酵中（櫂入れ），味噌と同様に乳酸菌や酵母が関与して香りが生成する．

熟成されたもろみを布に包んで，圧力をかけながら搾り生揚げ醤油をつくり，加熱（火入れ）により殺菌を行い，色・味・香りを調え，充塡して製品となる．醤油の色はアミノカルボニル反応によって生じるメラノイジン（褐色色素）で，火入れの際に赤みの強い色が形成される．

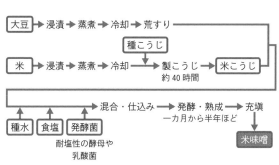

図 4.4　米味噌の製造工程

した酵母や乳酸菌によって有機酸，アルコール類，エステル類などが生成され，味噌特有の風味となる．味噌の赤褐色は，発酵で生産されたアミノ酸と還元糖がアミノカルボニル反応によって生じたものである．そのため，味噌の色は熟成期間が長いほど濃い．

② 醤油　醤油は，日本で発展した発酵調味料である．そのルーツは味噌と同じく，中国の醤にたどりつくとされ，味噌からしたたる「たまり」がたまり醤油に発展したと考えられている．

醤油の原料は大豆，小麦，食塩で，米の使用は限られる．醤油は，原料や製造法の違いにより，濃口醤油，薄口醤油，たまり醤油，再仕込み醤油，白醤油などに分類される．濃口醤油の塩分は約 16 ％で，薄口醤油は 18 ～ 19 ％である．薄口とは「色が薄い」という意味である．通常の醤油以外に，減塩醤油（食塩量 9 ％以下），粉醤油，魚醤などがある．魚醤は魚介類に食塩を加えて発酵させた液体調味料で，秋田のしょっつる，タイのナンプラー，ベトナムのニョクマムなどがある．

醤油の製造法には，本醸造方式，混合醸造方式，混合方式がある．日本の約 8 割の醤油は伝統的な本醸造方式

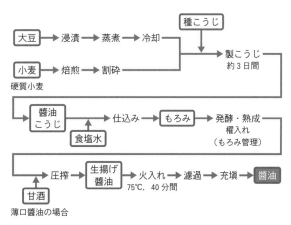

図 4.5　醤油（薄口，濃口）の製造工程（本醸造方式）

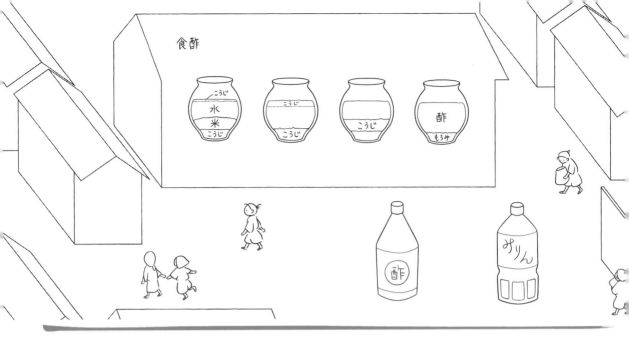

③ 食酢　食酢は 4 〜 5 ％の酢酸を主成分とする調味料で，食塩に次いで歴史のある調味料である．紀元前 5,000 年頃，文明発祥の地メソポタミアではすでに酢がつくられていたという記録がある．ワインがしばらく経って酸っぱくなったのが，酢の始まりだともいわれている．英語の酢を意味するビネガーは，フランス語ビネーグルという言葉がもとになっており，これは vin（ぶどう酒）と aigre（酸っぱい）という言葉が合わさった造語である．

食酢は，アルコールから**酢酸発酵**によりつくる**醸造酢**と，酢酸の希釈液に甘味料や調味料を混ぜてつくる**合成酢**がある．醸造酢は，原料により穀物酢と果実酢に分かれる．穀物酢は，でん粉，穀類，酒かすなどをアルコールの原料とするが，中でも米を原料にしたものは米酢とよぶ．果物酢には，りんご酢（アップルビネガー），ぶどう酢（ワインビネガー），バルサミコ酢（ワインと濃縮ぶどう果汁を熟成）などがある．

米酢の製造法は，米を蒸して，米こうじ（こうじ菌）と水を加え，でん粉を糖化してもろみをつくり，次いで酵母を加えてアルコール発酵を行う．ここに**酢酸菌**（Acetobacter aceti）を混ぜ合わせ酢酸発酵が行われる．酢酸菌は，液の表面に薄い膜をつくり，そこでアルコールと空気中の酸素から酢酸を生成する．食酢は，こうじ菌，酵母，酢酸菌という 3 種類の微生物の働きによってつくられる．生成直後の食酢は刺激臭が強いため，熟成し，香味を円熟させる．熟成後は濾過し，味や香りを損なわないように瞬間殺菌して製品とする（図 4.6）．

食酢の主成分は酢酸で，糖分，アミノ酸なども含まれ，まろやかな味わいがある．また，発酵によって酢酸菌がつくりだすグルコン酸，コハク酸，クエン酸などの有機酸やアミノ酸などが醸造酢特有の風味を形成する．

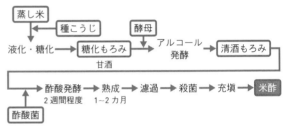

図 4.6　米酢の製造工程

④ みりん（味醂）　みりん（本みりん）は，蒸したもち米に米こうじを混ぜ，焼酎または醸造用アルコールを加えて熟成させ，圧搾，濾過して製造される．熟成の間に，こうじ菌に由来するアミラーゼにより米のでん粉が糖化され甘味を生じる．また，コハク酸やアミノ酸が独特のコクを生みだす．アルコール濃度は約 14 ％（酒税対象）で，炭水化物が 43 ％，そのほとんどがぶどう糖である．

みりん風調味料は，ぶどう糖や水あめにグルタミン酸や香料を添加して，酒税対象とならないようにアルコール濃度を 1 ％未満にした調味料である．

4.2.4　うま味調味料

1908 年，池田菊苗博士は湯豆腐を食べている際，そのおいしさからこんぶのだしに秘密があるに違いないと考え研究を進めた結果，グルタミン酸を発見し，「うま味」と命名した．**うま味調味料**は，当初はこんぶのうま味成分の **L-グルタミン酸ナトリウム**だけで以前「化学調味料」と呼称された．その後，かつお節のうま味成分の **5′-イノシン酸ナトリウム**，しいたけの **5′-グアニル酸ナトリウム**が加えられ，**複合系うま味調味料**がつくられるようになった．

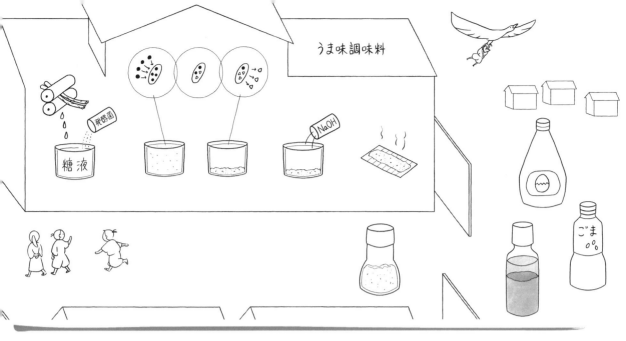

L-グルタミン酸ナトリウムは, 最初こんぶから抽出され高価なものであったが, 発酵法が確立され, 安価に大量生産されるようになった. 現在, グルタミン酸は, *Corynebacterium glutamicum* などのグルタミン酸生成菌を用いて, さとうきびから採れる糖液やいも類などを発酵させることで生産している (図4.7).

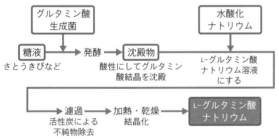

図 4.7 うま味調味料 (L-グルタミン酸ナトリウム) の製造工程

5′-イノシン酸ナトリウム, 5′-グアニル酸ナトリウムは, 核酸を酵素分解して製造する酵素法, 直接発酵する発酵法, イノシンを発酵したあと 5′-イノシン酸に酵素的に変換する方法などにより製造される. 酵素法では, 酵母 (*Candida utilis*) の RNA を原料とし, 酵素分解することで製造される.

4.2.5 その他の調味料

① ソース　ソースとは, 調理の際に用いたり, 他の食品に添えたりする液体, またはペースト状の調味料の総称である. 日本における狭義の意味ではウスターソースを指すことが多い. ウスターソースは, トマト, にんじん, たまねぎ, セロリなどの野菜類の煮だし汁に食塩, 砂糖,

酢, 香辛料, うま味調味料などを加えてつくられる.

② たれ類　たれ類とは, 料理に使う液体の合わせ調味料の一種である. 一般に醤油, 味噌, みりんなどの調味料を煮詰めてつくられることが多い.

③ だし類　天然物から抽出しただしと, 風味調味料品質表示基準, めん類等用品質表示基準, 乾燥スープ品質表示基準に基づき製造されたものがある.

④ 調味ソース類　調味ソース類は, 調理が簡単に行えるように複数の調味料や食品を組み合わせてつくられた調味料である.

⑤ ドレッシング類　ドレッシング類は, ドレッシングとドレッシングタイプ調味料に品質表示基準で規定されている. ドレッシングは, 半固体状ドレッシング (マヨネーズ, サラダクリーミードレッシングなど), 乳化液状ドレッシング, 分離液状ドレッシングに分類される. 食用植物油脂と食酢などに, 必要に応じて副原料を加えたものがドレッシングである. それに対して, 食用油脂を使用しないものがドレッシングタイプ調味料で, 食品成分表の和風ドレッシングタイプ調味などが相当する.

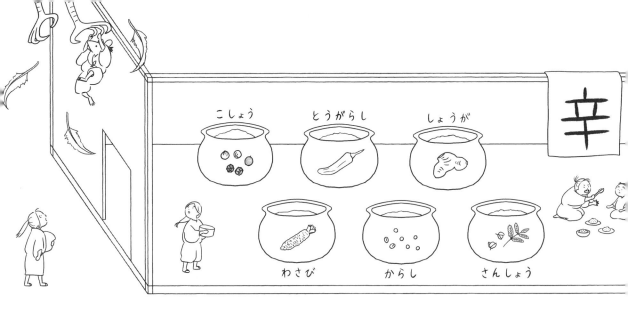

4.3　香辛料類　HERBS AND SPICES

　香辛料は，古代エジプト時代にはシナモンやクローブ
などが死者の体に詰められるなど，ミイラづくりに利用
されていた．その後，古代ローマ時代に食用となるまで
は，おもに薬用として用いられていた．肉食とともに香
辛料の需要が高まり，インド産のこしょうなどは金や銀
ほどの価値が付き，ヨーロッパの人々がインドや東の
国々に買い付けに行くことになった．そのため香辛料は，
大航海時代をもたらした食品といえる．香辛料は料理に
独特な香りや味を付与してその風味を豊かにするととも
に，食品の保存性を高め，私たちの食欲を増進する食卓
の名脇役である．

4.3.1　香辛料類全般

　香辛料は，植物の果実，花，つぼみ，樹皮，茎，葉，
種子，根，地下茎などから調製され，特有の香り，辛味，
色を利用して，食品に風味，辛味を与え，着色すること
で嗜好性を豊かにする食品群のひとつである．香辛料の
多くには，食品の保存性向上や民間伝承薬として経験に
基づき利用されてきた歴史があり，生理・薬理作用も合
わせもっている．
　厳密な区別はできないが，**ハーブ**（香草，香辛野菜）
と**スパイス**に大別され，ハーブは葉，茎，花を利用する
もの，スパイスはこれらを除くものの総称である．日本
では薬味ともいわれる．香辛料を植物学的に分類すると
表 4.2 のようになる．香辛料の機能から分類すると，**辛
味作用**（辛味付け），**賦香効果**（香り付け），**矯臭作用**
（におい消し），**着色作用**（色付け）に分けられる．一般
に複数の機能を合わせもつことが多い．

表 4.2　おもな香辛料の植物学的分類

科		香辛料名（利用部位）
双子葉植物	コショウ科	こしょう（果実，種子）
	モクレン科	スターアニス（果実）
	ニクズク科	ナツメグ（種子の仁）
	クスノキ科	シナモン（樹皮），ベイリーフ（葉）
	アブラナ科	からし（種子），わさび（地下茎）
	マメ科	フェヌグリーク（種子）
	ミカン科	さんしょう（果実，葉）
	フトモモ科	オールスパイス（果実），クローブ（花蕾）
	セリ科	アニス（種子），キャラウェイ（種子），クミン（種子），コリアンダー（葉，種子），セロリ（葉，茎，種子），ディル（種子），パセリ（葉，種子），フェンネル（葉，種子）
	シソ科	オレガノ（葉），しそ（葉，花穂，果実），セージ（葉，花穂），タイム（葉，花穂），バジル（葉），ミント（葉），ローズマリー（葉，花穂）
	ナス科	とうがらし（果実），パプリカ（果肉）
単子葉植物	ネギ科	にんにく（鱗茎），ねぎ（葉，葉莢）
	アヤメ科	サフラン（雌しべ）
	ショウガ科	カルダモン（果実），しょうが（根茎），ターメリック（根茎），みょうが（花穂）
	ラン科	バニラ（種子，種子莢）

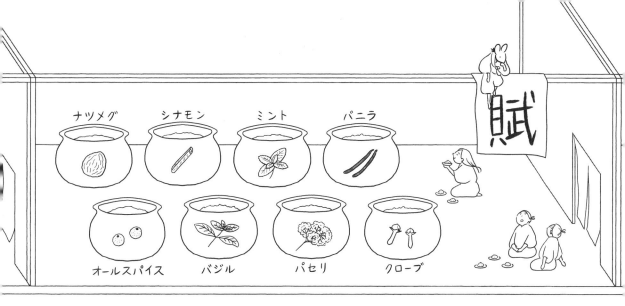

ナツメグ　シナモン　ミント　バニラ

賦

オールスパイス　バジル　パセリ　クローブ

4.3.2　おもな香辛料類

（1）　辛味作用を特徴とする香辛料

①こしょう（胡椒，Pepper）　こしょうは，インド原産であるコショウ科コショウの緑色の未熟果を乾燥した黒こしょう（ブラックペッパー），赤く完熟した果実から果皮を除去した種子の白こしょう（ホワイトペッパー）がある．辛味成分や香気成分は果皮に多く含まれるため，黒こしょうの方が風味が強い．強い辛味成分は，ピペリンである．ハム，ソーセージやカレー，スープなど世界各地の料理に幅広く用いられる辛いスパイスの代表である．

②とうがらし（唐辛子，Hot pepper，Red pepper）　とうがらしは中南米原産のナス科の野菜の果実で，ピーマン，パプリカ，ししとうなどと学名は同じである．チリペッパー，レッドペッパーともよばれる．近種のタバスコはとうがらしよりさらに辛い．強い辛味成分はカプサイシンで，種子やわたに多く果皮には少ない．鷹の爪という品種には乾燥果実の0.1～0.5％のカプサイシンが含まれる．辛味の強い栽培品種のハバネロは，鷹の爪の6～7倍の辛さをもつ．一方，ピーマンにはカプサイシンは含まれていない．野菜，肉料理，魚料理のほかソースや調味料など，世界的に広く使用されている．

③しょうが（生姜，Ginger）　しょうがは，熱帯アジア原産のショウガ科の多年草の野菜の根茎である．古くから香味野菜として利用されてきた．特有のさわやかな辛味成分は，ジンゲロールとショウガオールである．日本料理では生のしょうがを薬味や甘酢漬けなどにして利用するが，ヨーロッパなどでは乾燥させてパンや菓子類の風味付けとして利用する．

④からし（マスタード，芥子，Mustard）　からしは，アブラナ科一年草のカラシナ（和からし，Oriental mustard，Brown mustard），クロガラシ（黒がらし，Black mustard），シロガラシ（白がらし，White mustard）の種子である．芥子菜，黒がらしのツンと鼻に抜ける辛味成分は，配糖体シニグリンが酵素のミロシナーゼによって加水分解されて精製した揮発性のアリルイソチオシアネートで，白がらしの辛味は，シナルビンが酵素分解されて生成する非揮発性のp-ヒドロキシベンジルイソシアネートである．ソーセージ，ハム，ローストビーフなどに使われる．

⑤わさび（山葵，Wasabi）　わさびは，日本原産のアブラナ科の野菜の地下茎をすりおろしたものである．わさびのシャープな辛味の主成分はアリルイソチオシアネートで，強い抗菌作用をもつ．辛味成分の生成はクロガラシと同様の酵素反応による．刺身，寿司，そばなどの日本料理の薬味として広く使用される．

⑥さんしょう（山椒，Japanese pepper，Sansho）　さんしょうはミカン科の果実で，日本古来の香辛料のひとつである．しびれ感をともなう辛味成分はサンショオールである．緑色の未熟果は実ざんしょうとよばれ，ゆでたあと冷凍や塩漬けにして保存され，料理の風味付け，つくだ煮などに利用される．完熟直前の暗緑色の果実から種子を取り除いた果実をひいたものが粉山椒である．粉山椒は蒲焼きや魚料理に，若芽は「木の芽」とよばれ，薬味や田楽の和え物として利用される．

（2）　賦香効果を特徴とする香辛料

①シナモン（桂皮，肉桂，Cinnamon，Cassia）　シナモンは，スリランカ原産のクスノキ科に属する常緑樹の樹皮である．古くから生薬として利用されてきた．香りの主成分はシンナムアルデヒドで，シナモンの芳香を特徴

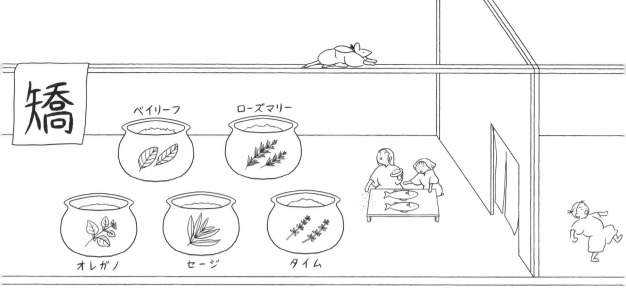

付けている. オイゲノールも含まれる. ケーキ, クッキー, パイなど菓子類に適したスパイスである.

②ナツメグ（肉荳蔲, Nutmeg）**ナツメグ**は, 熱帯常緑樹のニクズク属の種子中の仁である. おもにインドネシアと西インド諸島で栽培される. 香りの主体となる成分は**ピネン**などである. さまざまな種類の焼き菓子, 菓子, ソーセージ, ソースの材料, またエッグノッグやチャイなどの飲料の風味付けにも使用される.

③クローブ（丁子, Clove）**クローブ**はモルッカ諸島（インドネシア）を原産とする, フトモモ科の常緑樹の花蕾を乾燥させたものである. その釘に似た形から丁子とよばれる. 矯臭効果が強く, 強い香気の成分は**オイゲノール**やカリオフィレンなどである. 抗菌作用もあり, 食品の保存性を高める. 肉料理のほか, カレーやミートソースなどに適す. ウスターソースの主要香気である.

④オールスパイス（Allspice）**オールスパイス**は, 西インド諸島（中央アメリカ）原産のフトモモ科に属する常緑樹の果実を乾燥させたものである. 16世紀にヨーロッパに導入された際, 風味がシナモン, ナツメグ, クローブを混合したものに類似しているため, オールスパイスと名付けられた. おもな香気成分はオイゲノールなどである. 魚, 肉の塩漬け, マリネ, ケーキなどに使用される.

⑤バジル（目箒木, Basil）**バジル**はシソ科の一年草で, 花が咲く前に葉を取り, 生あるいは乾燥させて用いる. 香りが強いバジルは「ハーブの王」ともよばれる. 香気成分は, メチルチャビコール, リナロール, オイゲノールなどである. イタリア語でバジリコ（basilico）といい, イタリア料理の風味付けによく用いられる.

⑥パセリ（和蘭芹, Parsley）**パセリ**は野菜として食べられるセリ科の一種で, 南欧が原産である. おもに葉が料理の付け合わせや飾りとして使われるが, ブーケガルニなどにして香り付けや, におい消しなど多種多様の形で利用される. 独特のさわやかな香りは, フェランドレンやミルセなどの成分によるものである.

⑦ミント（薄荷, Mint）**ミント**はシソ科の草本で, さわやかな香りを特徴とし, 刺激はそれほど強くなく, 生のまま使用することが多い. ミントの清涼感のある香気成分は**メントール**である. ハーブティ, キャンディ, ゼリー, チューインガム, ラム・マトンの羊肉料理などに用いられる.

⑧バニラ（華尼拉, Vanilla）**バニラ**は, 中米原産のラン科のつる性植物から得られる. 開花後にできるさやの部分を乾燥したもので, 甘い芳香をもつ. このバニラを特徴付ける香気成分は**バニリン**である. アイスクリームをはじめ菓子類の香り付けに利用される.

（3）矯臭作用を特徴とする香辛料

①ベイリーフ（月桂樹の葉, Bay leaf, Laurel）**ベイリーフ**は, フランス語でローリエ（laurier）という. 南欧原産のクスノキ科常緑樹の葉を乾燥させたものである. 香りの主成分は**シネオール**などで, 葉を砕くと香りが強く出る. 肉, 魚の矯臭効果が強く, それらの煮込み料理に用いられる.

②ローズマリー（迷迭香, Rosemary）**ローズマリー**は, 地中海沿岸地方を原産とするシソ科に属する常緑性低木の葉である. 強い青臭さをもち, 香りの成分は**カンファー**（樟脳）, シネオール, ピネンなどである. ラム, 豚肉, 青魚などクセの強い素材のにおい消し, 逆に鶏肉, 白身魚, じゃがいもなど淡白な素材への香り付けなど,

肉料理や魚料理に多様に利用される.

③ オレガノ（花薄荷[ハナハッカ], Oregano）　**オレガノ**は，ヨーロッパの地中海沿岸を原産とする，シソ科の多年草の葉である．よい香りとほろ苦い清涼感がある．香りの主成分は，チモール，カルバクロール，シメンなどである．トマトやチーズと相性がよい．

④ タイム（立麝香草[タチジャコウソウ], Thyme）　**タイム**は，ユーラシア原産のシソ科のハーブである．清々しい香りの主成分は，シメン，テルピネン，チモールなどである．鶏肉，詰め物，魚，卵，肉，ソース，スープ，野菜，チーズ，パスタなど，さまざまな食品に使用される．

⑤ セージ（薬用サルビア, Common sage）　**セージ**は，地中海原産のシソ科の常緑低木の葉である．強い香りの主成分はシネオールやツジョンなどである．葉を乾燥してハーブティーとしての飲用や，肉の臭み消しなどに利用される．ソーセージや加工食品の香辛料としても使用される．

（4）着色作用を特徴とする香辛料

① ターメリック（鬱金[うこん], Turmeric）　**ターメリック**は，熱帯アジア原産のショウガ科の多年草の根茎である．煮沸後乾燥させて粉末状にして利用する．黄色色素の**クルクミン**が含まれる．カレーに利用されるほか，食品着色料としても利用される．

② サフラン（番紅花, Saffron）　**サフラン**は，南欧原産のアヤメ科の雌しべを乾燥したものである．1 kgのサフランを得るのに16万個以上の花が必要とされ，もっとも高価な香辛料である．独特の橙色の色素成分は，カロテノイド系色素の**クロセチン**とその配糖体である**クロシン**である．クロシンは水溶性物質である．魚介料理に適し，ブイヤベース，パエリアなど使われる．

（5）混合スパイス

① **カレー粉**　ターメリック，コリアンダー，クミン，とうがらしなど10～30種類の辛味系香辛料と芳香系香辛料の粉末をブレンドしたものである．香辛料の種類や配合比率は製造者によって異なる．調合したものを焙煎後，6カ月ほど熟成させる．

② **ガラムマサラ**　インドの「ヒリヒリと辛い混合スパイス」の意味をもつブレンドスパイスである．インドの家庭に常備されているカレー粉の原点のような混合スパイスである．こしょう，とうがらし，クローブ，ナツメグ，カルダモンなどの3～10種類のスパイスが使われる．

③ **ブーケガルニ**　パセリ，タイム，ベイリーフなど数種類の香草類を束ねたものである．肉料理や魚料理の臭みを消すために用いられ，料理がだされる前に取り除かれる．

④ **五香粉[ウーシャンフェン]**　一般に5種類以上の香辛料を混合した中国料理の混合スパイスである．花椒（山椒），クローブ，シナモン，フェンネル（茴香[ういきょう]），スターアニス（八角），陳皮（乾燥したみかんの皮）などから使う．炒め物や揚げ物，煮物など，肉類や魚介類を使った料理に幅広く利用される．

⑤ **七味唐辛子**　17世紀に考案された日本独自の混合香辛料である．とうがらしを中心に，麻の実，けしの実，しその実，さんしょう，ごま，陳皮，青のり，しょうがのうち6種を混合したものである．麺類，焼鳥，魚，肉料理などに広く用いられる．

4.4 嗜好品類 BEVERAGES AND CONFECTIONARIES

　嗜好品は，個人の嗜好（おいしさ）を満足させることをおもな目的としたものである．生存に必ずしも必要な食品類ではないが，親しい人とお酒を楽しむことや，お菓子を食べながらお茶やコーヒを飲むことで，心安らぐひとときを与えてくれる存在である．

4.4.1 嗜好飲料類（アルコール類）

（1）アルコール飲料の種類と特徴

　日本の酒類の定義と種類などは酒税法で定められ，酒類はアルコール分1%（度）以上を含む飲料をいう．多くの種類があるが，製造法によって醸造酒，蒸留酒，混成酒に大別される．

（2）醸造酒

　醸造酒は穀物や果実を原料とし，それらに含まれる糖分を酵母によって**アルコール発酵**して得られる酒類である．アルコール発酵の工程のみの**単発酵酒**（ワインなど）と，原料の穀類などのでん粉を糖に変え（**糖化**），その糖を用いてアルコール発酵を行う**複発酵酒**（清酒，ビールなど）がある．複発酵酒には，糖化したあとにアルコール発酵をする単行複発酵酒と，糖化とアルコール発酵を同時に行う並行複発酵酒がある．

① 清酒　清酒（日本酒）は日本独自の酒類で，稲作が渡来した弥生時代にはつくられていたとされる．清酒の原料の米は米飯などの食用の米とは異なり，大粒で心白（米の中心部の白色の不透明な部分）率が高く，たんぱく質含量が少ない酒造米（酒米）が使用される．清酒に

は普通酒以外に，特別名称酒として純米吟醸酒など8種類が定められている．使用原料，精米歩合，こうじ米の使用割合などによって規格が設けられており，風味にそれぞれ特徴がある．

　清酒の製造の特徴は，糖化と発酵が同時に進行（**並行複発酵**）することで，他の酒類では見られない方法である（図4.8）．製造法はまず，蒸した米にアミラーゼ活性の高いこうじ菌（*Aspergillus oryza*）を接種して米こうじをつくる．清酒の土台となる酒母（酛）は，米こうじ，蒸米，水，**清酒酵母**（*Saccharomyces cerevisiae*），乳酸を混ぜてもろみをつくる．乳酸によって雑菌の繁殖を抑え，酵母のみが増殖する条件をつくる．もろみ中では，でん粉がこうじ菌のアミラーゼによってぶどう糖に分解され，ただちに酵母によってアルコールに発酵する．このため，でん粉の糖化が進行しても過剰に糖が蓄積しないため，高いアルコール濃度（20〜22%）が得られる．

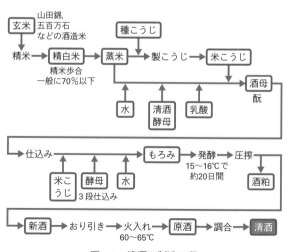

図4.8　清酒の製造工程

緑茶　ウーロン茶　紅茶　コーヒー　ココア　炭酸飲料

清酒の主成分はエタノールで，乳酸，リンゴ酸，コハク酸などの有機酸も含む．とくにコハク酸は，清酒のうま味やコクにかかわる．アミノ酸が多いと味は濃く，少ないとすっきり感じられる．

② ビール（麦酒）　ビールは，古代メソポタミアを発祥とし 5,000 年以上の歴史をもつ醸造酒である．発芽させた大麦麦芽のアミラーゼによって大麦でん粉を糖化して麦芽汁をつくり，これにホップを加え，ビール酵母（Saccharomyces cerevisiae）によってアルコール発酵させてつくられる．糖化と発酵工程が明快に分けられた単行複発酵である．ビールは使用する酵母の種類によって，発酵とともに酵母がもろみ上部に浮上する上面発酵ビール（エールビール）と下部に沈殿する下面発酵ビール（ラガービール）に大別される．

ビールのアルコール分は一般に 4 〜 6 ％で，炭酸ガスを含む．特徴的な苦味と芳香はホップに由来し，苦味成分はイソフムロンである．泡の安定化成分は，麦芽に含まれる気泡たんぱく質とイソフムロンの混合物である．

③ ワイン（葡萄酒）　ワインは，ブドウ果汁の糖分をワイン酵母（Saccharomyces cerevisiae, Saccharomyces bayanus）によってアルコール発酵させてつくる単発酵酒の果実酒である．赤ワインは，ぶどうの果皮と種子を残したままの果汁を発酵するため，果皮の色素成分やタンニンなどが多い．白ワインは，果皮や種子を除いたあと発酵が行われるため，白色透明な液体となる．ロゼワインは発酵初期は果皮などを含むが，発酵の途中で取り除き，ピンク色の製品としたものである．ワインの製造には，一般に雑菌の繁殖抑制，酸化防止，色素の安定のために亜硫酸が添加される．

ワインのアルコール分は 10〜13％である．ほかの醸造酒に比べ，酒石酸やリンゴ酸などの有機酸が多く，独特の酸味となっている．タンニンなどのポリフェノール類は渋味の原因物質である．ワインの赤色色素はおもにアントシアニン系色素が重合したものである．

（3）蒸留酒

蒸留酒は，醸造酒を蒸留することによって製造される酒類である．揮発性成分が濃縮されるため，アルコール分が 20％以上となり，さらにアルデヒド類，エステル類などの香気成分の濃度も高まるため，香りを強く感じる酒類である．酒税法では，焼酎，ウイスキー，ブランデー，スピリッツ類（ウオッカなど）に分類される．

① 焼酎　焼酎は，日本の代表的な蒸留酒である．連続式蒸留装置を使用し，蒸留する原料の風味が比較的少ない連続式蒸留焼酎と，単式蒸留装置で蒸留し，原料の風味が比較的強い単式蒸留焼酎の 2 種類がある．単式蒸留焼酎は，米，麦，そば，さつまいも，黒砂糖などを原料としてつくられ，本格焼酎といわれる．

② ウイスキー，ブランデー　ウイスキーは，穀類をアルコール発酵させ，そののち蒸留で得られたものを樫（オーク）樽に詰めて熟成させたものである．二条大麦のみを使用したモルトウイスキー，主原料として大麦以外の穀類を用いたグレーンウイスキー，これらを混合したブレンデッドウイスキーなどがある．

ブランデーは果実（一般にぶどう）が原料の蒸留酒で，蒸留したものを樫樽に詰め，3 〜 5 年ほど熟成させてつくられる．

（4）混成酒

混成酒は，醸造酒や蒸留酒に香料，甘味料，着色料を

加えた酒，果実や薬草から成分を浸出させてつくる酒，異種の酒を混和してできる酒などである．リキュール，梅酒，薬酒，合成清酒，みりんなどがある．

4.4.2　嗜好飲料類（非アルコール類）

① 茶類　茶類はすべて，同じツバキ科のチャノキ（茶の木）の葉や茎を加工してつくられる．茶の製造工程で重要な反応は，茶葉中のポリフェノールオキシダーゼによるポリフェノール（カテキン類）の酵素的な酸化反応である．微生物は関与しないが，この工程を茶の世界では発酵とよぶ．茶類は，この発酵しない不発酵茶（緑茶），発酵させた発酵茶（紅茶），その中間の半発酵茶（ウーロン茶）に大別される．

a．緑茶　日本においてお茶といえば，通常緑茶を指す．緑茶は，茶葉収穫後に蒸気で蒸す蒸し茶法もしくは釜で炒る釜炒り茶法によって酵素を失活させ，発酵を止める（この工程を殺青という）．日本の緑茶には，一般によく飲まれている煎茶，硬化した新芽や茎を原料とした番茶，煎茶または番茶を焙じたほうじ茶，新芽が開き始めた頃に茶葉をおおい日光を遮って栽培（被覆栽培）した玉露，臼でひいた抹茶などがある．緑茶の苦味成分はカフェインである．また玉露のうま味成分はテアニンである．

b．紅茶　紅茶は，世界でもっとも飲用されている茶である．ダージリン，アッサムといった世界有数の産地をもつインドがもっとも生産量が多い．紅茶の製造では，生葉中の酵素反応を利用するため，発酵中，成分に大きな変化が生じ，独特の色や風味が生じる．もっとも顕著な変化は，カテキン類がポリフェノールオキシダーゼによって酸化，重合する反応である．カテキン類の約80％以上が消失する．カテキン類は酸化され，橙色のテアフラビンや赤褐色のテアルビジンとなる．

c．ウーロン茶（烏龍茶）　ウーロン茶は，茶葉の状態である程度発酵を進めてから，釜炒り加熱して酵素を失活させる（半発酵）ため，独特の風味がある．

② コーヒー（珈琲）　コーヒーは，アカネ科のコーヒーノキの種子を焙煎したものから抽出した飲料である．おもにアラビカ種とロブスタ種の2種に大別される．アラビカ種は高地栽培品種で品質に優れ，ロブスタ種は病害虫に強く，高温多湿にも強い．

生豆を焙煎することによって，コーヒー特有の香味が生じる．苦味はカフェイン，渋味はクロロゲン酸などによる．焙煎した豆を粉砕したものがレギュラーコーヒー，この浸出液を乾燥粉末化したものがインスタントコーヒーである．脱カフェイン処理したカフェインレスコーヒーも製造されている．

③ ココア（加加阿）　ココアは，アオイ科の常緑樹カカオノキの種子（カカオ豆）の胚乳部分から，ココアバター（カカオバター）を抽出した残渣のカカオマスを粉末化したものである．ココアバターはチョコレートの原料に用いられる．ココアの脂質含量は22％と，チョコレートよりは少ない．特徴的な成分に苦味成分のテオブロミン，カフェインのほか，呈色成分のポリフェノール類がある．

④ その他の非アルコール飲料類　食品成分表には，炭酸飲料類（コーラ，サイダー，ビール風味炭酸飲料），スポーツドリンク，青汁，甘酒などが掲載されている．

4.4.3　菓子類

（1）菓子の分類と特徴

① 歴史的背景からの分類　菓子は，昔から日本国内で

伝統的につくられていた**和菓子**と，西洋から伝えられた**洋菓子**に大きく分類される．一般に和菓子とは，太古の昔から日本で独自につくられてきた菓子（野生の木の実，果物），奈良・平安時代に大陸から渡来してきた菓子（唐菓子など），安土・桃山時代に南蛮などから渡来して定着した菓子類（金平糖，ビスケットなど）の総称である．洋菓子は，明治維新以降，西洋文化とともに導入され，普及した菓子類の総称である．

② **保存性による分類**　食品衛生法による水分含量によって，**生菓子**（製造直後水分 40% 以上．あん，クリーム，ジャム，寒天が入ったもので，水分 30% 以上を含む），**半生菓子**（水分 10% 以上，30% 未満），**干菓子**（水分 10% 未満）に分類される．食品成分表では，水分含量が 20% 以上を生・半生菓子として扱う．

（2）おもな菓子類
① **和生菓子類・和半生菓子類**　大福もち，かしわもち，くし団子などのもち菓子，まんじゅう，ういろうなどの蒸し菓子，今川焼，どら焼などの焼き菓子，ようかんなどの流し菓子，ぎゅうひなどの練り菓子，もなかやかのこなどのおか菓子などがある．
② **和干菓子類**　らくがんなどの打ち菓子，おこしなどの押し菓子，せんべいなど焼き菓子，かりんとうなどの揚げ菓子，あめ玉などのあめ菓子などがある．
③ **菓子パン類**　菓子パンは，砂糖を多く含むパン生地を用いたもので，日本特有の食品と考えられる．あんパン，カレーパン，メロンパンなどがある．
④ **ケーキ・ペストリー類**　スポンジケーキ，ショートケーキ，タルト，ドーナツ，パイ，ワッフルなどがある．
⑤ **デザート菓子類**　カスタードプディング，ゼリー，バ

バロアなどがある．
⑥ **ビスケット類**　ビスケット，クラッカー，ウエハース，サブレ，プレッツェルなどがある．ビスケットとクッキーはもともと同じ意味だが，日本では糖分と油分が多く含まれ，手づくり風の外観のものはクッキーとよんでもよいとされている．
⑦ **スナック類**　ポテトチップスやコーンスナックなどがある．
⑧ **キャンディ類**　砂糖と水あめを主原料とした菓子類の総称である．糖類を煮詰める温度で類別すると，低温で煮詰めるソフトキャンディと高温で煮詰めるハードキャンディに分類される．ただし，あめ玉は和干菓子類に分類される．キャラメル，ドロップなどがある．
⑨ **チョコレート類**　チョコレートは，カカオマス，ココアバター，砂糖，粉乳を磨砕，微粒化，精錬，調温，成型，熟成したものである．チョコレートの表示については，公正競争規約によって定義などが定められている．チョコレートは，カカオマスに砂糖を加えたスイートチョコレートと乳製品を加えたミルクチョコレートに大別される．また，ホワイトチョコレートのように，カカオマスを用いないものもある．
⑩ **果実菓子類**　マロングラッセなどがある．
⑪ **チューインガム類**　ガムベース（植物性樹脂，酢酸ビニル樹脂，エステルガムなど）に，各種糖類，香辛料，フレーバーなどを加え，練り合わせ，圧延，切断したものである．

●コラム④●

分子食品学から合成食品学へ
～食品を〝本当に〟理解するということ～

食品学の研究によって，食品に含まれるさまざまな成分が明らかにされている．大豆やとうもろこしに含まれる油脂，さとうきびやてんさいに含まれる砂糖に代表されるような，食品中に多く含まれる成分だけでなく，健康機能やおいしさにかかわる成分など，食品中に微量にしか含まれないものも分析されている．さらにそれらの成分は，食品加工技術によって抽出・精製され，さまざまな加工食品などに利用されている．

食品の分析がさらに進めば，食品を構成する成分やその機能がすべて明らかになるであろう．その成分を〝部品〟にして，元の食品と寸分違わず組み立てることができたとしたら，できたものは元の食品と見分けがつかないかもしれない．食品を完全に再現することができれば，食品学的にはその食品を真に理解したともいえる．

生物学の一分野である分子生物学では，生物を個体から組織，細胞，分子へと細分化し，その機能を理解しようという解析的なアプローチが取られてきた．それに続いて，組織，細胞，分子といった生物の構成要素を部品と見なし，それらを組み合わせて生命機能を人工的に設計したり，人工の生物システムを構築したりする学問が誕生した．それが合成生物学である．

2003年に，ヒトのDNAの全塩基配列を解読するプロジェクト「ヒトゲノム計画」が完了したあと，第二のヒトゲノム計画である「ゲノム合成計画」が，2016年に立ち上がっている．また，「人間がデザインした人工のゲノムをもつ細胞」が，2010年に論文発表された．この生物の進化の系統樹から外れた「人工生命体」は，自然界に存在する生物と同じように遺伝子を子孫に受け継ぐことができる．

また，2004年から開催されている合成生物学の国際学生コンテスト「iGEM（アイジェム）」では，参加者が微生物を使ってイメージ通りの「生物」をつくれるかを競い合っている．毎年，さまざまな作品が発表されており，大腸菌でつくられた血液などがある．

食品学では，分子生物学のように食品を細分化して調べることなどが行われてきた．この「分子食品学」ともいえる分解して解析する学問の先には，「合成食品学」という分野が立ち上がり，発展する可能性が考えられる．食品を分子レベルへと分解しながら解析するときよりも，分子レベルから構築する段階に入ったときの方が，食品に対する人間の理解は進むであろう．

現在，遺伝子組換えやゲノム編集といった技術で，食品の一部を人が望むような形で改変することが行われている．その改変は技術的な制限などから，現在の食品の成分の一部を変化させたものにすぎない．もし食品に必要な特性を一から自由にデザインすることが合成食品学により可能になったとしたら，人はどのような食品を「自分たちの食べもの」としてつくるのだろうか．

第5章

食品の成分

Food Ingredients

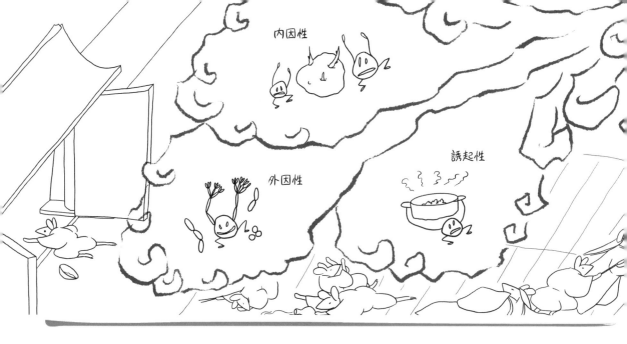

内因性

外因性

誘起性

5.1 有害成分 TOXIC INGREDIENTS

食品は生物に由来するものが多いが，人間にとって不都合な食品中の成分もある．また，もともと安全な植物性，動物性食品であっても，時間が経ち，腐敗によって生命を脅かすものになることもある．食品は，その生産から消費までのいろいろな過程で，有害物質や有害微生物に汚染される可能性がある．これは，生きるために必須の食べものが，反対に死に至らしめる危険性があることを意味する．そのため，食品中の有害成分を知り，食品衛生を正しく理解することがとても重要である．

食品中の有害成分（有毒成分）は多種多様であるが，その起源から大きく分類すると以下の三つに分けられる．
① 内因性の有害成分：食品に元来含まれる**天然毒（自然毒）**など．
② 外因性の有害成分：外部より食品に混入し，汚染する成分．微生物が生成する毒素（**微生物毒**）や有害化学物質など．
③ 誘起性の有害成分：加工や調理の段階で生成される有害な物質．

5.1.1 植物性天然毒
① **有毒配糖体** **配糖体**は，糖がグリコシド結合によりさまざまな有機化合物（**アグリコン**）と結合したものの総称である．植物に含まれる配糖体には，有毒物質やその前駆物質などがある．

じゃがいもには有毒な配糖体である**ソラニン**や**チャコニン**が含まれ，その約95%は，α-ソラニンやα-チャコニンである（図5.1）．これらの有毒成分は新芽と緑化部に含まれ，他の部分では少ない．摂取すると頭痛やめ

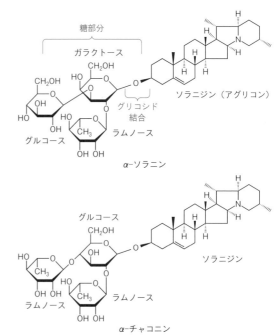

糖部分

ガラクトース

ソラジニン（アグリコン）

グリコシド結合

グルコース　ラムノース

α-ソラニン

グルコース

ソラジニン

ラムノース　ラムノース

α-チャコニン

図 5.1　じゃがいもに含まれる有害物質の構造

まいなどの急性中毒症を引き起こす．加熱に対しても安定性が高いため，食する際にはあらかじめ除去する．

うめ（未熟な青梅）やあんずの未熟種子（仁），ビターアーモンド中には，**アミグダリン**という青酸配糖体が含まれる．植物中に含まれる酵素のエムルシンや，腸内細菌がもつ酵素のβ-グルコシダーゼにより，この青酸配糖体から糖部分が外れると猛毒の**青酸**が生成する（図5.2）ため，青梅などは食べてはいけない．また，キャッサバやあおい豆（ビルマ豆またはリマ豆），輸入されたいんげん豆には，青酸配糖体の**リナマリン（ファゼオルナチン）**が含まれる．β-グルコシダーゼによる配糖体の

第5章 食品の成分

エムルシン
または
β-グルコシダーゼ
H₂O

CH_2OH —O—CH_2

ゲンチオビオース　ベンズアルデヒド

HCN
青酸

アミグダリン

β-グルコシダーゼ
H₂O

＋　グルコース　＋　CH_3COCH_3　＋　HCN

アセトン　青酸

リナマリン（ファゼオルナチン）

図 5.2　うめやキャッサバなどに含まれる有害物質の構造

加水分解から青酸を生じる（図 5.2）．利用する際には，十分な水さらしや水洗などを行う必要がある．

そら豆には**ビシン**や**コンビシン**という配糖体が含まれ，β-グルコシダーゼによりそれぞれ**ジビシン**や**イソウラ**ミルという発熱を伴う溶血性貧血（そら豆中毒）を引き起こす物質が生成する（図 5.3）．そのため十分な加熱が必要である．

わらびには**プタキロシド**という配糖体が含まれ，アルカリ条件で糖鎖部分が切れると**ジエノン構造**をもつ毒へと変化し（図 5.4），これは肝臓などでの発がん性がある．あらかじめ重曹などでゆで，十分なアク抜きを行えば通常の摂取量では問題はない．

キャベツやかぶなどに含まれる配糖体（プロゴイトリ

β-グルコシダーゼ
H₂O

＋　グルコース

ビシン　　　　　ジビシン

β-グルコシダーゼ
H₂O

＋　グルコース

コンビシン　　　　イソウラミル

図 5.3　そら豆に含まれる有害物質の構造

アルカリ条件

＋　グルコース

ジエノン構造

プタキロシド　　　　プタキロジエノン

図 5.4　わらびに含まれる有害物質の構造

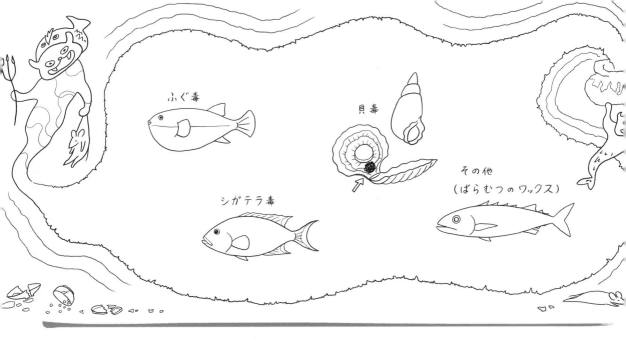

ン）は，ミロシナーゼの作用により辛味成分を生成するとともに，**ゴイトリン**という甲状腺肥大物質を生成する．しかし，影響が出るほど摂取することはほぼ考えにくい．

② きのこ毒　日本に自生する数十種類のきのこには，さまざまな猛毒物質が含まれる．たまごてんぐたけなどには，**アマニチンやファロイジン**という環状の有毒ペプチドが含まれる．べにてんぐたけなどには，**ムスカリン**という有毒物質が存在する．

③ その他　豆類や麦類，じゃがいもなどには，たんぱく質分解酵素（プロテアーゼ）を阻害する**プロテアーゼインヒビター**が含まれることが多い．大豆中にはトリプシンインヒビターのほか，キモトリプシンやペプシンに対する阻害酵素も含まれる．これらの阻害物質はたんぱく質であることが多く，ほとんどの場合，加熱によりその阻害活性を失う．また，小麦やいんげん豆などには**アミラーゼインヒビター**が存在する．同じく，加熱によりその阻害活性を失うことが多い．

豆類には，赤血球を凝集させる**ヘマグルチニン**（レクチン類）が含まれる．経口投与ではその毒性は低いが，十分な加熱で失活させた方がよい．綿実油中の**ゴシポール**には細胞毒性や男性避妊作用があるが，アルカリ精製などにより除去することができる．穀類や野菜類に含まれる**フィチン酸**や**シュウ酸**は，無機質の吸収を阻害する．極端に多く摂取した場合などは，シュウ酸カルシウムの結晶などが結石となって体内に蓄積する場合もある．

5.1.2　動物性天然毒

① ふぐ毒　ふぐの卵巣や肝臓には，**テトロドトキシン**という耐熱性の猛毒物質が含まれる．麻痺性の神経毒で口唇や手足のしびれ，呼吸困難などの中毒症状が現れ，ときには死に至る．ヒトに対する致死量はきわめて少なく，体重 50 kg の人で約 2 mg である．

② シガテラ毒　熱帯や亜熱帯で獲られた魚介類には，シガテラ毒と総称される毒素が含まれる場合がある．**シガトキシン**や**マイトトキシン**などがあり，スナギンチャクを餌とするソウシハギには**パリトキシン**が含まれる．シガトキシンの毒性はふぐ毒テトロドトキシンの約30倍といわれ，消化器系や温度感覚の障害を引き起こす．

③ 貝毒　ある種の植物プランクトンを食べた貝類が毒素を蓄積する場合がある．あさりやむらさき貝，またそれらを餌とする肉食性巻き貝や甲殻類（かになど）の内臓（または中腸腺）に貝毒が蓄積される．

ふぐ毒に類似した中毒を起こす**サキシトキシン**や**ゴニオトキシン**は麻痺性貝毒である．また難水溶性の下痢性貝毒として，ほたて貝やむらさき貝より単離された**オカダ酸**や**ジノフィシストキシン**がある．ばい貝も地域によっては毒性をもつものが発生し，強い神経毒である**スルガトキシン**が単離されている．このほか，記憶喪失や見当識障害を示す**ドウモイ酸**などの貝毒がある．

④ その他　ばらむつなどの魚類の脂肪分にはヒトでは消化できないワックスが含まれ，過剰摂取により下痢性中毒の原因となる場合がある．

5.1.3　微生物毒

（1）　カビが産生する有害物質

カビの代謝産物で有毒な物質（カビ毒）は，**マイコトキシン**と総称される．

① アフラトキシン　コウジカビの一種である *Aspergillus flavus* に汚染された落花生やとうもろこしなどには，強い経口毒素である**アフラトキシン**が含まれ，急性肝障害

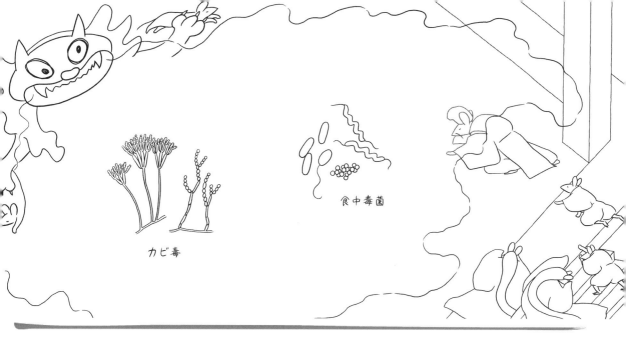

カビ毒

食中毒菌

を起こすことがある．アフラトキシンは非常に強い経口発がん作用（肝臓がん）をもち，とくにB_1型は強い発がん性を示す．日本ではアフラトキシンB_1を産生するカビは検出されていないが，アフラトキシンと同属体のステリグマトシスチンを産生するカビ（*Aspergillus versicolor*）が米から検出されている．どちらのカビ毒も熱に強いため，加熱調理しても毒性は残る．

② 黄変米　第二次世界大戦後の食糧難に，日本が輸入したタイ米に黄色いカビが生えていたことがある（黄変米事件）．汚染菌となった *Penicillium* 属のカビが産生したシトリニンが原因で，神経障害や腎臓障害を起こす．

③ その他　*Aspergillus* 属と *Penicillium* 属のカビによって，りんごの腐敗部分からパツリン，汚染された穀類や豆類からオクラトキシン，落花生，とうもろこし，チーズの汚染部分からシクロピアゾン酸などのマイコトキシンがそれぞれ単離されている．

（2）　細菌が産生する有害物質

① 毒素型食中毒

a．黄色ブドウ球菌　化膿性皮膚疾患や食中毒の原因となる黄色ブドウ球菌が食品中で繁殖すると，エンテロトキシン（腸管毒）が生成される．これは黄色ブドウ球菌の外毒性のひとつで，加熱によって菌は死滅するが，エンテロトキシンは安定である．潜伏時間は 1 〜 6 時間で，嘔吐，吐き気，下痢を主症状とした食中毒を起こす．

b．ボツリヌス菌　嫌気性細菌であるボツリヌス菌は，毒性が高く，神経機能を阻害するボツリヌス毒を産生する．ボツリヌス毒の胞子（芽胞）の耐熱性はきわめて高いが，菌体外に出された毒素は80 ℃，20 分の加熱で比較的速やかに不活性化される易熱性毒素である．12〜36

時間の潜伏後に麻痺症状を起こし，適切な治療なしでは死亡率が高い．

c．その他　セレウス菌も外毒素を産生し，下痢や嘔吐などの食中毒を引き起こす．

② 感染型食中毒

a．サルモネラ菌　サルモネラ菌はヒトや家畜などの哺乳動物に広く分布する菌で，食肉や鶏卵での汚染例がある．症状は悪心や嘔吐ののち，発熱を伴う腹痛と下痢が長く続く．流通時における温度管理と加工調理時の十分な加熱により予防できる．

b．腸炎ビブリオ菌　腸炎ビブリオ菌は海水または海泥中に存在する菌で，海水温の上がる夏季になると食中毒が多発しやすい．原因となる食品は魚介類とその加工食品で，刺身など生魚を用いた食品が原因になりやすい．症状は下痢，腹痛，嘔吐が数日間続くが回復する．低温流通を徹底することと，夏季の厳重な温度管理が必要である．

c．その他　カンピロバクター菌は，家畜・家禽などに広く分布する菌で，鶏肉が感染原因となる例が多い．

③ 混合型

a．ウェルシュ菌　ウェルシュ菌は嫌気性菌で耐熱性芽胞を形成するため，100 ℃，60 分以上で加熱しても死なない．ヒトや動物の腸管，土壌などに広く分布し，小腸内で芽胞を形成するときに毒素を産生するため，腸炎を引き起こす．

b．病原性大腸菌　大腸菌は本来，ヒトを含む動物腸管に常在する菌で，消化活動を助ける有益菌でもあるが，一部の病原性大腸菌は下痢や胃腸炎を引き起こす．腸管出血性大腸菌 O157 はベロ毒素を産生し，意識障害を伴う脳炎などの重篤な症状を引き起こす．食中毒の致死率は高い．消毒や衛生管理の徹底が重要な予防法である．

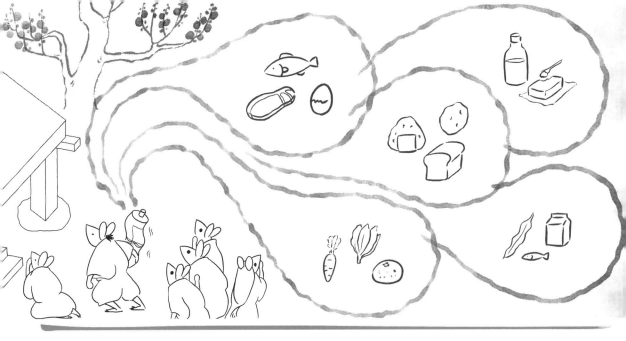

5.2 一次機能成分 NUTRITIONALLY FUNCTIONAL INGREDIENTS

食品の栄養面の機能は，食品の**一次機能**とよばれる．ヒトが生命現象を営むために必要不可欠なエネルギー源や生体構成成分の補給に必要な栄養素としての働きである．すなわち，食品の生命維持の機能が一次機能である．おもにエネルギー源になる栄養素として炭水化物，たんぱく質，脂質があり，これらを**三大栄養素**という．三大栄養素に微量元素であるビタミンと無機質（ミネラル）を加えたものを**五大栄養素**といい，ヒトの生存にとって必須の成分である．

5.2.1 炭水化物

炭水化物とは，ぶどう糖などの単糖から構成される有機化合物の総称である．炭水化物は大きく，体内に吸収されてエネルギー源になる**糖質**と，消化吸収されずエネルギーにならない**食物繊維**に分けられる．糖質には，構成する単糖が1個の**単糖類**，2個の**二糖類**，2～10数個の**少糖類**（または**オリゴ糖**），それ以上の**多糖類**がある．炭水化物は，穀類，いも類，果実類，砂糖を含む甘味料など幅広い食品に含まれる．

（1） 単糖類の構造と種類
① 単糖類の基本構造　**単糖**はこれ以上分解することができない最小構成単位の糖で，一般に甘味がある．単糖は，1個のカルボニル基（アルデヒド基，-CHO）あるいはケトン基（>C=O）と複数のヒドロキシ基（-OH）をもつ．アルデヒド基をもつ**アルドース**，ケトン基をもつ**ケトース**がある（図5.5）．

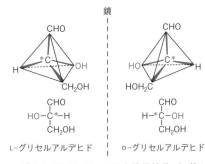

図 5.5　**アルドースとケトースの基本構造**

$$\begin{array}{cc} \text{CHO} & \text{CH}_2\text{OH} \\ \text{CH(OH)} & \text{C=O} \\ [\text{CH(OH)}]_n & [\text{CH(OH)}]_n \\ \text{CH}_2\text{OH} & \text{CH}_2\text{OH} \\ \text{アルドース} & \text{ケトース} \end{array}$$

図 5.6　**グリセルアルデヒドの立体異性体（D体とL体）**
＊：不斉炭素．フィッシャー投影式をそれぞれ下に示す．

単糖には複数の**不斉炭素**をもつものが多い．不斉炭素をもつ化合物は，右手と左手のような関係の**鏡像異性体**の立体異性体の構造をもつ．単糖の立体異性体のうち，アルデヒド基またはケトン基からもっとも遠い不斉炭素の立体配置が，D-グリセルアルデヒドを基準として，同じものを**D体**，L-グリセルアルデヒドと同じものを**L体**という（図5.6）．自然界に存在するほとんどの単糖は，D体である．

② 単糖類の環状構造　単糖は，炭素原子の数によって三炭糖（トリオース），四炭糖（テトロース），五炭糖（ペントース），六炭糖（ヘキソース）などに分類される．食品ではヘキソースが重要である．ペントースやヘキソースは水溶液中で環状構造をとりやすく，**グリコシド**

図 5.7　D-グルコースのアノマー（α型，β型）

α-D-グルコース　　D-グルコース　　β-D-グルコース
　α型　　　　　　　直鎖構造　　　　　　β型

性ヒドロキシ基の立体配置によって二つの立体異性体ができる．この異性体を<u>アノマー</u>といい，それぞれを<u>α型，β型</u>という（図5.7）．

③ 単糖類の性質　通常の単糖はすべて，鎖状構造におけるアルデヒド基あるいはケトン基によって還元性をもつ<u>還元糖</u>である．還元性のある糖は，食品が褐変する化学反応のひとつであるアミノカルボニル反応にかかわる．

④ 単糖類の種類（図5.8）

a．グルコース　<u>グルコース（ぶどう糖）</u>は，アルデヒド基をもつ代表的なアルドースである．水溶液中ではほとんどが環状構造で存在し，α型36％，β型63％，直鎖構造1％で平衡状態にある．甘味はα型でやや強い．果物やはちみつなど，自然界に広く存在する．

b．フルクトース　<u>フルクトース（果糖）</u>は，ケトン基をもつ代表的なケトースである．五員環構造，六員環構造，鎖状構造として存在する．果物に広く含まれ，低温で甘味がα型と比べて3倍ほど強いβ型に移行する（図5.26）．

c．その他の単糖類　<u>ガラクトース</u>は，食品中に単糖として含まれることはほとんどなく，牛乳中のラクトースなどの構成成分として存在する．<u>マンノース</u>も単糖としてはほとんど存在せず，こんにゃくに含まれるグルコマンナンの構成成分として食品中に含まれる．

⑤ 誘導糖類の種類（図5.8）　<u>誘導糖</u>は，単糖の一部の官能基が置換された糖である．単独の遊離状態あるいはオリゴ糖や多糖の構成成分として，食品中に存在する．グルコースの1位のアルデヒド基が還元された<u>糖アルコール</u>のソルビトール，それが酸化されてカルボキシ基となった<u>アルドン酸</u>のグルコン酸，6位が酸化された<u>ウロン酸</u>のグルクロン酸，2位がアミノ化された<u>アミノ糖</u>のグルコサミンなどがある．

単糖類

CHO	CHO	CH_2OH	CHO	CHO
H–C–OH	HO–C–H	C=O	H–C–OH	HO–C–H
HO–C–H	H–C–OH	HO–C–H	HO–C–H	HO–C–H
H–C–OH	HO–C–H	H–C–OH	HO–C–H	H–C–OH
H–C–OH	HO–C–H	H–C–OH	H–C–OH	H–C–OH
CH_2OH	CH_2OH	CH_2OH	CH_2OH	CH_2OH
D-グルコース	L-グルコース	D-フルクトース	D-ガラクトース	D-マンノース

誘導糖類

CH_2OH	COOH	CHO	CHO
H–C–OH	H–C–OH	H–C–OH	H–C–NH_2
HO–C–H	HO–C–H	HO–C–H	HO–C–H
H–C–OH	H–C–OH	H–C–OH	H–C–OH
H–C–OH	H–C–OH	H–C–OH	H–C–OH
CH_2OH	CH_2OH	COOH	CH_2OH
D-ソルビトール	D-グルコン酸	D-グルクロン酸	D-グルコサミン

図 5.8　単糖類および誘導糖類の構造

構造式内の番号は，アルドースの場合，アルデヒド基の炭素を1位として基点とし，ケトースの場合，ケトン基に隣接する鎖末端の炭素を1位として基点とする．

5・2　一次機能成分

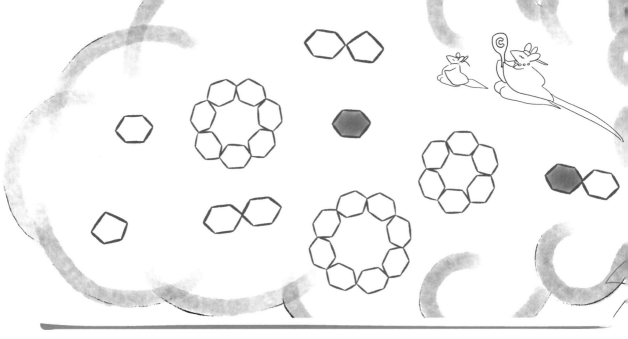

（2）少糖類の構造と種類

① 二糖類の種類（図5.9）

a．スクロース　**スクロース**（**しょ糖**）は，α-グルコースの1位とβ-フルクトースの2位が結合した糖で，非還元糖である．さとうきびやてんさい，多くの果物などに含まれる代表的な甘味成分である．

b．マルトース　**マルトース**（**麦芽糖**）は，グルコース2分子がα-1,4結合した還元糖である．でん粉のβ-アミラーゼ処理によって生じ，水あめの原料となる．

c．ラクトース　**ラクトース**（**乳糖**）は，グルコース1分子とガラクトース1分子がβ-1,4ガラクトシド結合した還元糖である．哺乳類の乳中に含まれる．

d．その他の二糖類　**トレハロース**は，グルコース2分子がα-1,1結合した非還元糖である．きのこ類に含まれるほか，工業的に生産され，保湿剤などとして使用される．

② オリゴ類の種類　三糖以上の少糖は自然界には少ないが，**大豆オリゴ糖**（三糖の**ラフィノース**や四糖の**スタキオース**）などが代表的である．これらのオリゴ糖は，ビフィズス菌の増殖因子として整腸作用を示す．

　シクロデキストリンは，グルコースが6～8個環状に結合した円筒状の構造をもつ．内部は疎水性で，脂溶性物質を安定的に取り込む包接化合物となる．スパイスや香料に使用され，風味や色素の保持，異臭・異味のマスキングなどの機能をもつ．

（3）多糖類の構造と種類

　多糖は，単糖や誘導糖が数十～数百万個グリコシド結合した高分子化合物である．1種類の単糖から成る単純多糖や，数種類の単糖から成る複合多糖などがある．多糖は還元性を示さず，一般に無味である．多糖類は，ヒトが消化吸収できる**消化性多糖**と消化吸収できない**難消化性多糖**（**食物繊維**）に大別される．

① 消化性多糖類

a．でん粉　**でん粉**は植物の貯蔵多糖で，穀類やいも類，豆類など多くの植物性食品に含まれる．でん粉は，アミロースとアミロペクチンの2種類から成る．**アミロース**は，グルコースが直鎖状にα-1,4結合し，6分子でひと巻きするらせん構造である．**アミロペクチン**は，ところどころでα-1,6結合により枝分かれする房状構造である（図5.10）．

b．グリコーゲン　**グリコーゲン**は，動物の肝臓や筋肉に含まれる貯蔵多糖である．基本構造はアミロペクチンと似た構造で，分岐が多い．

② 食物繊維　**食物繊維**は，「ヒトの消化酵素で消化されない食品中の難消化性成分の総体」と定義される．その多くは植物由来の成分で，キチンなどの動物性成分もある．

　食物繊維には，水溶性食物繊維と不溶性食物繊維がある．**水溶性食物繊維**は，大麦，えんばく（オーツ麦），こんにゃ

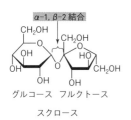

α-1, β-2 結合

グルコース　フルクトース

スクロース

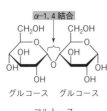

α-1, 4 結合

グルコース　グルコース

マルトース

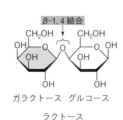

β-1, 4 結合

ガラクトース　グルコース

ラクトース

図 5.9　二糖類の構造

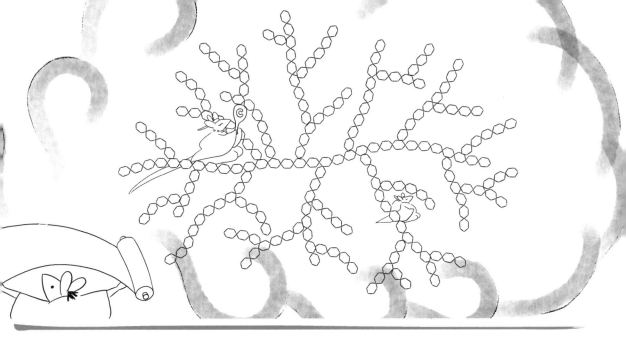

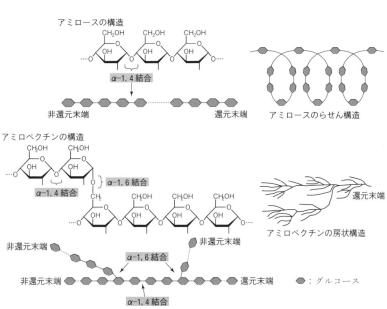

アミロースの構造

α-1, 4 結合

非還元末端　　　　　　　　　　　還元末端

アミロースのらせん構造

アミロペクチンの構造

α-1, 4 結合　　α-1, 6 結合

α-1, 6 結合　　還元末端

非還元末端　　　　　　　　　　　非還元末端

非還元末端　　　　　　　　　　　還元末端

α-1, 4 結合

アミロペクチンの房状構造

⬡：グルコース

図 5.10　でん粉の構造

くいも，果物，こんぶなどに多く含まれ，水溶性ペクチン，グルコマンナン，アルギン酸，イヌリン，寒天などがある．**不溶性食物繊維**は，穀類，豆類，野菜類，果実類，きのこ類，藻類，甲殻類（えびやかに）の殻などに多く含まれ，セルロース，ヘミセルロース，不溶性ペクチン，β-グルカン，キチン，キトサンなどがある．

　食物繊維はエネルギーにならないと考えられてきたが，一部は大腸内の腸内細菌によって発酵され，生じた短鎖脂肪酸がヒトのエネルギー源になることが明らかとなっている．

a．セルロース　**セルロース**は植物細胞壁の主成分で，グルコースが β-1,4 結合した直鎖状の多糖であり，これらが束となって繊維体を形成する（図 5.11）．

b．ペクチン　**ペクチン**は果物や野菜などに広く分布し，細胞と細胞を接着する役目をもつ．ガラクトースの誘導体（ウロン酸）であるガラクツロン酸が α-1,4 結合した重合体で，一部がメチルエステル化してメトキシ基となった構造である（図 5.11）．

c．β-グルカン　きのこ類や酵母に多く含まれる**β-グルカン**は，グルコースがセルロースと同じ β-1,4 結合に加えて β-1,3 結合が混在する多糖である．免疫増強作用がある（図 5.11）．

d．キチン，キトサン　えびやかになどの甲殻類の外骨格には，N-アセチルグルコサミンが β-1,4 結合した多糖の**キチン**が存在する．キチンをアルカリ処理することでアセトアミド基が脱アセチル化され，**キトサン**となる（図 5.11）．

5.2.2　たんぱく質

　ヒトのからだの約 60% は水分で，15〜20% は**たんぱく質**でできている．このたんぱく質によって筋肉や臓器，肌，髪，爪，体内のホルモンや酵素，抗体などがつくられ，分解してエネルギー源にもなる．

　たんぱく質は，20 種類の**アミノ酸**が**ペプチド**結合により連結した高分子窒素化合物である．炭水化物や脂質と異なり，窒素を平均 16% 含むという特徴がある．たんぱく質は，肉類，魚介類，乳類，卵類，大豆製品など

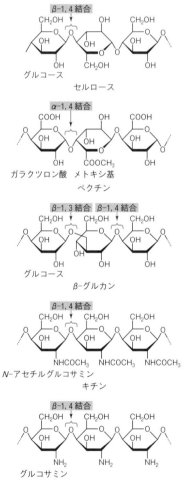

β-1, 4 結合

グルコース

セルロース

α-1, 4 結合

COOH

ガラクツロン酸　メトキシ基

ペクチン

β-1, 3 結合　β-1, 4 結合

グルコース

β-グルカン

β-1, 4 結合

NHCOCH₃　NHCOCH₃　NHCOCH₃

N-アセチルグルコサミン

キチン

β-1, 4 結合

NH₂　NH₂　NH₂

グルコサミン

キトサン

図 5.11　おもな食物繊維の構造

に多く含まれる.

（1）　アミノ酸の構造と種類

① アミノ酸の基本構造　アミノ酸は，1 分子内にアミノ基（-NH₂）とカルボキシ基（-COOH）をもつ分子で，自然界には数多く存在し，ヒトのたんぱく質は 20 種類のアミノ酸で構成されている. たんぱく質を構成するアミノ酸は，プロリン以外はα位（分子内のカルボキシ基に隣接する炭素原子）の炭素にアミノ基とカルボキシ基が結合した**α-アミノ酸**である（図 5.12）.

グリシンを除くアミノ酸は，α炭素の 4 本の結合部位にすべて異なる基が結合した**不斉炭素**をもつため，立体異性体の**L 型**と **D 型**のアミノ酸が存在する（図 5.13）. 生命体を構成するアミノ酸のほとんどは L 型アミノ酸で，D 型はきわめてまれである. これは，進化のごく初期の過

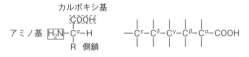

カルボキシ基

アミノ基

$-C^\varepsilon-C^\delta-C^\gamma-C^\beta-C^\alpha-COOH$

図 5.12　**α-アミノ酸の構造**

α位の炭素の隣りをβ位，さらに隣りをγ位とよぶ.

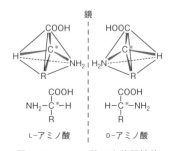

鏡

L-アミノ酸　　D-アミノ酸

図 5.13　**アミノ酸の立体異性体**

＊：不斉炭素. フィッシャー投影式をそれぞれ下に示す.

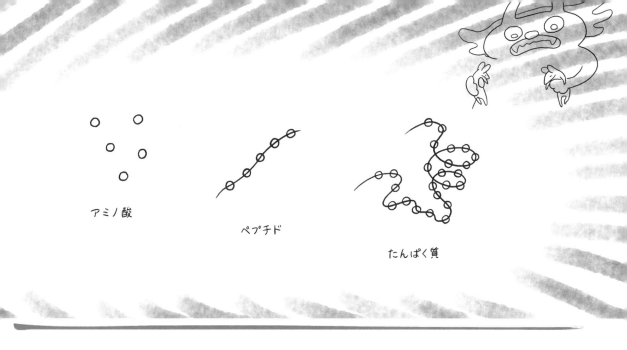

アミノ酸　　　　　ペプチド　　　　　たんぱく質

程でL型のみを利用する選択がなされたことを示している.

② アミノ酸の構造と種類　たんぱく質を構成する20種類のアミノ酸のうち, バリン, ロイシン, イソロイシン, トレオニン, リシン, ヒスチジン, フェニルアラニン, メチオニン, トリプトファンの9種類は<u>必須アミノ酸</u>とよばれ, 体内で合成することができないため, 食品から摂取しなければならない. 残り11種類のアミノ酸は, 体内でつくりだすことができる. アミノ酸は, 脂肪族アミノ酸, 酸性アミノ酸, 酸性アミノ酸の酸アミド, 塩基性アミノ酸, 芳香族アミノ酸, 含硫アミノ酸, 複素環式アミノ酸に分けることができる (表5.1).

③ アミノ酸の性質　アミノ酸のアミノ基とカルボキシ基は, 水溶液のpHによって解離状態が変化する. アミノ基は, 酸性条件下では$-NH_3^+$となり, アルカリ性条件下では電荷を失って$-NH_2$となる. 逆にカルボキシ基は, 酸性条件下では非解離の-COOH, アルカリ性条件下で$-COO^-$に解離する. このような性質をもつ物質を**両性電解質**という. 中性付近の水溶液中では, 両方の官能基が電離した**両性イオン**(**双性イオン**)の状態で存在する (図5.14). また, アミノ酸は適当なpH下では正負の電荷が等しくなる. このpHを**等電点**とよび, 各アミノ酸により値は異なる (表5.1).

表 5.1　アミノ酸の種類と構造

分類	アミノ酸 (略号[*1]) 味　等電点[*2]	構造
脂肪族アミノ酸	グリシン (Gly, G)　甘味　5.97	$H_2N-CH-COOH$ (H)
	アラニン (Ala, A)　甘味　6.00	$H_2N-CH-COOH$ (CH_3)
	バリン (Val, V)　甘味 苦味　5.97	$H_2N-CH-COOH$ ($CH-CH_3$, CH_3)
	ロイシン (Leu, L)　苦味　5.98	$H_2N-CH-COOH$ (CH_2, $CH-CH_3$, CH_3)
	イソロイシン (Ile, I)　苦味　6.02	$H_2N-CH-COOH$ ($CH-CH_3$, CH_2, CH_3)
	セリン (Ser, S)　甘味　5.68	$H_2N-CH-COOH$ (CH_2OH)
	トレオニン (Thr, T)　甘味　5.60	$H_2N-CH-COOH$ (CHOH, CH_3)
酸性アミノ酸	アスパラギン酸 (Asp, D)　酸味　2.98	$H_2N-CH-COOH$ (CH_2, COOH)
	グルタミン酸 (Glu, E)　酸味 うま味　3.22	$H_2N-CH-COOH$ (CH_2, CH_2, COOH)
酸性アミノ酸の酸アミド	アスパラギン (Asn, N)　無味　5.41	$H_2N-CH-COOH$ (CH_2, $CONH_2$)
	グルタミン (Gln, Q)　苦味 酸味　5.70	$H_2N-CH-COOH$ (CH_2, CH_2, $CONH_2$)
塩基性アミノ酸	リシン (Lys, K)　苦味　9.74	$H_2N-CH-COOH$ (CH_2, CH_2, CH_2, CH_2, NH_2)
塩基性アミノ酸	アルギニン (Arg, R)　苦味　10.76	$H_2N-CH-COOH$ (CH_2, CH_2, CH_2, NH, C=NH, NH_2)
	ヒスチジン (His, H)　苦味　7.59	$H_2N-CH-COOH$ (CH_2, imidazole ring N, NH)
芳香族アミノ酸	フェニルアラニン (Phe, F)　苦味　5.48	$H_2N-CH-COOH$ (CH_2, benzene ring)
	チロシン (Tyr, Y)　無味　5.67	$H_2N-CH-COOH$ (CH_2, benzene ring, OH)
含硫アミノ酸	システイン[*3] (Cys, C)　無味　5.02	$H_2N-CH-COOH$ (CH_2, SH)
	メチオニン (Met, M)　苦味　5.06	$H_2N-CH-COOH$ (CH_2, CH_2, S, CH_3)
複素環式アミノ酸	トリプトファン (Trp, W)　苦味　5.88	$H_2N-CH-COOH$ (CH_2, indole ring, NH)
	プロリン (Pro, P)　甘味 苦味　6.30	(COOH, HN, pyrrolidine ring)

赤字は必須アミノ酸を示す.
＊1　三文字略字および一文字略字を併記.
＊2　溶液中のアミノ酸の＋と－の電荷が等しくなるpHの値.
＊3　ポリペプチド上ではシステイン2分子がジスルフィド結合してシスチンとなることが多い.

5・2　一次機能成分

- 131 -

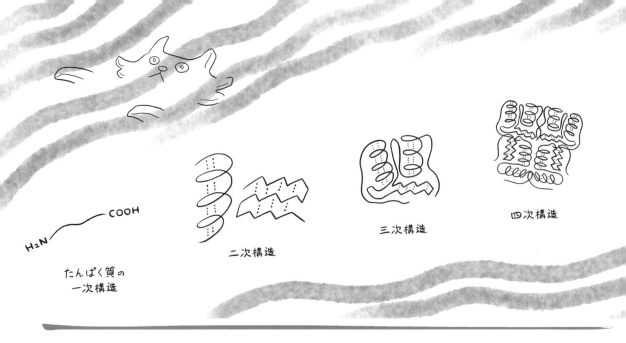

たんぱく質の
一次構造

二次構造

三次構造

四次構造

H₂N ――― COOH

図 5.14　水溶液中のアミノ酸のイオンの変化

陽イオン
（酸性）

両性イオン
（中性付近）

陰イオン
（アルカリ性）

（2）　ペプチドの構造と種類

アミノ酸のカルボキシ基（-COOH）と別のアミノ酸の
アミノ基（-NH₂）のあいだで水分子が脱離し，アミノ酸
が結合（脱水縮合）した化合物を<u>ペプチド</u>という（図 5.15）.
このアミノ酸どうしの結合（-CO−NH）を<u>ペプチド結</u>
<u>合</u>という．2個のアミノ酸が結合したジペプチド，3個
のアミノ酸が結合したトリペプチド，2〜10個程度結
合したオリゴペプチド，多数結合したポリペプチドがあ
る．また食品の呈味，生体内の情報伝達（ホルモンペプ
チド，神経ペプチドなど），血圧や血糖の調節などを示
すペプチドが多数存在する.

（3）　たんぱく質の構造と種類

① たんぱく質の構造　たんぱく質の構造は，一次構造，
二次構造，三次構造，四次構造に分けられる．たんぱく質
の二次構造，三次構造，四次構造は<u>高次構造</u>とよばれる.

<u>一次構造</u>は，ペプチド鎖内のアミノ酸配列の順序であ
る．ペプチド鎖の両端にはアミノ基（アミノ末端）とカ
ルボキシ基（カルボキシ末端）が存在し，それぞれ <u>N 末</u>，
<u>C 末</u>とよばれる.

<u>二次構造</u>は，局所的に見られる対称的な構造である.
具体的には，<u>α ヘリックス構造</u>（らせん構造），<u>β シー</u>
<u>ト構造</u>（ひだ状構造）がある．また，一定の構造をとら
ない<u>ランダムコイル構造</u>もある.

アミノ酸1　　　　　　　　　　　アミノ酸2

脱水縮合

ジペプチド

ペプチド結合

図 5.15　アミノ酸からのペプチドの形成

<u>三次構造</u>は，ひとつのポリペプチド鎖が球状や繊維状
に折りたたまれ，二次構造をもつ立体的な構造である.
たんぱく質の三次構造には，たんぱく質の分子内のアミ
ノ酸側鎖間の結合がかかわる．結合には，疎水結合，ジ
スルフィド結合，イオン結合，水素結合などがある．水
溶液中では，ポリペプチド鎖の内部に疎水性のアミノ酸
が多く配列し，疎水性アミノ酸どうしで結合する．また，
表面には親水性のアミノ酸が位置し，水和されている.

<u>四次構造</u>は，いくつかのポリペプチドやたんぱく質サ
ブユニット（単量体）の複合体の構造である．たとえば，
血液の赤血球に存在するヘモグロビンは α 鎖と β 鎖の 2
種類のポリペプチドが 2 個ずつ会合した巨大分子である.

② たんぱく質の種類と分類　たんぱく質は，ポリペプ
チド鎖のみから成る<u>単純たんぱく質</u>，ポリペプチド鎖に
糖，リンなどの非たんぱく質が結合した<u>複合たんぱく質</u>，
またこれらのたんぱく質が物理的，化学的作用を受けて
生じる誘導たんぱく質に分類される.

単純たんぱく質は，水，塩類，酸，アルカリ，アル
コールなどの溶液に対する溶解性により，<u>アルブミン</u>，
<u>グロブリン</u>，<u>プロラミン</u>，<u>グルテリン</u>，<u>ヒストン</u>，<u>プロ</u>
<u>タミン</u>，<u>アルブミノイド</u>（<u>硬たんぱく質</u>）に分類され，

表5.2　単純たんぱく質の分類

属	溶解性 水	塩類	希酸	希アルカリ	*アルコール	特徴	代表たんぱく質の名称（　）内は含まれる食品と場所
アルブミン	○	○	○	○	×	熱凝固する 飽和硫酸アンモニウム添加で沈殿する	オボアルブミン（卵白）ラクトアルブミン（乳）血清アルブミン（血清）ロイコシン（小麦）
グロブリン	×	○	○	○	×	熱凝固する 半飽和硫酸アンモニウム添加で沈殿する	オボグロブリン（卵黄）グリシニン（大豆）ミオシン（筋肉）
プロラミン	×	×	○	○	○	熱凝固しない	グリアジン（小麦）ゼイン（とうもろこし）ホルデイン（大麦）
グルテリン	×	×	○	○	×		グルテニン（小麦）オリゼニン（米）
ヒストン	○	○	○	×	×	熱凝固しない 塩基性たんぱく質	胸腺ヒストン
プロタミン	○	○	○	×	×	熱凝固しない 強塩基性たんぱく質	サルミン（さけ）クルペイン（にしん）スコンブリン（さば）
アルブミノイド（硬たんぱく質）	×	×	×	×	×	熱凝固しない	フィブロイン（絹糸）ケラチン（爪，毛，角質）エラスチン（腱，靱帯）コラーゲン（結合組織，軟骨）

○：可溶　×：不溶　を示す．＊：70％アルコール．

食品を構成するたんぱく質はいずれかに属する（表5.2）.
　複合たんぱく質は，結合する非たんぱく質成分に基づき，糖たんぱく質，リポたんぱく質，リンたんぱく質，核たんぱく質，色素たんぱく質などに分類される．また，たんぱく質は分子形態により，球状たんぱく質と繊維状たんぱく質にも分類される.

（4）　たんぱく質の性質と変性
① たんぱく質の性質　たんぱく質は，アミノ酸含量や配列順序，それらに基づく高次構造によって多種類存在し，性質も多様である．この性質がたんぱく質食品の多様性を生み出している.
　a．電気的性質　たんぱく質は，アミノ基およびカルボキシ基をもつアミノ酸によって構成される．そのため，アミノ酸と同様に両性電解質の性質をもち，固有の等電点をもつ．等電点では水和量が少なく，もっとも溶解度が低くなり，沈殿しやすくなる．たんぱく質を等電点で沈殿させることを等電点沈殿といい，その性質を利用した食品にはヨーグルトや豆腐などがある.
　b．溶解性　たんぱく質は，水分子と水和する基（アミノ基，カルボキシ基，ヒドロキシ基など）が表面に出ていると溶けやすくなる．たんぱく質溶液に少量の塩類を加えると，たんぱく質の溶解度が増加する．この現象を塩溶という．また，たんぱく質溶液に多量の塩類を加えるとたんぱく質の溶解度が減少し，沈殿する．これを塩析という.
② たんぱく質の変性　たんぱく質は，側鎖どうしが相互作用しながら立体構造を保つ．食品のたんぱく質は，熱，圧力，攪拌などの物理的作用や，酸，アルカリなどの化学的作用によって，その立体構造を保持する水素結合，イオン結合や疎水結合などが切れて，らせん構造やひだ状構造がほどけ，形や性質が変化する．これをたんぱく質の変性という．変性したたんぱく質は，変性前に内部に存在していた原子団が表面に出てきたり，分子内にすき間ができたりして，酵素作用を受けやすくなり，消化されやすくなる．変性したたんぱく質は元の構造に戻る可塑性を示す場合もあるが，一般にその構造は復元

表 5.3 食品のたんぱく質の変性

変性の要因	おもな具体例
加　熱	ゆで卵，卵焼き，焼き肉，ゆば，かまぼこ
表面張力	メレンゲ，スポンジケーキ，アイスクリーム
凍　結	凍り豆腐
脱　水	するめ
酸	ヨーグルト，しめさば，チーズ
アルカリ	ピータン
金属イオン	豆腐（Ca^{2+}，Mg^{2+}）

されない．たんぱく質の変性にはさまざまな要因があり，それらによって特徴ある食品がつくられている（表5.3）．

（5）たんぱく質の栄養

　食品のたんぱく質の栄養価のもっとも一般的な評価方法は，アミノ酸価（アミノ酸スコア）である．「たんぱく質を構成するアミノ酸の必須アミノ酸の種類と量によって決まる」という考えに基づく．

　アミノ酸価は，FAO（国際連合食糧農業機関）/WHO（世界保健機関）が 1973 年に提案したアミノ酸評点パターン，または FAO/WHO/UNU（国連大学）が 1985 年と 2007 年に提案したアミノ酸評点パターンを基準として，食品たんぱく質中のアミノ酸含量を比較して算定する指標である．アミノ酸価は，食品中のたんぱく質の必須アミノ酸がどれだけ不足しているかを表し，アミノ酸価が 100 に近いほど良質のたんぱく質であるといえる．

5.2.3 脂質

　糖質とたんぱく質は 1 g あたり 4 kcal のエネルギー量をもつが，脂質は 9 kcal と，三大栄養素の中でもっとも

高い．脂質は，水に溶けずにエーテル，クロロホルムなどの有機溶媒に溶ける成分の総称である．

（1）脂質の構造と種類

　脂質は，単純脂質，複合脂質，誘導脂質，その他の脂質に大別される．脂肪酸は，もっとも重要な脂質の構成成分のひとつである．

① 脂肪酸　脂肪酸は，脂肪族炭化水素鎖の一方の末端にカルボキシ基（-COOH）をもつカルボン酸のひとつである．食品中にはおもに単純脂質，複合脂質の構成成分として存在する．

　脂肪酸の性質は，炭化水素鎖の炭素の数と二重結合の数により異なる．天然に存在するほとんどの脂肪酸の炭素数は偶数で，6 個以下を短鎖脂肪酸，8 ～10 個を中鎖脂肪酸，12 個以上を長鎖脂肪酸（高級脂肪酸）とよぶ．また脂肪酸には，炭化水素鎖に二重結合をもたない飽和脂肪酸，二重結合をもつ不飽和脂肪酸がある．不飽和脂肪酸は，二重結合を 1 個もつ一価不飽和脂肪酸（モノエン酸），2 個以上の多価不飽和脂肪酸（高度不飽和脂肪酸，ポリエン酸）に分かれる．食品中のおもな脂肪酸の分類と種類を表5.4に示す．

a．飽和脂肪酸　炭素数 4 個から 10 個までの飽和脂肪酸は，バター，ヤシ油などに含まれ，他の食品にはあまり含まれていない．自然には炭素数 12 個から 20 個までの飽和脂肪酸が幅広く存在し，とくに炭素数 16 個のパルミチン酸と 18 個のステアリン酸がもっとも多く存在する．

b．不飽和脂肪酸　脂肪酸の二重結合の位置を表す方法として，メチル基末端から何番目の炭素に二重結合があるかにより不飽和脂肪酸を分類する方法があり，二つの

第5章　食品の成分

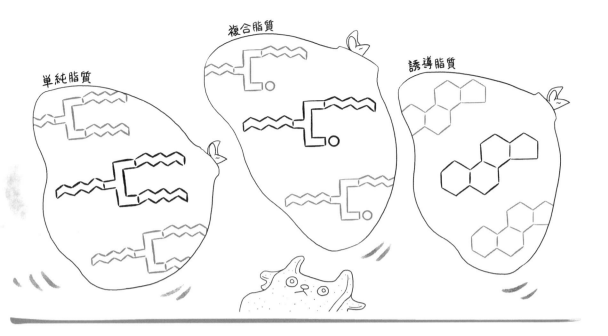

単純脂質　　複合脂質　　誘導脂質

表5.4　食品中のおもな脂肪酸の分類と種類

脂肪酸の分類				脂肪酸名	炭素数	二重結合数	含まれる食品
短鎖脂肪酸	飽和脂肪酸			酪酸	4	0	乳製品
				カプロン酸	6	0	乳製品
中鎖脂肪酸				カプリル酸	8	0	乳製品
				カプリン酸	10	0	乳製品
長鎖脂肪酸				ラウリン酸	12	0	パーム油
				ミリスチン酸	14	0	動物油, 魚油
				パルミチン酸	16	0	動物油, 魚油
				ステアリン酸	18	0	動物油, 魚油
				アラキジン酸	20	0	落花生油
	不飽和脂肪酸	一価		パルミトオレイン酸	16	1	魚油
				オレイン酸	18	1	植物油, 動物油
		多価	n-6系	リノール酸	18	2	植物油
				γ-リノレン酸	18	3	月見草油
				アラキドン酸	20	4	魚油, 肝油
			n-3系	α-リノレン酸	18	3	植物油
				(エ) イコサペンタエン酸　I(E)PA	20	5	魚油
				ドコサヘキサエン酸　DHA	22	6	魚油

表記法がある. ひとつは, メチル基末端が ω（オメガ）値とよばれることから, そこから何番目の炭素に二重結合があるかにより「ω数字（たとえばω3）」のように表す方法である. もうひとつは, 二重結合が存在する位置をメチル基末端の炭素から数えた「n-数字（たとえばn-3 など）」で表す方法で, いずれの表記法でも数字は同じである. n-3系（ω3）脂肪酸としてα-リノレン酸, （エ）イコサペンタエン酸〔(E)IPA〕, ドコサヘキサエン酸（DHA）, n-6系（ω6）脂肪酸としてリノール酸, γ-リノレン酸, アラキドン酸, n-9系脂肪酸としてオレイン酸などがある（図5.16）.

自然の不飽和脂肪酸の二重結合は, ほとんどがシス型である. トランス型の二重結合をもつ不飽和脂肪酸であるトランス脂肪酸は, 自然の動植物の脂肪中に少し存在する（乳や肉にエライジン酸が少量含まれる. 図5.16）.

水素を付加して硬化した硬化油を製造する過程でも生成される.

② 単純脂質　脂肪酸のカルボニル基とアルコールのヒドロキシ基が脱水縮合してできるエステル結合をもつ化合物を単純脂質とよび, 炭素と水素と酸素原子からのみ構成される. とくに脂肪酸とグリセロールのエステル化合物をトリアシルグリセロール（トリアシルグリセリド, 中性脂肪）とよび, 長鎖脂肪族アルコールと脂肪酸のエステル結合をもつ化合物をワックス（ろう）という.

a. トリアシルグリセロール　脂質の中で, 動植物中にもっとも多く含まれているのがトリアシルグリセロールで, 3価のグリセロールに3分子の脂肪酸がエステル結合したものである（図5.17）. グリセロールに結合した脂肪酸の数が2分子, 1分子のものをそれぞれジアシルグリセロール, モノアシルグリセロールといい, 自然に

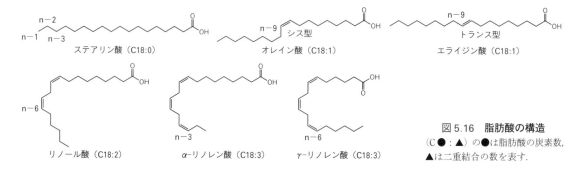

ステアリン酸（C18:0）　　　　　　オレイン酸（C18:1）　　　　　　エライジン酸（C18:1）

シス型　　　　　　　　　　　トランス型

リノール酸（C18:2）　　　　α-リノレン酸（C18:3）　　　　γ-リノレン酸（C18:3）

図 5.16　脂肪酸の構造
（C●：▲）の●は脂肪酸の炭素数，
▲は二重結合の数を表す.

$$H_2C-OH \quad R_1-COOH$$
$$HO-CH \quad + \quad R_2-COOH \quad \xrightarrow[3H_2O]{エステル結合}$$
$$H_2C-OH \quad R_3-COOH$$

グリセロール　　　脂肪酸

$$H_2C-O-\overset{\displaystyle O}{\overset{\|}{C}}-R_1$$
$$R_2-\overset{\displaystyle O}{\overset{\|}{C}}-O-CH$$
$$H_2C-O-\overset{\displaystyle O}{\overset{\|}{C}}-R_3$$

トリアシルグリセロール

図 5.17　トリアシルグリセロールの構造
R_1, R_2, R_3：脂肪酸のアルキル基.

は少ない.

b．ワックス（ろう）　ミツバチの巣の主成分であるみ
つろうやかんきつ類の皮のつやの成分，深海魚やクジラ
に含まれる油脂，羊毛など，動植物に広く分布する．消
化吸収できないため，大量に食べると下痢などを引き起
こす．ワックスを多く含むばらむつなどは，食品衛生法
で販売が禁止されている．

c．ステロールエステル　ステロールと脂肪酸がエステ
ル結合した化合物を<u>ステロールエステル</u>という．そのひ
とつであるコレステロールエステルは，血中 LDL（低比
重リポたんぱく質）に含まれ，いわゆる悪玉コレステ
ロールともよばれる．

③ 複合脂質　複合脂質は，脂肪酸，アルコールのほかに，
リン酸，糖などが結合したものをいう．大きく，<u>リン脂</u>

<u>質</u>と<u>糖脂質</u>に分類される．

a．リン脂質　リン脂質はアルコールにリン酸，脂肪酸
などが結合した脂質である．アルコールの種類により<u>グ</u>
<u>リセロリン脂質</u>と<u>スフィンゴリン脂質</u>に分けられる．グ
リセロリン脂質は，グリセロールの1位と2位の炭素に
結合したヒドロキシ基に脂肪酸がエステル結合し，3位
のヒドロキシ基にリン酸が結合した<u>ホスファチジン酸</u>に，
さらにエタノールアミンやコリンなどが結合したもので
ある（図5.18）．<u>ホスファチジルコリン</u>を主要成分とす
る<u>レシチン</u>は大豆や卵黄に含まれ，乳化剤として広く利
用されている．スフィンゴリン脂質としてはスフィンゴ
ミエリンが知られる．

b．糖脂質　主要な糖脂質は，アルコールに糖，脂肪酸
が結合した脂質で，アルコールの種類による<u>グリセロ糖</u>
<u>脂質</u>（植物組織に多い）と<u>スフィンゴ糖脂質</u>（動物組織
に多い）に分けられる．糖は，ガラクトース，グルコー
スなどの単糖，またはオリゴ糖の状態でグリコシド結合
している．

④ 誘導脂質およびその他の脂質　誘導脂質は，単純脂質
や複合脂質を加水分解することにより得られる脂溶性成

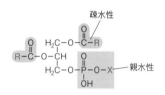

疎水性

グリセロリン脂質の基本構造

スフィンゴシンの部分

コリン

スフィンゴリン脂質（スフィンゴミエリン）の基本構造

親水性

結合する成分（X）	$-CH_2CH_2\overset{+}{N}(CH_3)_3$ コリン	$-CH_2CH_2NH_2$ エタノールアミン	$-CH_2CHCOOH$ 　　　NH_2 セリン	$-CH_2$ $-CHOH$ $-CH_2OH$ グリセロール
グリセロリン脂質	ホスファチジルコリン（レシチン）	ホスファチジルエタノールアミン（ケファリン）	ホスファチジルセリン	ホスファチジルグリセロール

図 5.18　リン脂質の構造

R：脂肪酸のアルキル基.

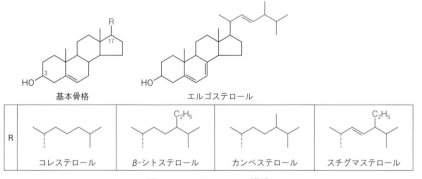

基本骨格　　　　　エルゴステロール

R	コレステロール	β-シトステロール	カンペステロール	スチグマステロール

図 5.19　ステロールの構造

ステル結合しているステロールエステルもある（図 5.19）. 動物のおもなステロールは<u>コレステロール</u>で，鶏卵や魚卵，肝臓，いか，たこ，貝類に多く含まれる. 植物の細胞膜には，β-シトステロール，カンペステロール，スチグマステロールなどの<u>植物ステロール</u>が含まれる. きのこ類の細胞膜，とくにしいたけには<u>エルゴステロール</u>が含まれ，紫外線照射によりビタミン D_2 に変化する.

（2）脂質の性質

① 物理的性質

a．融点　融点は，不飽和脂肪酸よりも飽和脂肪酸を，炭素数の小さい脂肪酸よりも大きい脂肪酸を多く含む油脂の方が高い. また脂肪酸組成が同じでも，グリセロールへの結合位置が異なる場合や，結晶形の違いで融点が異なる.

分で，脂肪酸や脂肪族アルコール，ステロールなどがある. その他の脂質としては，脂溶性ビタミン，脂溶性色素，サメ肝油中に含まれるスクアレンなどがある.

<u>ステロール</u>は，ステロール骨格の 17 位に炭水化物鎖が結合した化合物で，3 位のヒドロキシ基に脂肪酸がエ

b．比重，屈折率　比重は油脂を構成する脂肪酸の種類により異なり，分子量が小さく，二重結合が少ないほど小さくなる傾向がある. 天然油脂の比重は 15 ℃で 0.91〜0.95 と水より軽いため，油は水に浮かぶ. 屈折率は，不飽和脂肪酸やヒドロキシ脂肪酸が多いほど高くなり，

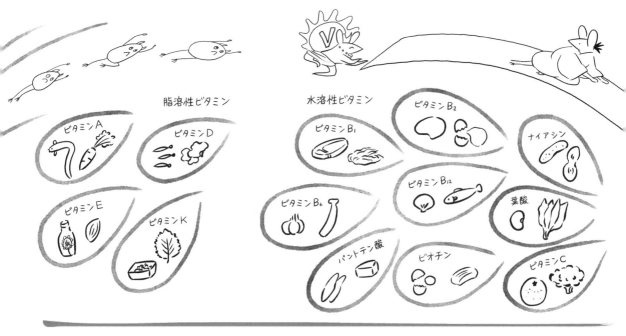

油脂の不飽和度や酸化の指標となる.

　c．発煙点　発煙点は特定の条件下で油脂を加熱した際に煙が出始めるときの温度で，加熱安定性を示す．フライなどに使用する油脂は，発煙点が170℃未満になった場合，新しい油脂に交換するように厚生労働省の通知で定められている.

② 化学的性質

　a．ケン化価　油脂1gを，アルカリ加水分解するのに必要な水酸化カリウムのmg数で表す．油脂の構成脂肪酸の平均分子量が小さいほど値が大きくなり，またこの値からトリアシルグリセロールの平均分子量を求めることができる.

　b．ヨウ素価　油脂100gに付加するヨウ素のg数で表す値である．油脂中の二重結合数の指標となり，この値が高いほど油脂中の不飽和脂肪酸の割合が多い.

　c．酸価　油脂1g中に含まれる遊離脂肪酸を中和するのに必要な水酸化カリウムのmg数で表される値である．新しい油脂では低いが，加工，貯蔵，酸化などにより遊離脂肪酸が増えると高くなる.

　d．過酸化物価　油脂1g中の過酸化物（ヒドロペルオキシド）によりヨウ化カリウムから単離されるヨウ素のミリ当量数で表され，油脂の酸化劣化の程度を表す指標となる.

　e．カルボニル価　油脂1kg中のカルボニル化合物（アルデヒドやケトン）の総量を2,4-ジニトロフェニルヒドラジンによる比色定量法で求めた値で，酸化二次生成物の指標のひとつである．油脂の酸化が進行すると過酸化物価は徐々に低下し，カルボニル価が上昇する.

　f．チオバルビツール酸反応物質（TBARS）　脂質過酸化物が分解して生成するマロンジアルデヒドが，チオバ

ルビツール酸と反応して生成する赤色色素のこと．この量を測定することで，食品や組織中の過酸化物を比較的簡単に評価できるため，広く用いられている.

（3）脂質の栄養

① エネルギー源としての脂質　脂質のエネルギー量は9kcal/gで，単位量あたりのエネルギー含量が糖質やたんぱく質，炭水化物の4kcal/gより高く，効率のよいエネルギー源である．さらに，ヒトに必要な脂溶性ビタミンなどの脂溶性成分の吸収にも重要な役割をもつ．しかし，高エネルギーのため，摂りすぎは肥満を引き起こし，生活習慣病の原因につながることから適切な摂取が必要である.

② 必須脂肪酸　脂質に含まれるリノール酸，α-リノレン酸などは体内で合成できないため，食品から摂らなければならない必須脂肪酸である．これらの脂肪酸は，正常な生育や生理機能の維持に必要な成分である．また，これらから生合成されるアラキドン酸や（エ）イコサペンタエン酸などの炭素数が20個以上の多価不飽和脂肪酸から，（エ）イコサノイドとよばれるプロスタグランジン（PG）やトロンボキサン（TX），ロイコトリエンなどの生理活性物質が生成される．これらは，炎症，免疫，中枢機能，血液凝固などの機能調節に深くかかわる.

5.2.4　ビタミン

　ビタミンの定義は，「栄養素で，必要量が少ないが，体内で合成できない（できても不十分な）有機物」である．ビタミンは，糖質，たんぱく質，脂質の代謝を円滑に行わせる潤滑油のような働きをする.

　ビタミンは全部で13種類あり，脂溶性ビタミン4種

類と水溶性ビタミン9種類がある（表5.5）．不足すると欠乏症，摂りすぎると過剰症になる．

脂溶性ビタミンは，① 酸性で不安定で，アルカリ性で安定なものが多い，② 熱に対して安定であるため，調理による損失が少ない，③ 消化管での吸収は食事中の脂質の量に依存する，④ 必要以上に摂取すると肝臓に貯蔵されるため，欠乏症にはなりにくいが過剰症が起こりやすい，という特徴をもつ．

水溶性ビタミンは，過剰に摂っても尿中に排泄されるため，毎日食べ物から一定量摂る必要がある．ビタミンの多くは，吸収されたままの形では生理作用を発揮することができず，体内で代謝を受ける．ビタミンCとビタミンEは，そのままの形で生理機能を発揮する．

5.2.5 無機質（ミネラル）

無機質（ミネラル）は，ビタミンと同様に微量ながらもからだの健康維持に欠かせない栄養素である．

必須ミネラルとして16種類が知られている．食品成分表には，そのうち，硫黄（S），塩素（Cl），コバルト（Co）の3元素を除いた13種類が収載されている（表5.6）．ミネラルは体内で合成することができないため，食品から摂ることが必須である．

ミネラルのおもな働きは，① 骨や歯などからだの構成成分になる，② 体液のpHや浸透圧を調節する，③ 酵素の構成成分になる，④ 神経・筋肉の興奮性の調節をする，などである．

5.2.6 水

水は植物性・動物性食品を問わず多量に含まれ，とくに生鮮食品では水分含量が67〜97%と高い．一方，穀類，

表5.5　ビタミンの種類と機能

	種類	おもな働き	多く含まれる食品
脂溶性ビタミン	ビタミンA	視覚の正常化，成長および生殖・免疫機能	レバー，魚介類（うなぎ，ぎんだら），野菜類（緑黄色野菜），藻類（あまのり）
	ビタミンD	カルシウムの吸収・利用，骨の石灰化	魚類（いわし類，さけ・ます類，にしん），きのこ類（きくらげ類，まいたけ）
	ビタミンE	脂質の過酸化の阻止，細胞壁および生体膜の機能維持	植物油（ひまわり油，綿実油，サフラワー油），種実類（アーモンド），魚介類，かぼちゃ
	ビタミンK	血液凝固促進，骨の形成	納豆，野菜類（パセリ，しそ，ほうれんそう，春菊），藻類（あまのり，わかめ），茶類
水溶性ビタミン	ビタミンB$_1$	補酵素として糖質および分岐鎖アミノ酸の代謝	豚肉，穀類（米ぬか，小麦胚芽），種実類（ひまわり，ごま），大豆
	ビタミンB$_2$	補酵素としてほとんどの栄養素の代謝	内臓肉（レバー，まめ，はつ），卵，魚介類，藻類，大豆
	ナイアシン	酸化還元酵素の補酵素の構成成分として栄養素の代謝	魚介類（かつお類，まぐろ類，たらこ），種実類（らっかせい），肉類（鶏肉），きのこ類
	ビタミンB$_6$	補酵素としてアミノ酸，脂質の代謝，神経伝達物質の生成	野菜類（にんにく，ブロッコリー），穀類（小麦胚芽，そば粉，玄米），魚介類，肉類，種実類，バナナ
	ビタミンB$_{12}$	補酵素としてさまざまな反応，神経機能の正常化，ヘモグロビン合成	魚介類（貝類，魚卵，いわし類），内臓肉
	葉酸	補酵素として核酸，アミノ酸，たんぱく質の代謝	豆類（大豆，りょくとう，ひよこ豆），野菜類（葉物野菜，ブロッコリー，えだ豆），内臓肉（レバー），藻類
	パントテン酸	補酵素として糖，脂肪酸の代謝における酵素反応	内臓肉（レバー，まめ，はつ），鶏肉，魚介類，乳製品，卵，納豆
	ビオチン	補酵素として炭素固定反応や炭素転移反応	内臓肉（レバー），種実類（らっかせい，ヘーゼルナッツ），卵，大豆
	ビタミンC	生体内の各種の物質代謝，とくに酸化還元反応，コラーゲンの生成と保持作用	果物類（アセロラ，グァバ，かんきつ類），野菜類（ブロッコリー，葉物野菜），いも類

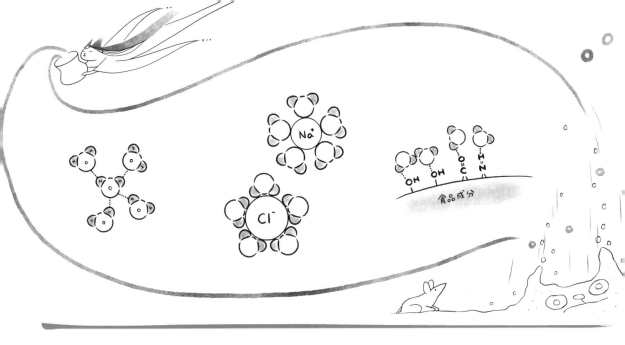

第5章　食品の成分

表 5.6　無機質の種類と機能

種類（元素記号）	おもな働き	多く含まれる食品
ナトリウム（Na）	細胞外液の浸透圧維持，糖の吸収，神経や筋肉細胞の活動などに関与	調味料，加工食品
カリウム（K）	細胞内の浸透圧維持，細胞の活性維持	藻類（こんぶ，ひじき，あまのり），豆類（大豆，いんげん豆），乳類，茶類，ココア
カルシウム（Ca）	骨の主要構成要素のひとつ．細胞の多くの働きや活性化に必須の成分．血液凝固に関与	牛乳・乳製品，魚介類（小魚），豆類（豆腐），野菜類
マグネシウム（Mg）	骨の弾性維持，細胞のカリウム濃度調節，細胞核の形態維持にかかわる．細胞がエネルギーを蓄積，消費するときに必須の成分	種実類（あまに，ごま），大豆，藻類，そば
リン（P）	カルシウムとともに骨の主要構成要素．リン脂質の構成成分．高エネルギーリン酸化合物としてエネルギー代謝にも関与	魚介類，牛乳・乳製品，大豆，種実類
鉄（Fe）	ヘモグロビンの構成成分として赤血球に偏在．筋肉中のミオグロビンおよび細胞のシトクロム構成要素	肉類（レバー，馬肉，鴨肉），魚介類（貝類），藻類，豆類，野菜類
亜鉛（Zn）	核酸やたんぱく質の合成にかかわる酵素をはじめ，多くの酵素の構成成分．血糖調節ホルモンであるインスリンの構成成分	魚介類（かき），肉類（牛肉，レバー），種実類，大豆
銅（Cu）	アドレナリンなどのカテコールアミン代謝酵素の構成要素	魚介類（いか・たこ類），内臓肉，大豆（湯葉），種実類
マンガン（Mn）	ピルビン酸カルボキシラーゼなどの構成要素として重要．マグネシウムがかかわるさまざまな酵素の反応に作用	香辛料類（クローブ，シナモン，しょうが），種実類，穀類，豆類
ヨウ素（I）	甲状腺ホルモンの構成要素	藻類（こんぶ，ひじき，わかめ），魚介類，卵類
セレン（Se）	グルタチオンペルオキシダーゼ，ヨードチロニン脱ヨウ素酵素の構成要素	魚介類，内臓肉
クロム（Cr）	糖代謝，コレステロール代謝，結合組織代謝，たんぱく質代謝に関与	藻類（あおさ，あおのり，てんぐさ），肉類，アサイー，梅干し
モリブデン（Mo）	酸化還元酵素の補助因子	豆類，種実類，えだ豆，内臓肉（レバー）

豆類，種実類の水分含量は 3～16％と少ないため，これらの食品は保存に適している．食品中の水は，食品の保存だけでなく，加工・調理特性，嗜好性などに大きく影響を与えるため，水について理解を深めることは，食品を扱う上で重要である．

（1）水の構造と性質

　水分子は，1 個の酸素原子（O）と 2 個の水素原子（H）がそれぞれ共有結合して H−O−H の構造を形成する．2 本の O−H 結合の角度は約 104.5°であるため，**電気陰性度**（電子を自分の方に吸引する力）の違いで生じる電子の偏りは打ち消されず，分子内の電子の偏りが残ることになる．このような同一分子内で電子の偏りをもつ分子を**極性分子**とよぶ．水分子の酸素原子はいくらか負（−）に帯電し，水素原子はいくらか正（＋）に帯電する．

　水分子は極性をもつため，正に帯電した水素原子は，隣接した別の負に帯電した原子と静電的な力（クーロン力）で引き合う．このようにしてできる結合を**水素結合**という．水分子間にこの水素結合が起こるため，水分子は**会合体**（**クラスター**）を形成する．水素結合は弱い結合であるが，形成される数が多いと分子間力は強くなり，会合体である水の場合も高分子化合物のような物理化学特性を示す．

　水は，他の分子と同様に三つの状態（三態），すなわち固体の氷，液体の水，気体の水蒸気に変化する．氷の状態では，水素結合が強く三次元に広がった結晶構造をとる．水から氷になるときに内部に空洞ができるため，氷の体積は水より約 9％大きくなる．このため，氷結晶の体積増加による食品の組織破壊が起こり，解凍にとも

- 140 -

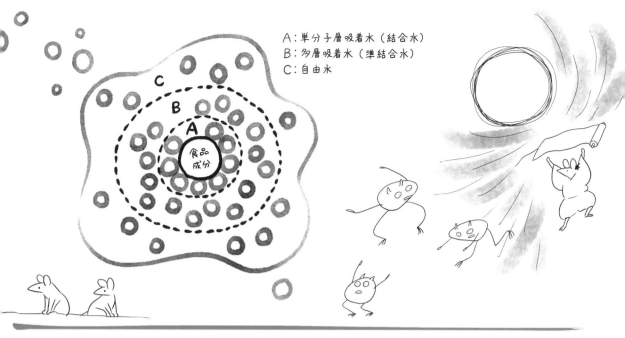

A：単分子層吸着水（結合水）
B：多層吸着水（準結合水）
C：自由水

なって軟化したり，ドリップが生じる.

　また，電荷を帯びた物質の周囲に水分子が引き付けられる現象を<u>水和</u>という. 水和するとは，水に溶けることを意味する. 食塩（塩化ナトリウム，NaCl）のような電解質では，ナトリウムイオン（Na$^+$）の周りに水分子が酸素原子を内側に向けて取り囲み，塩化物イオン（Cl$^-$）の周りは水素原子を内側に向けて取り囲む形をとる. 食塩のような塩類以外に，炭水化物，たんぱく質，脂質など，分子内にヒドロキシ基（-OH），アミノ基（-NH$_2$），カルボニル基（-CO），カルボキシ基（-COOH），エステル結合（-CO-O-）など，分子内に＋か-に帯電した部分をもつ極性分子は，水分子と水素結合を形成して水和する. 食品成分には水分子と水和するものがたくさんあり，水和した成分は食品中の水分を保持し，高い保水性を示す.

（2）　食品中の水の機能

　食品中の水は，自由水と結合水の状態で存在する. <u>自由水</u>は，食品中の成分に束縛されずに存在し，微生物が利用できたり，酵素反応の場となる水である. <u>結合水</u>は，水に溶解するイオンや有機物質との結合が強固な<u>単分子層吸着水</u>（結合水）と，その外側に存在する比較的緩やかな結合をもつ<u>多層吸着水</u>（準結合水）に分けることができる. これらの水は束縛された水で，この状態の水は蒸発や氷結が起こりにくい. また，物質を溶解したりすることができないため，微生物の生育や酵素反応の場には利用されない.

　食品中の水のうち，微生物が利用可能な状態で存在する水や，酵素反応や化学反応が起こる場所として存在する水を評価する指標として<u>水分活性</u>（<u>Aw</u>）がある. 水

分活性は，同じ温度での純水の蒸気圧と食品の蒸気圧の比と定義される. これは，食品を密閉した容器に入れて放置し，水分が平衡になったときの容器の相対湿度（RH，関係湿度ともいう. 単位は%）の1/100に等しい.

$$水分活性\ Aw = \frac{P\ （食品の蒸気圧）}{P_0\ （純粋の蒸気圧）} = \frac{RH}{100}$$

　水分活性が高い場合は自由水が多く，逆に低い場合は結合水が多い. 微生物が生育，繁殖するのに必要な最低の水分活性値は，一般に細菌では0.90，酵母は0.85，カビは0.8といわれる. また，水分活性が0.4近くになると食品中の酵素活性は停止し，アミノカルボニル反応も起こりにくい. 脂質の酸化反応は0.3付近で最低になり，この値以上でも以下でも反応が進む（図5.20）.

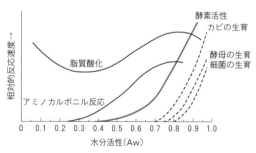

図 5.20　水分活性と食品の変化の関係
―― ：食品の変化速度，---- ：微生物の増殖速度.

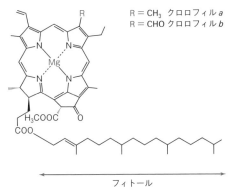

5.3 二次機能成分 SENSORY FUNCTIONAL INGREDIENTS

　私たちにとって，食品は栄養素の補給のためだけでなく，おいしいものを食べる楽しみや喜びを与えてくれるものである．この食品を楽しむ感性面の機能が，<u>二次機能</u>である．私たちは，まず色や形，においなどから目の前の食べ物を評価する．おいしそうという意識に食欲が刺激され，口に入れる．食品を舌の上で転がしながら五感を働かせておいしい，まずい，好き，嫌いなどを判断する．このおいしさを決める要因は，食品側，ヒト側などさまざまあるが（図5.21），五感に対応した外観，におい，味，テクスチャーなどは食品の<u>嗜好性</u>といわれる．

5.3.1　色素成分

（1）　色素成分の種類

　食品に含まれる天然色素成分は，化学構造の特徴から<u>ポルフィリン系色素</u>，<u>カロテノイド系色素</u>，<u>フラボノイ</u><u>ド系色素</u>，その他の色素に大別される．

（2）　ポルフィリン系色素

①　クロロフィル　<u>クロロフィル</u>は，ポルフィリン環の中心にマグネシウムイオン（Mg^{2+}）が配位した化合物である（図5.22）．クロロフィルa, bは，カルボキシ基にフィトール側鎖がエステル結合した構造をもつ．緑黄色野菜や果物，あおのりなどの緑藻中にはクロロフィルaとbがおよそ3：1〜2：1の割合で共存する．こんぶやわかめなどの褐藻中にはクロロフィルaとcが，あまのりなどの紅藻中にはクロロフィルaが存在する．

　クロロフィルは酸に不安定で，容易にMg^{2+}とH^+が置換して黄褐色の<u>フェオフィチン</u>となり，さらに反応が進むとフィトールが外れ，褐色の<u>フェオホルビド</u>に変化する（図5.23）．また，植物体が傷つくと，植物体内の酵素クロロフィラーゼの作用によってフィトールが脱離し，緑色の<u>クロロフィリド</u>となり，酸性条件下ではさらにMg^{2+}が脱離してフェオホルビドになる．そのため，ほ

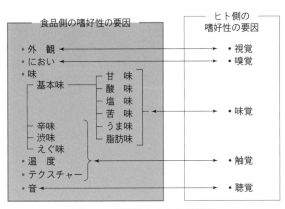

図5.21　嗜好性にかかわる要因

食品側の嗜好性の要因	ヒト側の嗜好性の要因
・外　観	・視覚
・におい	・嗅覚
・味　　基本味　　甘　味	
酸　味	
塩　味	
苦　味	・味覚
辛味　　うま味	
渋味　　脂肪味	
えぐ味	
・温　度	・触覚
・テクスチャー	
・音	・聴覚

図5.22　クロロフィルの構造

R＝CH₃ クロロフィルa
R＝CHO クロロフィルb

H₃COOC
COO

フィトール

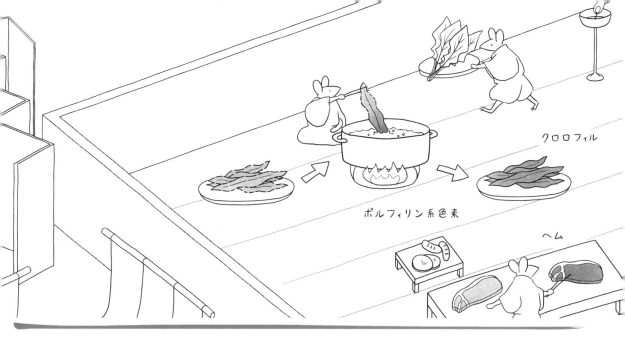

クロロフィル
ポルフィリン系色素
ヘム

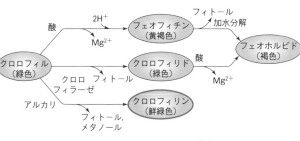

図 5.23 クロロフィルの変化

うれんそうなどの葉菜類の加工の際は，ブランチング処理し酵素を失活させて退色を防ぐ．一方，アルカリ溶液中で加熱すると脱フィトールと脱メタノールが起こり，鮮緑色の**クロロフィリン**を生じる．
② ヘム ヘムは，ポルフィリン環の中心に鉄イオンが配位した化合物である（図 5.24）．牛肉や豚肉，赤身魚の赤色は，ヘムをもつ筋肉たんぱく質の**ミオグロビン**や赤血球の色素たんぱく質の**ヘモグロビン**に由来する．
　肉の種類や部位，加工などによる色の変化は，ミオグロビンの含量や化学構造の変化により説明できる．デオキシミオグロビンに酸素（O_2）が結合すると，鮮赤色の**オキシミオグロビン**が生成する（図 5.25）．新鮮な生肉

は暗赤色をしているが，しばらく空気中に放置すると鮮やかな赤色に変わるのは，このためである．さらに長く空気に触れると，Fe^{2+} が Fe^{3+} に酸化された**メトミオグロビン**となり，褐色に変化する（**メト化**）．肉を加熱するとミオグロビンがメト化し，さらにたんぱく質も熱変性を受けて灰褐色の**メトミオクロモーゲン**が生じる．また，ミオグロビンに亜硝酸塩（$NaNO_2$）を作用させると，亜硝酸塩が還元され生成した一酸化窒素（NO）がミオグロビンと結合し，安定な鮮赤色の**ニトロソミオグロビン**を生じる．ニトロソミオグロビンは加熱しても褐色に変化せず，赤色の**ニトロソミオクロモーゲン**になり，肉色は固定される．ハムやソーセージなどの食肉加工食品の製造過程で，この反応が利用されている．

（3） カロテノイド系色素

　カロテノイド類は，橙，赤，黄色を示す脂溶性色素で，炭化水素のみからなる**カロテン**類やヒドロキシ基やカルボキシ基などをもつ**キサントフィル**類に大別できる（表5.7）．分子内に多数の**共役二重結合**をもつため，光と酸素に対して比較的不安定で，酸化分解などを受けて退色する．動植物に広く存在する．

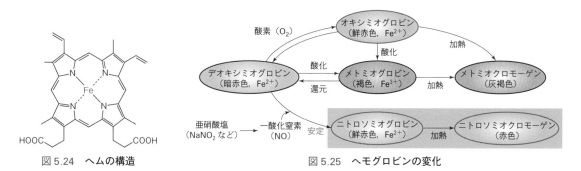

図 5.24 ヘムの構造

図 5.25 ヘモグロビンの変化

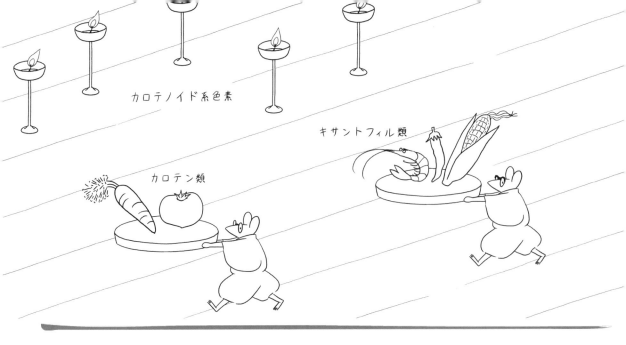

カロテノイド系色素

キサントフィル類

カロテン類

① **カロテン類** 橙色の**α-カロテン**，**β-カロテン**，**γ-カロテン**，赤色の**リコペン**などもある．

② **キサントフィル類** 黄色の**β-クリプトキサンチン**，**ルテイン**，**ゼアキサンチン**，赤色の**カプサンチン**，**アスタキサンチン**，橙色の**フコキサンチン**などがある．

表5.7 カロテノイド系色素の構造

名称	化学構造	色調	多く含まれる食品
カロテン類	β-イオノン環		
α-カロテン*		橙色	緑黄色野菜（にんじん，ほうれんそう，かぼちゃ），のり，さつまいも
β-カロテン*	共役二重結合	橙色	
γ-カロテン*		橙色	
リコペン		赤色	トマト，すいか，かき
キサントフィル類			
β-クリプトキサンチン*		黄色	とうもろこし，うんしゅうみかん，かき
ルテイン		黄色	緑黄色野菜，卵黄，のり
ゼアキサンチン		黄色	緑黄色野菜，卵黄
カプサンチン		赤色	とうがらし，パプリカ
アスタキサンチン		赤色	えび，かに，さけ，ます
フコキサンチン		橙色	こんぶ，わかめ

* 末端にβ-イオノン環をもつのはプロビタミンA．

（4） フラボノイド系色素

フラボノイド類は，本来は「植物に含まれる色素」という意味で，広く植物に存在する水溶性色素の総称である．C_6（A環）-C_3（ピラン環）-C_6（B環）の基本骨格をもち，ピラン環の2位と3位が二重結合で，4位がカルボニル炭素の構造をもつ**フラボン類**と，さらに3位がヒドロキシ基で置換された**フラボノール類**は，淡黄色～黄色を示す．赤や紫，青色の美しい色を示す**アントシアニジン類**も広義にはフラボノイドに含まれる（表5.8）．フラボノイド類はほとんどすべての植物に含まれ，多くは水溶性の配糖体の形で存在する．アントシアニジン類が結合した配糖体の総称を**アントシアニン系色素**という．

① **フラボン類，フラボノール類** フラボン類として淡黄色の**アピゲニン**や**ルテオリン**，フラボノール類として黄色の**ケルセチン**などがある．

② **アントシアニジン類** アントシアニジンの特徴は，ピラン環の1位の酸素がオキソニウムイオンの形で存在することである．食品に含まれるアントシアニジン類にはおもに6種の基本構造があり，ペラルゴニジン，シアニジン，デルフィニジン，ペオニジン，ペチュニジン，マルビジンである．その色調は，B環のヒドロキシ基が多いほど紫色に，メトキシ基が多いほど赤色になる．

第5章 食品の成分

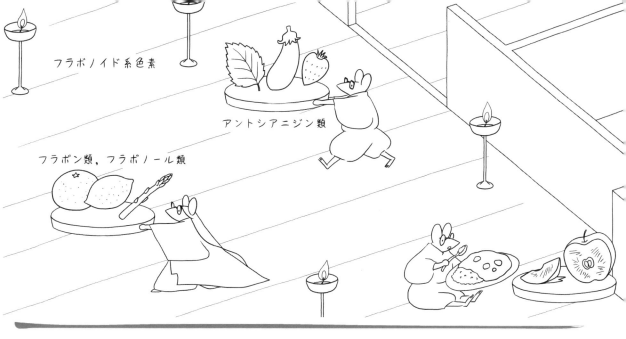

表5.8 フラボノイド系色素の構造

名称	化学構造	色調	多く含まれる食品
フラボン類	R= H：アピゲニン OH：ルテオリン	淡黄色	アピゲニン（セロリ，パセリ，アーティチョーク）ルテオリン（セロリ，パセリ，春菊）
フラボノール類	R= H：ケンフェロール OH：ケルセチン	淡黄色，黄色	ケンフェロール（ブロッコリー，キャベツ，わらび）ケルセチン（たまねぎ，そば，アスパラガス）
アントシアニジン類	オキソニウムイオン R_1=H R_2=H：ペラルゴニジン R_1=OH R_2=H：シアニジン R_1=OH R_2=OH：デルフィニジン R_1=OCH$_3$ R_2=H：ペオニジン R_1=OH R_2=OCH$_3$：ペチュニジン R_1=OCH$_3$ R_2=OCH$_3$：マルビジン	橙赤色，赤色，赤紫色	ペラルゴニジン（いちご，ざくろ）シアニジン（赤しそ）デルフィニジン（なす）ペオニジン ペチュニジン（ぶどう，ブルーベリー）マルビジン

（5）その他の色素成分

① クルクミン，ベタニン カレー粉に配合されているターメリック（ウコン）には，<u>**クルクミン**</u>という脂溶性の黄色色素が含まれる．また，ロシア料理のボルシチに使用されるビーツ（赤ビート，レッドビート）には，<u>**ベタニン**</u>という水溶性の赤色色素が含まれる．

② 褐変物質 食品の保存や加工・調理により，褐変物質を生じることがある．褐変反応は複雑であるが，酵素的褐変と非酵素的褐変反応に大別される．酵素的褐変は，りんごやバナナの皮をむいて放置しておくとポリフェノールオキシダーゼによって褐変し，褐変物質の<u>**メラニン**</u>が生成する現象である．一方，非酵素的褐変では，醤油や味噌が褐変しているように，おもにアミノカルボニル反応によって<u>**メラノイジン**</u>という褐色物質が生成される．

5.3.2 呈味成分

（1）呈味成分の種類

おいしさを左右する成分として，味はきわめて重要である．味には，<u>**甘味**</u>，<u>**酸味**</u>，<u>**塩味**</u>，<u>**苦味**</u>，<u>**うま味**</u>の五つの<u>**基本味**</u>があり，これらに加えて<u>**脂肪味**</u>（脂味）が6番目の基本味ではないかと考えられている．これらの味は，味神経を介して脳で認識される．舌の表面や口腔内には，50〜100個の味細胞がつぼみ状に集まる味蕾に存在する．味蕾は，舌の先端を中心に広く存在する茸状乳頭と舌

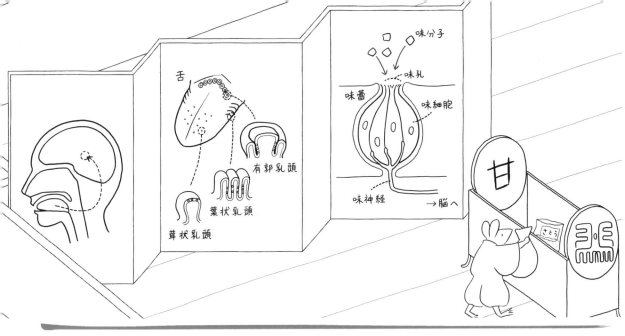

の奥に存在する有郭乳頭や葉状乳頭に多数存在する. 味蕾の先端部には味孔とよばれる開口部があり, 味をもつ呈味成分(味分子)が味孔から味細胞に受容されると, 細胞内の情報伝達分子を介して神経伝達物質が放出され, 最終的に味神経に情報が伝達される.

一方, 辛味, 渋味, えぐ味は味蕾を介さずに, 口腔粘膜を刺激する三叉神経を介して脳に伝えられる. これらの感覚は, 舌や口腔内の刺激を直接皮膚感覚としてとらえるため, 物理的な触覚であり, 生理学的な味ではないが, 広義の味に含まれる.

(2) 甘味成分

甘味はヒトに好まれる味で, その代表はぶどう糖(グルコース), 果糖(フルクトース), しょ糖(スクロース)などの糖類である. 一般に単糖や糖アルコール〔キシリトール, エリト(ス)リトール, ソルビトール, マンニトール, マルチトールなど〕は甘味をもつ. さらに, キク科のステビアの葉にはステビオシ, マメ科の甘草の根茎にはグリチルリチンといった高甘味度の天然甘味成分が含まれる. また代表的な人工甘味料として, アスパルテーム, アセスルファムカリウム, スクラロースがある.

甘味度は, 甘味成分の種類や立体構造の違いにより異なる. スクロースの甘味は温度による影響を受けにくいため, 甘味度を比較するための基準物質である. 甘味成分の化学構造とその甘味度を図5.26に示す.

(3) 塩味成分

塩味成分として, 食塩(塩化ナトリウム, NaCl)が代表であるが, この塩味は塩化物イオン(Cl^-)とナトリウムイオン(Na^+)により感じる. ナトリウムの摂取を制限する減塩食では, 塩化カリウム(KCl)や塩化アンモニウム(NH_4Cl)が代替食として用いられることが多い.

(4) 酸味成分

食品中の酸味は無機酸と有機酸に由来し, これらの酸が水中で解離して生じる水素イオン(H^+)に基づく. 酸の種類によって味の質が異なるが, それは陰イオンの刺激作用が異なるからである.

無機酸で食品に利用されるのは, 炭酸(清涼飲料, ビール)やリン酸(清涼飲料)である. いずれも弱酸で冷たくさわやかな酸味を与える. 有機酸は, 食酢の主成分である酢酸に代表される. ほかにリンゴ酸(りんご, もも, いちごなどのベリー類), クエン酸(うめ, レモンなどのかんきつ類), 酒石酸(ぶどう), 乳酸(ヨーグルトや漬け物などの発酵食品), アスコルビン酸(野菜や果物全般)などがあり, おもにカルボン酸が解離して, 酸味を与える.

(5) 苦味成分

苦味はもともとヒトが好まない味であるが, 苦味をもつ茶やコーヒーなどは繰り返し摂取すると, やがて好ましく感じられるようになり, 習慣性を増進させる場合もある. 食品中の苦味成分には, アルカロイド類, テルペン類, フラバノン配糖体, アミノ酸, ペプチド, 無機塩など, さまざまな化合物が知られている.

茶, チョコレート, ビールなどの嗜好飲料, 野菜類, かんきつ類などに苦味成分が含まれている. 具体的には, カフェイン, テオブロミン, イソフムロン, ラクチュシン・ラクチュコピクリン, ククルビタシン類, リモニン, ヘスペリジン, ナリンギンなどがある(図5.27).

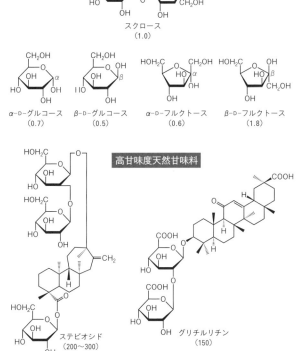

単糖, 二糖

スクロース
(1.0)

α-D-グルコース (0.7)　β-D-グルコース (0.5)　α-D-フルクトース (0.6)　β-D-フルクトース (1.8)

糖アルコール

キシリトール (1.0)　エリト(ス)リトール (0.8)　ソルビトール (0.6)

マンニトール (0.6)　マルチトール (0.8)

高甘味度天然甘味料

ステビオシド (200〜300)　グリチルリチン (150)

人工甘味料

アスパルテーム (180〜200)

アセスルファムカリウム (200)　スクラロース (600)

図 5.26　**甘味成分の構造**
カッコ内の数字はスクロースを 1 としたときの甘味度.

5・3 二次機能成分

（6）うま（旨）味成分

　うま味は日本で発見された味で，1908 年，池田菊苗がこんぶのうま味成分として L-グルタミン酸を単離した. その後，1913 年に小玉新太郎がかつお節から 5′-イノシン酸（5′-IMP）を，1957 年に國中明がしいたけから 5′-グアニル酸（5′-GMP）を発見した. 1980 年代には "umami" が世界に共通する味覚として認められた. これらの成分は，酸のままでは酸味をともなうため，うま味とはこれらのナトリウム塩の味あるいは中和したものの味とされる. そのほか，L-テアニン，ベタイン，コハク酸ナトリウムなどもうま味成分である（図5.28）.

（7）脂肪味（脂味）成分

　食品中に含まれる中性脂肪は，膵液に含まれるリパーゼにより脂肪酸に分解される. その脂肪酸（リノール酸など）が，脂肪味成分として舌の味細胞に存在する受容

- 147 -

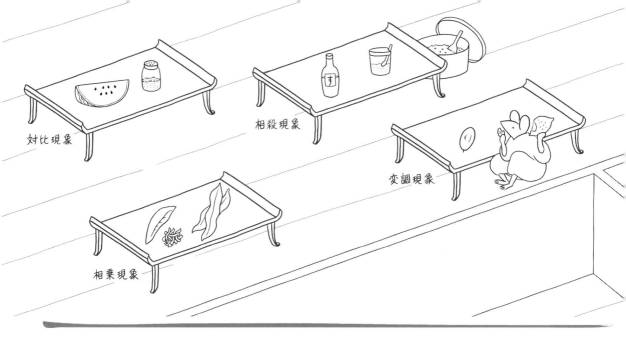

対比現象

相殺現象

変調現象

相乗現象

R＝CH₃ カフェイン
（茶，コーヒー）
R＝H テオブロミン
（ココア，チェコレート）

R₁＝OH；R₂＝OH ラクチュシン（レタス）
R₁＝OH；R₂＝OCOCH₂—◯—OH
ラクチュコピクリン（レタス）

リモニン
（かんきつ類）

イソフムロン
（ビール）

ククルビタシンB
（きゅうり，メロン）

R₁＝ネオヘスペリドース，
R₂＝OH，R₃＝OCH₃
ナリンギン（グレープフルーツ）

R₁＝ルチノース，R₂＝OH，R₃＝OCH₃
ヘスペリジン（うんしゅうみかん）

図5.27　苦味成分の構造

体などを介して，脂肪味を脳に伝えると考えられる.

（8）　その他の呈味成分（図5.29）
① 辛味成分　辛味成分には，香辛料に含まれる<u>カプサ
イシン</u>，<u>ピペリン</u>，<u>ジンゲロール</u>，<u>ショウガオール</u>，<u>サ
ンショオール</u>などがある．アブラナ科の野菜に含まれる
辛味成分は，酵素ミロシナーゼにより生成する<u>イソチオ
シアネート</u>類である．具体的には，<u>アリルイソチオシア
ネート</u>，<u>p-ヒドロキシベンジルイソチオシアネート</u>，<u>4-
メチルチオ-3-ブテニルイソチオシアネート</u>，<u>スルフォ
ラファン</u>などがある．イソチオシアネート類は，辛味成
分であるとともに香味成分でもある．
② 渋味成分　渋味は，舌粘膜のたんぱく質が渋味成分
と結合することによって生じる舌の収斂性と考えられる.
苦味成分とともに一般には好まれない味であるが，茶や
ワインなどの適切な渋味は嗜好性において重要である.

L-グルタミン酸ナトリウム
（こんぶ）

L-テアニン（玉露茶）

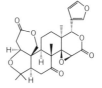

R＝H 5′-イノシン酸二ナトリウム
（5′-IMP・Na₂）（かつお節）
R＝NH₂ 5′-グアニル酸二ナトリウム
（5′-GMP・Na₂）（しいたけ）

ベタイン
（いか，たこ）

コハク酸ナトリウム
（貝類，日本酒）

図5.28　うま味成分の構造

第5章　食品の成分

- 148 -

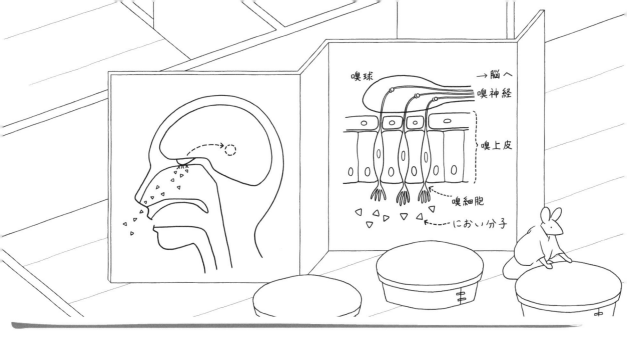

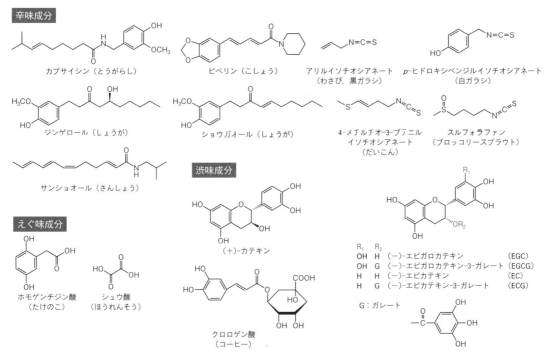

辛味成分

カプサイシン（とうがらし）

ピペリン（こしょう）

アリルイソチオシアネート
（わさび，黒ガラシ）

p-ヒドロキシベンジルイソチオシアネート
（白ガラシ）

ジンゲロール（しょうが）

ショウガオール（しょうが）

4-メチルチオ-3-ブテニル
イソチオシアネート
（だいこん）

スルフォラファン
（ブロッコリースプラウト）

サンショオール（さんしょう）

渋味成分

（+)-カテキン

R_1	R_2		
OH	H	（−)-エピガロカテキン	(EGC)
OH	G	（−)-エピガロカテキン-3-ガレート	(EGCG)
H	H	（−)-エピカテキン	(EC)
H	G	（−)-エピカテキン-3-ガレート	(ECG)

えぐ味成分

ホモゲンチジン酸
（たけのこ）

シュウ酸
（ほうれんそう）

クロロゲン酸
（コーヒー）

G：ガレート

図5.29　辛味成分，渋味成分およびえぐ味成分の構造

茶の渋味成分は**カテキン**類で，その中で(−)-エピガロカテキンガレート（EGCG）の含量が多く，渋味の主要成分である．ほかの渋味成分として，**クロロゲン酸**，シブオール，アントシアニジン類やタンニン類などのポリフェノール類がある．

③ えぐ味成分　えぐ味は，いわゆる「あく」のことで，**ホモゲンチジン酸**や**シュウ酸**などがある．

（9）　味の相互作用

　異なる味成分を2種あるいはそれ以上を，同時にまた

は経時的に摂取したときに影響し合い起こる味覚現象として，以下のような現象がある．

① 対比現象　主となる味がもう一方の味によって強められる現象．【例】すいかに塩をかけると甘く感じる．汁粉や小豆あんに少量の食塩を加えると甘味が増す．だし汁に塩を加えるとうま味が増す．苦いコーヒーのあとに甘いお菓子を食べるとより甘く感じる．

② 相殺現象　一方の味が他方の味を弱める現象．【例】すし酢に含まれる砂糖や食塩が食酢の酸味を抑える．

③ 相乗現象（相乗効果）　同種の味をもつ成分を同時に

摂取したとき，それぞれ単独で摂取したときよりも強い味に感じられる現象．【例】こんぶとかつお節の合わせだしでうま味が増強される．アスパルテームとアセスルファムカリウムを混合すると，甘味が増す．

④ 変調現象　本来の味と異なる味として感じられる現象．【例】ミラクルフルーツ（西アフリカ原産の果実）を食べた直後に酢っぱいものを摂取すると，甘く感じる．これは，ミラクルフルーツに含まれる味覚修飾物質のミラクリンという糖たんぱく質の作用による．

5.3.3　香気・におい成分
（1）香気・におい成分の特徴

　香気・においは，味とともにおいしさを左右する重要な因子である．においは，食品から揮発する化合物（香気・におい成分）が，鼻腔上部にある嗅上皮の受容体を刺激することにより感じる化学感覚である．

　香気・におい成分の化学的特徴は，一般に分子量300以下の比較的低分子の有機化合物で，二重結合，カルボニル基，ヒドロキシ基などの極性官能基をもつことである．

　食品に含まれる香気・におい成分の種類は非常に多い．ジャスミン茶は約100，トマトは約400，コーヒーでは約800種類の揮発性成分が見つかっている．これらすべての成分が食品のにおいにかかわるわけではなく，においの強さと含有量による貢献度が重要とされている．食品が放つ独特な香りに貢献する原因成分はキーコンパウンドとよばれ，それほど多くはない（図5.30）．

（2）植物性食品に含まれる香気・におい成分
① 野菜類　野菜独特の青臭さは，脂肪酸のα-リノレン酸やリノール酸が，脂肪酸酸化酵素のリポキシゲナーゼによる分解を受けて生成する青葉アルコール，青葉アルデヒド，キュウリアルコール，スミレ葉アルデヒドなどである．

　にんにくやたまねぎなどのネギ科の野菜に含まれる強い香気成分は，ジスルフィド類である．にんにくの香気成分は，アリインが酵素のアリイナーゼによって生じたアリシンや，それが変化したジアリルジスルフィドである．たまねぎやねぎの香りの成分は，同じアリイナーゼによって生じるジプロピルジスルフィドである．

② 果物類　果物類の香気・におい成分は，かんきつ類とその他の果実で系統が異なる．かんきつ類ではテルペン類，その他の果実類ではエステル類やラクトン類が主要な成分である．

　かんきつ類で重要なテルペン類は，リモネン，シトラール（ゲラニアール），ヌートカトンなどである．かんきつ類以外の果物に含まれているエステル類には，酪酸エチル，酢酸イソアミル，アントラニル酸メチルなどがある．ラクトン類には，γ-ウンデカラクトンなどがある．

③ きのこ類　干ししいたけの香気・におい成分は，含硫ペプチドのレンチニン酸から酵素反応によって生成するレンチオニンで，まつたけは，マツタケオールとケイ皮酸メチルである．

④ 香辛料類　香辛料の重要な香気・におい成分として，シンナムアルデヒド，オイゲノール，シネオール，チモール，カルバクロール，バニリン，メントールなどがある．

（3）動物性食品に含まれる香気・におい成分

　海産魚の魚臭は，トリメチルアミンオキシドの還元により生じるトリメチルアミンによる．還元反応は魚の死後に細菌の働きで進行するため，鮮度の低下とともに魚臭は強くなる．淡水魚の魚臭は，リジンから誘導される

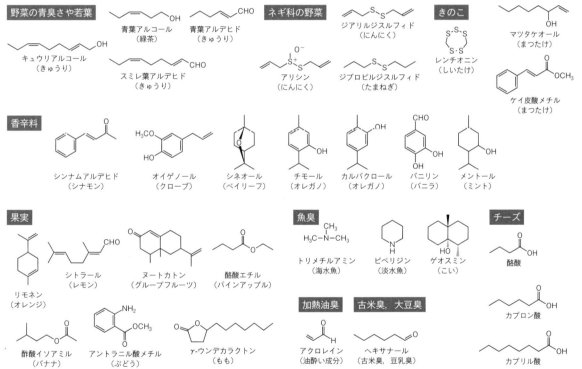

野菜の青臭さや若葉

青葉アルコール
（緑茶）

青葉アルデヒド
（きゅうり）

キュウリアルコール
（きゅうり）

スミレ葉アルデヒド
（きゅうり）

ネギ科の野菜

ジアリルジスルフィド
（にんにく）

アリシン
（にんにく）

ジプロピルジスルフィド
（たまねぎ）

きのこ

レンチオニン
（しいたけ）

マツタケオール
（まつたけ）

ケイ皮酸メチル
（まつたけ）

香辛料

シンナムアルデヒド
（シナモン）

オイゲノール
（クローブ）

シネオール
（ベイリーフ）

チモール
（オレガノ）

カルバクロール
（オレガノ）

バニリン
（バニラ）

メントール
（ミント）

果実

リモネン
（オレンジ）

シトラール
（レモン）

ヌートカトン
（グループフルーツ）

酪酸エチル
（パインアップル）

酢酸イソアミル
（バナナ）

アントラニル酸メチル
（ぶどう）

γ-ウンデカラクトン
（もも）

魚臭

トリメチルアミン
（海水魚）

ピペリジン
（淡水魚）

ゲオスミン
（こい）

加熱油臭

アクロレイン
（油酔い成分）

古米臭, 大豆臭

ヘキサナール
（古米臭, 豆乳臭）

チーズ

酪酸

カプロン酸

カプリル酸

図 5.30　香り・におい成分の構造

ピペリジンである．こいやなまずなどの淡水魚が放つ泥臭いにおいの成分は，ゲオスミンである．動物性食品の生臭さは，硫化水素やメルカプタンなどの含硫化合物やアンモニアなどの窒素化合物がかかわる．

（4）　加工・調理などにより生じる香気・におい成分

　食品中に含まれる脂質や糖，アミノ酸といった成分が，加工や調理，保存などによってさまざまな香気・におい成分へと変化することもある．

　チーズの香気・におい成分は，乳脂肪が微生物のリパーゼによって生じた酪酸，カプロン酸，カプリル酸などである．揚げ油を繰り返し使用すると，油酔いの原因物質であるアクロレインが生じる．米が古くなるとにおう古米臭や豆乳の青臭さの原因成分は，不飽和脂肪酸が酸化されて生じるヘキサナールなどである．また，食品の加熱中に起こるアミノカルボニル反応により香ばしいにおい（加熱香気や焙焼香とよばれる）が生じる．

5.4 三次機能成分 PHYSIOLOGICALLY FUNCTIONAL INGREDIENTS

　食品には，栄養供給や嗜好性とは別に，疾病の予防や健康の維持・増進といった**生体調節機能**があり，この食品の働きを**三次機能**という．食品の機能性というと三次機能を指す場合が多く，三次機能が特徴的な食品は**機能性食品**といわれる．医食同源（薬食同源）という言葉があるように，私たちは古くから医も食も源は同じと考え，消化器系，循環器系，免疫系などの変調によって起こる疾病を予防する食品中の機能性成分の存在を感じてきた．機能性食品には，一次機能や二次機能をあわせもつものも多くある．

5.4.1 消化器系に作用する成分

（1）整腸作用のある食品成分

　腸内には約1,000種類，100兆個以上の多種多様な細菌が生息し，**腸内細菌叢（腸内フローラ）**を形成する．この腸内細菌叢を改善して，おなかの調子を整える食品成分がある．乳酸菌のようにヒトに有用な菌（善玉菌）またはそれらを含む食品を**プロバイオティクス**といい，有用菌を増殖させる食品成分を**プレバイオティクス**という．
① 乳酸菌　乳酸を産生する細菌を**乳酸菌**といい，ラクトバチルス属やビフィドバクテリウム属（**ビフィズス菌**）などが含まれる．乳酸菌が産生する乳酸や短鎖脂肪酸（プロピオン酸，酪酸など）は，腸内を酸性化することで，腸管の蠕動運動の促進，ウェルシュ菌などの有害菌（悪玉菌）の増殖を抑制し，腸内環境を改善する．
② 難消化性オリゴ糖　**難消化性オリゴ糖**は，小腸で消化・吸収されずに大腸で乳酸菌に資化（栄養素として利用）される．そのようなオリゴ糖類に，**イソマルトオリゴ糖，ガラクトオリゴ糖，フラクトオリゴ糖，ラクチュロース，乳果オリゴ糖**（乳糖果糖オリゴ糖），**ラフィノース，スタキオース**などがある（表5.9）.
③ 食物繊維　大麦，えんばく（オーツ麦），藻類などに多く含まれる**水溶性食物繊維**は粘性が高く，食物の胃内滞留時間を延長させて消化吸収を遅らせる．大腸内で腸内細菌により発酵・分解され，腸内環境を改善する食品に多く含まれる水溶性食物繊維として，難消化性デキストリン，ポリデキストロース，グアーガム分解物，イヌリンなどがある．
　難消化性デキストリン（図5.31）は，とうもろこしのでん粉に微量の塩酸を添加し，加熱処理後，アミラーゼなどを作用させてから得られる難消化性成分を精製して調製される．難消化性デキストリンは分子構造に特徴があり，でん粉由来のα-1,4とα-1,6結合に加え，ヒトの消化酵素では分解されないβ-1,2，β-1,3結合やレボグルコサン構造といった特殊な結合および構造をもつ．
　穀類，豆類，野菜類，きのこ類などに多く含まれる**不溶性食物繊維**は保水性が高く，便量を増加させるとともに，腸管の蠕動運動を刺激して排便を促す．

（2）コレステロールの吸収を抑制する食品成分

　生体内の**コレステロール**は，食事からの摂取と肝臓により吸収・合成される．摂取されたコレステロールは**胆汁酸ミセル**に取り込まれたあと，小腸上皮細胞から吸収される．コレステロールはまた肝臓で**胆汁酸**に変換され，胆汁として十二指腸に分泌される．血中コレステロールの低下にかかわる機能性成分は，おもに消化管でのコレステロールの吸収抑制，あるいは胆汁酸の再吸収抑止に

表5.9 おもな難消化性オリゴ糖の種類と構造

名称	おもなオリゴ糖の構造	所在
イソマルトオリゴ糖	$\bigcirc-\bigcirc$ $\bigcirc-\bigcirc-\bigcirc$ (α-1, 6（イソマルトース） α-1, 6 α-1, 6（イソマルトリオース） α-1, 6 α-1, 4（パノース）)	天然では清酒，味噌，醤油などの発酵食品やはちみつなどに存在し，人工的には，でん粉を原料として転移酵素を作用させて製造される
ガラクトオリゴ糖	$\bullet-\bullet-\bigcirc$ β-1, 3 β-1, 4（3'-ガラクトシルラクトース） β-1, 4 β-1, 4（4'-ガラクトシルラクトース） β-1, 6 β-1, 4（6'-ガラクトシルラクトース）	天然では牛乳，ヒト母乳，ヨーグルトなどに存在し，人工的にはラクトースに微生物由来の酵素を作用させて製造される
フラクトオリゴ糖	$\bigcirc-\bigcirc-\bigcirc$ $\bigcirc-\bigcirc-\bigcirc$ (α-1, β-2 β-1, 1（1-ケストース） α-1, β-2 β-1, 6（6-ケストース）) $\bigcirc-\bigcirc-\bigcirc$ β-6, α-6 α-1, β-2（ネオケストース）	天然では玉ねぎ，大麦，小麦，バナナ，にんにくなどに存在し，人工的には酵素の作用でスクロースにフルクトースを結合することで製造される
ラクチュロース	$\bullet-\bigcirc$ β-1, 4	牛乳に微量に存在し，ラクトースを原料として異性化法によって工業的に製造される
乳果オリゴ糖 （乳糖果糖オリゴ糖）	$\bullet-\bigcirc-\bigcirc$ β-1, 4 α-1, β-2（ラクトスクロース）	ラクトースとスクロースを原料に転移酵素などを用いて製造される
ラフィノース	$\bullet-\bigcirc-\bigcirc$ α-1, 6 α-1, β-2	てんさい，さとうきび，ビーツ，大豆，小豆，キャベツ，ブロッコリーなど植物に広く存在する
スタキオース	$\bullet-\bullet-\bigcirc-\bigcirc$ α-1, 6 α-1, 6 α-1, β-2	大豆，小豆などの豆類やシソ科の野菜チョロギなどに含まれる

$\bigcirc$：グルコース，$\bigcirc$：フルクトース，$\bullet$：ガラクトース

作用する.

① 大豆たんぱく質・ペプチド，茶カテキン，食物繊維
大豆たんぱく質，リン脂質結合大豆ペプチド，ガレート型の茶カテキン類，食物繊維などは，コレステロールや胆汁酸の吸収を阻害し，体外への排泄を促す. また，えびやかになどの甲殻類の外骨格である**キチン**をアルカリ処理することで得られる食物繊維の**キトサン**は，陽イオン性のポリマーであるため，陰イオン性の胆汁酸と結合する. 胆汁酸を排泄すると，血中コレステロールから胆汁酸が新たに合成されるため，結果として血中コレステロールは減少する.

② 植物ステロール <u>植物ステロール</u>は広く植物に含まれ，

とくに豆類や穀類の胚芽に多く存在する成分である. 摂取すると胆汁酸ミセルへのコレステロールの取り込みを競合的に阻害し，体外への排泄を促す.

（3） 中性脂肪の吸収を抑制する食品成分
食事由来の**中性脂肪（トリアシルグリセロール）**は<u>胆汁酸ミセル</u>を形成後，<u>リパーゼ</u>によって脂肪酸とグリセロールに分解され，小腸上皮細胞に取り込まれる. リパーゼの阻害や小腸上皮細胞への取り込み阻害により，体内の中性脂肪を減らすことができる.

① 難消化性デキストリン 難消化性デキストリンは，胆汁酸から脂肪酸とモノアシルグリセロールの放出を抑

図 5.31　難消化性デキストリンの構造（推定）
赤線はヒトの消化酵素で切断できない結合.
平均分子量は 2000 程度.

制することで吸収を阻害する.
② ポリフェノール類，ペプチド・たんぱく質　ウーロン茶重合ポリフェノール，ガレート型の茶カテキン類などのポリフェノール類は，リパーゼの酵素活性を阻害して中性脂肪の吸収を抑制する.

ヘモグロビンやミオグロビンをプロテアーゼ処理したグロビンたんぱく質分解物（グロビンペプチド）は，リパーゼの酵素活性を阻害して中性脂肪の吸収を抑制する.大豆たんぱく質のβ-コングリシニンは，中性脂肪の排泄促進により血中中性脂肪の上昇を抑制する.

（4）　糖質の吸収を抑制する食品成分

摂取されたでん粉は，唾液および膵液中の<u>α-アミラーゼ</u>によってオリゴ糖にまで分解され，さらに小腸上皮細胞の膜上に存在する<u>α-グルコシダーゼ（マルターゼ，スクラーゼ</u>など）によって単糖類に分解され吸収される.α-アミラーゼやα-グルコシダーゼの働きや単糖の吸収を阻害することによって，血糖値の上昇を抑制できる.

① 小麦アルブミン, L-アラビノース，グァバ葉ポリフェノール　小麦アルブミンは，唾液や膵液中のα-アミラーゼの酵素活性を阻害する.てんさいやとうもろこし，発酵食品などに含まれる五炭糖のL-アラビノースは，スクラーゼの酵素活性を不拮抗阻害する.熱帯・亜熱帯地域に自生する常緑樹グァバの葉の熱水抽出物から得られるグァバ葉ポリフェノールは，α-アミラーゼおよびα-グルコシダーゼ阻害作用をもつ.

② 食物繊維　難消化性デキストリンは，糖類の消化・吸収を抑制し，血糖値の急激な上昇を抑える.

（5）　カルシウムの吸収を促進する食品成分

　摂取されたカルシウムは，胃酸によって可溶化されたのち十二指腸で吸収されるが，胆汁によって中和され，リン酸と不溶性塩を形成すると吸収率が大きく低下する．腸管内のカルシウムの可溶性を保つことで吸収率を高めることができる．

① カゼインホスホペプチド，クエン酸リンゴ酸カルシウム，ポリグルタミン酸　牛乳の主要たんぱく質であるカゼインをプロテアーゼ処理して得られるリン酸基を多くもつ<u>カゼインホスホペプチド（CPP）</u>は，腸管内でカルシウムと結合することで遊離のリン酸との結合を防ぎ，小腸下部でも吸収しやすい状態を維持する．クエン酸とリンゴ酸を一定の比率でカルシウムに配合した<u>クエン酸リンゴ酸カルシウム（CCM）</u>は，消化管内 pH の影響を受けず，吸収性が高い．納豆の粘り成分である<u>ポリグルタミン酸（PGA）</u>は，陰イオン性のポリマーで，腸管内のカルシウムが不溶性塩になるのを防ぎ，吸収を助ける．

② 難消化性オリゴ糖　フラクトオリゴ糖などの難消化性オリゴ糖は，腸内細菌により乳酸や短鎖脂肪酸を産生させ，腸管内 pH を低下させることでカルシウムの可溶性を高め，吸収率を向上させる．

5.4.2　循環器系に作用する成分

（1）　血圧を低下させる食品成分

　血圧調節には，<u>レニン-アンジオテンシン系</u>，血管平滑筋，自律神経系，ナトリウムなどがかかわる．これらの系に作用して血圧を低下させる機能性成分がある．

① ペプチド　乳たんぱく質のカゼイン由来のラクトトリペプチド（VPP，IPP），いわし由来のサーデンペプチド（VY），ごまたんぱく質由来のごまペプチド（LVY）

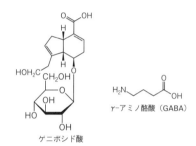

図 5.32　ゲニポシド酸と γ-アミノ酪酸の構造

などが<u>血圧降下ペプチド</u>として知られており，<u>アンジオテンシン変換酵素（ACE）</u>を阻害することで，血圧降下作用を示す．

② ゲニポシド酸　杜仲茶などに含まれる<u>ゲニポシド酸</u>（図 5.32）は，副交感神経を刺激することで血管平滑筋を弛緩させ，血圧を低下させる．

③ γ-アミノ酪酸　発芽玄米やトマトなどに多く含まれる<u>γ-アミノ酪酸（GABA）</u>（図 5.32）は，末梢神経において血管収縮作用のあるノルアドレナリンの分泌を抑制し，血圧降下作用を示す．

（2）　血中中性脂肪や体脂肪を減らす食品成分

　食事から糖質を十分摂取すると，肝臓や脂肪細胞で脂肪酸合成が促進され，中性脂肪として蓄積される．逆に空腹時や運動時には中性脂肪の分解が促進し，生じた脂肪酸は β 酸化により代謝される．これらの代謝系に作用して，血中の中性脂肪や体脂肪を低下させる食品成分が知られている．

① E(I)PA，DHA　魚油に含まれる n-3 系多価不飽和脂肪酸の<u>（エ）イコサペンタエン酸〔E(I)PA〕</u>とドコサヘキサエン酸（DHA）（図 5.33）は，おもに肝臓での脂

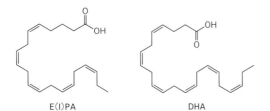

E(I)PA　　　　　　　　DHA

図 5.33　（エ）イコサペンタエン酸〔E(I)PA〕とド
コサヘキサエン酸（DHA）の構造

肪酸の β 酸化亢進によって血中中性脂肪を下げる.

② ポリフェノール類　茶カテキン類は，ミトコンドリ
アやペルオキシソームといった細胞内小器官での β 酸化
酵素を活性化することで脂肪燃焼を亢進し，体脂肪量を
低減させる. コーヒーに含まれるクロロゲン酸は，ミト
コンドリアでの β 酸化を亢進させる. たまねぎなどに含
まれるケルセチン配糖体は，ケルセチンにグルコースが
結合したもので，脂肪細胞で中性脂肪の分解にかかわる
ホルモン感受性リパーゼや β 酸化関連酵素の活性を高め，
脂肪の燃焼を亢進させるとされている.

③ 中鎖脂肪酸　ヤシ油，パーム核油などに含まれる中
鎖脂肪酸のカプリル酸やカプリン酸は，吸収されたあと
に門脈を経て肝臓へと送られ，速やかに β 酸化を受け分
解されてエネルギー源として利用される. 食用油脂を中
鎖脂肪酸の多い油脂に置き換えることによって，体脂肪
の減少，血中中性脂肪の減少などが期待される.

5.4.3　免疫系を調節する成分

免疫はウイルスや微生物の感染から私たちのからだを
守るために重要であるが，アレルギーのように生体に
とって不都合な結果をもたらすことがある. 免疫増強作

用のある食品成分やアレルギー症状を緩和する食品成分
が知られている.

① β-グルカン　きのこ類や酵母に多く含まれるβ-グ
ルカンは，マクロファージや NK 細胞などの免疫細胞を
活性化し，免疫機能を増強する.

② n-3 系多価不飽和脂肪酸　魚油やあまに油などに豊
富に含まれる E(I)PA や DHA，α-リノレン酸といった
n-3 系多価不飽和脂肪酸は，炎症性（エ）イコサノイド
の産生抑制によってアレルギー症状を緩和すると考えら
れる.

③ 乳酸菌　アレルギー反応に関与する IgE 抗体の産生
は T 細胞（ヘルパー T 細胞，制御性 T 細胞）によって制
御される. 特定の乳酸菌の摂取は，腸管免疫を介して T
細胞のバランスを変化させ，IgE 産生を抑えることでア
レルギーの予防・症状改善をもたらすと考えられる.

④ 茶カテキン　べにふうきという品種の茶に多く含ま
れるメチル化カテキン類は，マスト細胞（肥満細胞）に
作用してヒスタミンの放出（脱顆粒）を抑制し，アレル
ギー反応を抑えることが報告されている.

5.4.4　生体調整機能のあるその他の成分

（1）抗酸化作用のある食品成分

一般に酸素分子とは安定な三重項酸素を指すが，体内
に取り込まれた三重項酸素のうち，数%は反応性の高い
活性酸素に変化する. 活性酸素には，スーパーオキシド，
ヒドロキシラジカル，過酸化水素，一重項酸素などがあ
る. 活性酸素は，体内のたんぱく質，脂質，DNA などを
酸化し，体内に有害な酸化ストレスをもたらす. 酸化ス
トレスは，老化や動脈硬化，糖尿病，がんなどの疾病に
かかわると考えられる. 食品中に含まれる抗酸化物質と

して，栄養素であるビタミンC，Eに加えてカロテノイド類やポリフェノール類がある．

① カロテノイド類　β-カロテンやリコペンなどのカロテン類，ルテインやアスタキサンチンなどのキサントフィル類といったカロテノイド類は，ともに抗酸化作用をもつ．ルテインとゼアキサンチンは，眼の黄斑部の色素を増やすことで，眼の機能を維持する働きがある．

② ポリフェノール類　ポリフェノール類は，ラジカル捕捉剤（ラジカルスカベンジャー）として作用し，ラジカル反応を停止することで抗酸化作用を示す．フラボン類，フラボノール類，カテキン類，アントシアニジン類，イソフラボン類，クロロゲン酸，クルクミンなどに抗酸化活性が認められる．

（2）　骨粗鬆症を予防する食品成分

骨は骨芽細胞による骨形成と破骨細胞による骨吸収（骨の分解）を絶えず繰り返す．骨量を維持するためには，骨形成と骨吸収のバランスが重要である．骨にかかわる細胞に作用して骨を健康に保つ機能性成分が知られている．

① 乳塩基性たんぱく質　乳清たんぱく質の一部である乳塩基性たんぱく質（MBP）は，乳清中の生理活性をもつ塩基性たんぱく質の混合物である．MBPには，破骨細胞による骨吸収の抑制作用，骨芽細胞の増殖促進作用，コラーゲンの合成促進作用がある．

② 大豆イソフラボン　ゲニステインやダイゼインなどの大豆イソフラボンは，女性ホルモン（エストロゲン）と構造が類似しており（図5.34），女性ホルモンと同様のメカニズムで破骨細胞による骨吸収を抑制する．

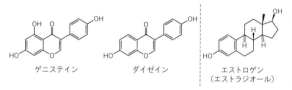

図5.34　大豆イソフラボンとエストロゲンの構造

（3）　虫歯を予防し，歯を強くする食品成分

ミュータンス菌に利用されにくい糖質を摂取し脱灰を起こりにくくすること（低う蝕作用）や，再石灰化を促進させる食品成分を摂取することは，歯の健康維持に役立つ．

① 糖アルコール　糖アルコールのキシリトール，パラチノース，マルチトール，エリト（ス）リトールなどはミュータンス菌に資化されにくいため，低う蝕作用をもつ．

② ポリフェノール類　茶カテキン類は，抗菌作用によりミュータンス菌の増殖を抑制することで虫歯になりにくい口腔環境をつくる．

③ CPP–ACP　牛乳たんぱく質からつくられるカゼインホスホペプチド-非結晶リン酸カルシウム複合体（CPP-ACP）は，ミネラルの吸収率を上げるCPPがACPに配合したもので，カルシウムとリンをエナメル質に補給して再石灰化を促進する．

●コラム ⑤●

食の価値観のスーパーダイバーシティ
〜私たちはこれからの食品に何を求めるのか〜

第5章 食品の成分

食品成分表に記載される食品の数が増えていることからもわかるように，世の中の食品の種類は増え続けている．食べものの選択肢が多くなり，個々人の好みや価値観もより多様化しているように見える．

一人ひとりに食べたいものがそれぞれあるのは当然として，同じ一人の人物であっても，時と場合によって食べたいものは変わる．十人十色どころか，一人十色といえるだろう．食の価値観は，国や地域といった社会集団としての多様性に加え，個人の中にも多様性が存在する「スーパーダイバーシティ（超多様性）」であるといえる．スーパーダイバーシティとは，2007 年に社会人類学者のスティーブン・バートベックによって打ちだされた概念である．

たとえば，日本で十数年前には珍しかった海外の食材などをよく目にすることがある．また，ゆずやわさびなどの日本産の食品が海外へ輸出されて定着するなど，世界各国での食生活も多様化している．人の移動によって社会が多様化するのと同じように，食品の流動とともに食の多様性も増す．さらに，加工技術が発展したことで，同じ食材から多種多様な製品がつくられるようになったり，インターネットなどの情報技術を使って，個々人が食品そのものや関連する情報を得ることが簡単になったりなど，技術が食の多様化をあと押ししている．

今後も個々人の食の好みが，AI（人工知能）などのテクノロジーの進展によってより詳細に解析されることで，食のスーパーダイバーシティは拡大することが予測される．実際，遺伝子解析の発達により，その人物の遺伝子タイプに合う栄養指導や食べ方を，技術を駆使して応えるという社会システムなども構築されている．

人が求める食品は，通常選べるものの範囲内で限定されるが，さまざまな食の技術の発展は，その制約を解消し，選択肢の幅を広げる．そのことで，個々人のさまざまな価値観により合った食品を選ぶ機会はますます増えていくであろう．

人がおいしい，または価値があると思う食品は，単に味がいいというわけではない．健康的である，コストパフォーマンスがよい，体質に合う，品質が高い，シンプルである，凝っている，驚きをくれる，安らぎをくれる，ワクワクさせる，安心させる，盛り上げてくれる，人と共感できるなど，一人ひとりそれぞれにある価値観を刺激したり，満たしたりするものであろう．

たとえば，人生に〝本質〟を求める人は，良質でシンプルな食品を求め，〝本物〟を求める人は，伝統的な生産方法による食品を求めるかもしれない．逆に，欲しくないと感じる食品は，そのときの価値観に適さない食品ともいえる．その人が生きる上で重要視する部分，もしくは満たされていない部分が，これからの未来の食品にはより色濃く反映されていくのではないだろうか．

- 158 -

巻末資料　食品の原料となる生物種の英名・学名

本文に収載されている食品の原料となる生物種の英名・学名を表に示した．広く使われている複数の英名や学名がある場合には，シノニムとして Syn. の次に記載した．

食品名 （　）内は生物種名	生物種の英名	学名	食品名 （　）内は生物種名	生物種の英名	学名
穀類	**CEREALS**		（かぼちゃ類）	（Pumpkins and squashes）	
あわ	Foxtail millet	*Setaria italica*	日本かぼちゃ	Japanese squash ［Syn. Pumpkin］	*Cucurbita moschata*
えんばく	Common oat ［Syn. Oat］	*Avena sativa*	西洋かぼちゃ	Winter squash ［Syn. Pumpkin］	*Cucurbita maxima*
大麦	Barley	*Hordeum vulgare*	そうめんかぼちゃ	Spaghetti squash ［Syn. Summer squash］	*Cucurbita pepo*
きび	Proso millet ［Syn. Common millet］	*Panicum miliaceum*	カリフラワー	Cauliflower	*Brassica oleracea* Botrytis Group
小麦	Common wheat	*Triticum aestivum*	キャベツ	Cabbage	*Brassica oleracea* Capitata Group
デュラム小麦	Durum wheat	*Triticum turgidum* ［Syn. *Triticum durum*］	きゅうり	Cucumber	*Cucumis sativus*
米（イネ）	Rice	*Oryza sativa*	ケール	Kale	*Brassica oleracea* Acephala Group
そば	Buckwheat	*Fagopyrum esculentum*	コールラビ	Kohlrabi	*Brassica oleracea* Gongylodes Group
とうもろこし	Corn ［Syn. Maize］	*Zea mays*	ごぼう	Edible burdock	*Arctium lappa*
ハト麦	Job's tears	*Coix lacryma-jobi* var. *ma-yuen*	こまつな	Spinach mustard, Komatsuna	*Brassica rapa* Perviridis Group
ひえ	Japanese barnyard millet	*Echinochloa esculenta*	さんとうさい	Non-heading Chinese cabbage, Santosai	*Brassica rapa* Pekinensis Group
もろこし	Sorghum	*Sorghum bicolor*	ズッキーニ	Zucchini	*Cucurbita pepo* Melopepo Group
ライ麦	Rye	*Secale cereale*	セロリ	Celery	*Apium graveolens* var. *dulce*
いも及びでん粉類	**POTATOES AND STARCHES**		だいこん	Japanese radish, Daikon	*Raphanus sativus* Daikon Group
きくいも	Jerusalem-artichoke	*Helianthus tuberosus*	たけのこ（モウソウチク）	Moso bamboo	*Phyllostachys heterocycla* ［Syn. *Phyllostachys edulis*］
こんにゃく	Konjac	*Amorphophallus konjac*	メンマ（マチク）	Taiwan giant bamboo	*Dendrocalamus latiflorus*
さつまいも	Sweet potato	*Ipomoea batatas*	たまねぎ	Onion	*Allium cepa*
さといも	Taro	*Colocasia esculenta*	とうがらし	Hot pepper	*Capsicum annuum*
じゃがいも	Potato	*Solanum tuberosum*	トマト	Tomato	*Lycopersicon esculentum*
ヤーコン	Yacon	*Smallanthus sonchifolius*	なす	Eggplant ［Syn. Aubergine］	*Solanum melongena*
（やまのいも類）	（Yams）		にんじん	Carrot	*Daucus carota*
ながいも	Chinese yam	*Dioscorea polystachya*	にんにく	Garlic	*Allium sativum*
じねんじょ	Japanese yam	*Dioscorea japonica*	ねぎ	Welsh onions	*Allium fistulosum*
キャッサバでん粉（キャッサバ）	Cassava	*Manihot esculenta*	はくさい	Heading Chinese cabbage	*Brassica rapa* Pekinensis Group
豆類	**PULSES**		はつかだいこん	Little radish	*Raphanus sativus* Radicula Group
小豆	Adzuki bean	*Vigna angularis*	ピーマン	Sweet peppers	*Capsicum annuum*
いんげん豆	Kidney bean	*Phaseolus vulgaris*	ふき	Japanese butterbur	*Petasites japonicus*
えんどう	Pea	*Pisum sativum*	ブロッコリー	Broccoli	*Brassica oleracea* Italica Group
ささげ	Cowpea	*Vigna unguiculata*	ほうれんそう	Spinach	*Spinacia oleracea*
そら豆	Broad bean	*Vicia faba*	みつば	Japanese hornwort	*Cryptotaenia canadensis* subsp. *Japonica*
大豆	Soybean ［Syn. Soya bean］	*Glycine max*	めキャベツ	Brussels sprout	*Brassica oleracea* Gemmifera Group
ひよこ豆	Chickpea ［Syn. Garbanzo bean］	*Cicer arietinum*	（もやし類）	（Bean sprouts）	
りょくとう	Mung bean	*Vigna radiata*	レタス	Head lettuce, crisp type	*Lactuca sativa* Capitata Group
レンズ豆	Lentil	*Lens culinaris*	サラダな	Head lettuce, butter type	*Lactuca sativa* Capitata Group
種実類	**NUTS AND SEEDS**		サニーレタス	Red leaf lettuce	*Lactuca sativa* Crispa Group
アーモンド	Almond	*Prunus dulcis*	れんこん（ハス）	East Indian lotus	*Nelumbo nucifera*
えごま	Perilla, Egoma	*Perilla frutescens* var. *frutescens*	**果実類**	**FRUITS**	
カシューナッツ	Cashew	*Anacardium occidentale*	アボカド	Avocado	*Persea americana*
ぎんなん（イチョウ）	Ginkgo	*Ginkgo biloba*	いちご（オランダイチゴ）	Strawberry	*Fragaria* × *ananassa*
（くり類）	（Chestnuts）		いちじく	Fig	*Ficus carica*
日本ぐり	Japanese chestnut	*Castanea crenata*	うめ	Mume	*Prunus mume*
中国ぐり	Chinese chestnut	*Castanea mollissima*	かき	Japanese persimmon ［Syn. Kaki］	*Diospyros kaki*
くるみ（ペルシャグルミ）	Walnut （English walnut）	*Juglans regia*	（かんきつ類）	（Citrus fruit）	
ココナッツ（ココヤシ）	Coconut palm	*Cocos nucifera*	うんしゅうみかん	Satsuma mandarin	*Citrus unshiu*
ごま	Sesame	*Sesamum indicum*	オレンジ	Oranges	
ピスタチオ	Pistachio	*Pistacia vera*	ネーブル	Navel	*Citrus sinensis*
ひまわり	Sunflower	*Helianthus annuus*			
ヘーゼルナッツ	Hazel nut ［Syn. European filbert］	*Corylus avellana*			
マカダミアナッツ	Macadamia nut	*Macadamia integrifolia*			
らっかせい	Peanut	*Arachis hypogaea*			
野菜類	**VEGETABLES**				
アスパラガス	Asparagus	*Asparagus officinalis*			
うど	Japanese spikenard, Udo	*Aralia cordata*			

食品名 （ ）内は生物種名	生物種の英名	学名
グレープフルーツ	Grapefruit	*Citrus paradisi*
レモン	Lemon	*Citrus limon*
さくらんぼ	Sweet cherry	*Prunus avium*
すいか	Watermelon	*Citrullus lanatus*
（すもも類）	(Plums)	
にほんすもも	Japanese plum	*Prunus salicina*
プルーン	European plum	*Prunus domestica*
（なし類）	(Pears)	
日本なし	Sand pear [Syn. Nashi pear]	*Pyrus pyrifolia*
中国なし	Chinese white pear	*Pyrus bretschneideri*
西洋なし	European pear	*Pyrus communis*
パインアップル	Pineapple	*Ananas comosus*
バナナ	Banana	*Musa* spp.
パパイア	Papaya	*Carica papaya*
ぶどう	Grape	*Vitis* spp.
マンゴー	Mango	*Mangifera indica*
メロン	Muskmelon	*Cucumis melo*
（もも類）	(Peaches)	
もも	Peache	*Prunus persica*
ネクタリン	Nectarine	*Prunus persica*
りんご	Apple	*Malus pumila*

きのこ類	MUSHROOMS	
えのきたけ	Winter mushroom [Syn. Enokitake, Enoki]	*Flammulina velutipes*
（きくらげ類）	(Tree ears)	
あらげきくらげ	Hairy Jew's ear	*Auricularia polytricha*
きくらげ	Jew's ear	*Auricularia auricula-judae*
しろきくらげ	White Jelly Fungus	*Tremella fuciformis*
しいたけ	Mushroom, Shiitake	*Lentinula edodes*
（しめじ類）	(Shimeji)	
ぶなしめじ	Beech mushroom	*Hypsizygus marmoreus*
ほんしめじ	Mushroom, Honshimeji	*Lyophyllum shimeji*
なめこ	Mushroom, Nameko	*Pholiota microspora*
エリンギ	King oyster mushroom	*Pleurotus eryngii*
まいたけ	Mushroom, Maitake	*Grifola frondosa*
マッシュルーム（ツクリタケ）	Button mushroom	*Agaricus bisporus*
まつたけ	Mushroom, Matsutake	*Tricholoma matsutake*

藻類	ALGAE	
あおさ	Algae, sea lettuce	*Ulva* spp.
あおのり	Algae, green laver	*Enteromorpha* spp.
あまのり	Algae, purple laver	*Porphyra* spp.
（こんぶ類）	(Kombu)	
えながおにこんぶ	Algae, kombu, Enaga-oni-kombu	*Saccharina diabolica* [Syn. *Laminaria diabolica*]
がごめこんぶ	Algae, kombu, Gagome-kombu	*Saccharina sculpera* [Syn. *Kjellmaniella crassifolia*]
ながこんぶ	Algae, kombu, Naga-kombu	*Saccharina longissima* [Syn. *Laminaria longissima*]
ほそめこんぶ	Algae, kombu, Hosome-kombu	*Saccharina religiosa* [Syn. *Laminaria religiosa*]
まこんぶ	Algae, kombu, Ma-kombu	*Saccharina japonica* [Syn. *Laminaria jaonica*]
みついしこんぶ	Algae, kombu, Mitsuishi-kombu	*Saccharina angustata* [Syn. *Laminaria angustata*]
りしりこんぶ	Algae, kombu, Rishiri-kombu	*Saccharina ochotensis* [Syn. *Laminaria ochotensis*]
すいぜんじのり	Algae, Suizenji-nori	*Aphanothece sacrum*
てんぐさ（マクサ）	Algae, Tengusa	*Gelidium elegans*
ひじき	Algae, Hijiki	*Sargassum fusiforme* [Syn. *Hizikia fusiformis*]
もずく	Algae, Mozuku	*Nemacystus decipiens*
わかめ	Algae, Wakame	*Undaria pinnatifida*

食品名 （ ）内は生物種名	生物種の英名	学名
魚介類		
〈魚類〉	〈FISHES〉	
（あじ類）	(Horse mackerels)	
まあじ	Japanese Jack mackerel [Syn. Horse mackerel]	*Trachurus japonicus*
あゆ	Ayu	*Plecoglossus altivelis*
（いわし類）	(Sardines)	
うるめいわし	Pacific round herring [Syn. Red-eye round herring]	*Etrumeus teres*
かたくちいわし	Japanese anchovy	*Engraulis japonicus*
まいわし	Japanese pilchard	*Sardinops melanostictus*
いわな	White-spotted char [Syn. Char, Japanese char]	*Salvelinus leucomaenis*
うなぎ（ニホンウナギ）	Japanese eel	*Anguilla japonica*
おひょう	Pacific halibut	*Hippoglossus stenolepis*
（かつお類）	(Skipjacks and frigate mackerels)	
かつお	Skipjack tuna [Syn. Bonito, Skipjack]	*Katsuwonus pelamis*
（かれい類）	(Righteye flounders)	
まがれい	Brown sole	*Pleuronectes herzensteini*
まこがれい	Marbled sole	*Pleuronectes yokohamae*
子もちがれい（アカガレイ，ババガレイ）	Righteye flounders (Red halibut, Slime flounder)	*Hippoglossoides dubius*, *Microstomus achne*
こい	Common carp	*Cyprinus carpio*
（さけ・ます類）	(Salmons and trouts)	
からふとます	Pink salmon	*Oncorhynchus gorbuscha*
ぎんざけ	Coho salmon	*Oncorhynchus kisutch*
しろさけ（サケ）	Chum salmon	*Oncorhynchus keta*
にじます	Rainbow trout	*Oncorhynchus mykiss*
べにざけ	Sockeye salmon	*Oncorhynchus nerka*
ますのすけ（キングサーモン）	Chinook salmon	*Oncorhynchus tshawytscha*
（さば類）	(Mackerels)	
まさば	Chub mackerel [Syn. Mackerel]	*Scomber japonicus*
ごまさば	Spotted mackerel	*Scomber australasicus*
さんま	Pacific saury	*Cololabis saira*
（たい類）	(Sea breams)	
きだい	Yellow sea bream	*Dentex tumifrons*
くろだい	Black sea bream	*Acanthopagrus schlegelii*
ちだい	Crimson sea bream	*Evynnis japonica*
まだい	Red sea bream	*Pagrus major*
（たら類）	(Cod fishes)	
すけとうだら	Walleye pollock [Syn. Alaska pollock]	*Theragra chalcogramma*
まだら	Pacific cod	*Gadus macrocephalus*
どじょう	Asian pond loach [Syn. Loach, Pond loach]	*Misgurnus anguillicaudatus*
なまず（ナマズ）	Japanese catfish	*Silurus asotus*
にしん	Pacific herring	*Clupea pallasii*
ひらめ	Olive flounder [Syn. Bastard halibut, Japanese flounder]	*Paralichthys olivaceus*
ぶり	Yellowtail [Syn. Five-ray yellowtail]	*Seriola quinqueradiata*
（まぐろ類）	(Tunas)	
きはだまぐろ	Yellowfin tuna	*Thunnus albacares*
くろまぐろ（ほんまぐろ）	Bluefin tuna	*Thunnus thynnus*
びんながまぐろ	Albacore	*Thunnus alalunga*
みなみまぐろ	Southern bluefin tuna	*Thunnus maccoyii*
めばちまぐろ	Big-eye tuna	*Thunnus obesus*
やまめ	Seema	*Oncorhynchus masou masou*

食品名 （　）内は生物種名	生物種の英名	学名
〈貝類〉	〈SHELLFISHES〉	
あさり	Short-neck clam [Syn. Baby-neck clam, Manila clam, Japanese littleneck]	*Ruditapes philippinarum*
あわび（クロアワビ，マダカアワビ，メガイアワビ）	Abalone（Disk abalone, Giant abalone）	*Haliotis discus discus, Haliotis madaka, Haliotis gigantea*
かき（マガキ）	Oyster（Pacific oyster）	*Crassostrea gigas*
さざえ	Turban shell	*Turbo cornutus*
しじみ（マシジミ，ヤマトシジミ）	Freshwater clam	*Corbicula leana, Corbicula japonica*
（はまぐり類）	(Hard clams)	
はまぐり	Hard clam	*Meretrix lusoria*
ほたてがい	Giant ezo-scallop [Syn. Common scallop]	*Mizuhopecten yessoensis*
〈えび・かに類〉	〈PRAWNS, SHRIMPS AND CRABS〉	
（えび類）	(Prawns and shrimps)	
いせえび	Japanese spiny lobster	*Panulirus japonicus*
くるまえび	Kuruma prawn	*Marsupenaeus japonicus* [Syn. *Penaeus japonicus*]
さくらえび	Sakura shrimp	*Sergia lucens*
（かに類）	(Crabs)	
毛がに	Horsehair crab	*Erimacrus isenbeckii*
ずわいがに	Snow crab [Syn. Tanner crab]	*Chionoecetes opilio*
たらばがに	Red king crab [Syn. King crab]	*Paralithodes camtschaticus*
〈いか・たこ類〉	〈CEPHALOPODS〉	
（いか類）	(Squids and cuttlefishes)	
けんさきいか	Swordtip squid	*Loligo edulis* [Syn. *Uroteuthis edulis*]
するめいか	Japanese common squid [Syn. Short-finned squid]	*Todarodes pacificus*
ほたるいか	Firefly squid	*Watasenia scintillans*
やりいか	Spear squid	*Loligo bleekeri* [Syn. *Heterololigo bleekeri*]
（たこ類）	(Octopuses)	
いいだこ	Ocellated octopus	*Amphioctopus fangsiao* [Syn. *Octopus ocellatus*]
まだこ	Common octopus	*Octopus vulgaris*
〈その他〉	〈OTHERS〉	
うに（バフンウニ，ムラサキウニ）	Sea urchin (Elegant sea urchin, Hard-spined sea urchin)	*Hemicentrotus pulcherrimus, Anthocidaris crassispina** [*Syn. *Heliocidaris crassispina*]
くらげ（ビゼンクラゲ，エチゼンクラゲ）	Edible jellyfish, Nomura's jellyfish	*Rhopilema esculenta, Nemopilema nomurai** [*Syn. *Stomolophus nomurai*]
なまこ（マナマコ）	Sea cucumber	*Apostichopus japonicus* [Syn. *Stichopus japonicus*]
ほや（マボヤ，アカボヤ）	Sea squirt [Syn. Ascidian]	*Halocynthia roretzi, Halocynthia aurantium*
肉類	MEATS	
〈畜肉類〉	〈ANIMAL MEATS〉	
うさぎ（カイウサギ）	Rabbit	*Oryctolagus cuniculus*
牛	Cattle	*Bos taurus*
馬	Horse	*Equus caballus*
くじら（ミンククジラ）	Whale, minke whale	*Balaenoptera acutorostrata*
豚	Swine	*Sus scrofa*
めんよう	Sheep	*Ovis aries*
〈鳥肉類〉	〈POULTRIES〉	
うずら	Japanese quail	*Coturnix coturnix japonica*
あひる	Duck, domesticated	*Anas platyrhynchos domestica*
しちめんちょう	Turkey	*Meleagris gallopavo*
鶏	Chicken	*Gallus gallus*

食品名 （　）内は生物種名	生物種の英名	学名
〈その他〉	〈OTHERS〉	
いなご（コバネイナゴ）	Rice hopper	*Oxya yezoensis*
かえる（ウシガエル）	Frog, bullfrog	*Rana catesbeiana*
すっぽん（キョクトウスッポン）	Chinese softshell turtle	*Pelodisus sinensis*
卵類	EGGS	
ピータン（アヒル）	Domesticated duck	*Anas platyrhynchos domestica*
うずら卵（ウズラ）	Japanese quail	*Coturnix japonica*
鶏卵（ニワトリ）	Chicken	*Gallus gallus*
乳類	MILKS	
生乳，ジャージー種（ウシ）	Cow, Jersey	*Bos taurus*
生乳，ホルスタイン種（ウシ）	Cow, Holstein	*Bos taurus*
人乳（ヒト）	Human	*Homo sapiens*
油脂類	FATS AND OILS	
オリーブ油（オリーブ）	Olive	*Olea europaea*
ごま油（ゴマ）	Sesame	*Sesamum indicum*
米ぬか油（イネ）	Rice	*Oryza sativa*
サフラワー油（ベニバナ）	Safflower	*Carthamus tinctorius*
大豆油（ダイズ）	Soybean	*Glycine max*
とうもろこし油（トウモロコシ）	Corn [Syn. Maize]	*Zea mays*
なたね油（セイヨウアブラナ）	Rape [Syn. Colza]	*Brassica napus*
パーム油（ギニアアブラヤシ・アメリカアブラヤシ）	Oil palm	*Elaeis guineensis, Elaeis oleifera*
パーム核油（ギニアアブラヤシ・アメリカアブラヤシ）	Oil palm	*Elaeis guineensis, Elaeis oleifera*
綿実油（ワタ）	Cotton	*Gossypium spp.*
ヤシ油（ココヤシ）	Coconut palm	*Cocos nucifera*
牛脂（ウシ）	Cow	*Bos taurus*
豚脂，ラード（ブタ）	Swine	*Sus scrofa*
調味料及び香辛料類	SEASONING AND SPICES	
オールスパイス	Allspice	*Pimenta dioica*
からし（カラシナ，セイヨウカラシナ）	Mustard (Oriental mustard, Brown mustard)	*Brassica juncea*
からし（シロカラシ）	Mustard (White mustard)	*Sinapis alba*
からし（クロカラシ）	Mustard (Black mustard)	*Brassica nigra*
クローブ	Clove	*Syzygium aromaticum*
こしょう	Pepper	*Piper nigrum*
さんしょう	Japanese pepper, Sansho	*Zanthoxylum piperitum*
シナモン（シナモン，カシア）	Cinnamon, Cassia	*Cinnamomum verum, Cinnamomum cassia*
しょうが	Ginger	*Zingiber officinale*
セージ	Sage	*Salvia officinalis*
タイム	Thyme	*Thymus vulgaris*
とうがらし	Red hot pepper	*Capsicum annuum*
ナツメグ	Nutmeg	*Myristica fragrans*
バジル	Basil	*Ocimum basilicum*
パセリ	Parsley	*Petroselinum crispum*
わさび	Wasabi	*Wasabia Japonica* [Syn. *Eutrema wasabi*]
酵母	Yeast	*Saccharomyces cerevisiae*

出典一覧
URL は 2023 年 3 月現在

図 1.1　杉田浩一 編，『調理とたべもの』，味の素食の文化センター（1999），p. 12 を参考に一部改変.

図 1.2　上野川修一，田之倉優 編，『食品の科学』，東京化学同人（2005），p. 7 を参考に一部改変.

表 1.1，表 1.2　「日本食品標準成分表・資源に関する取組」，文部科学省 https://www.mext.go.jp/a_menu/syokuhinseibun/index.htm より抜粋.

表 1.3　「日本食品標準成分表 2020 年版（八訂）」より抜粋.

図 2.1　堀江　武 編，『イネの大百科』，農山漁村文化協会（2018），p. 7 を参考に一部改変.

図 2.4　鈴木龍一郎，鈴木英治, Glycoforum, 24（3），A7，（2021），図 3 を参考に，一部改変. https://doi.org/10.32285/glycoforum.24A7J

図 2.7　本間清一，村田容常 編，『食品加工貯蔵学』〈新スタンダード栄養・食物シリーズ〉，東京化学同人（2016），p. 18 を参考に一部改変.

図 2.10　宮地重遠，村田吉男 編，『光合成と物質生産：植物による太陽エネルギーの利用』，理工学社（1980），p. 387 を参考に一部改変.

図 2.17，図 2.18　国分牧衛 編，『ダイズの大百科』，農山漁村文化協会（2019），p. 6，p. 9 を参考に一部改変.

図 2.24，図 2.26　畑江敬子，香西みどり 編，『調理学』〈新スタンダード栄養・食物シリーズ〉，東京化学同人（2016），p. 123，p. 126 を参考に一部改変.

表 2.1，表 2.4，表 2.9，表 2.10，表 2.12，表 2.13，表 2.15，表 2.16，表 2.19，表 2.20　「日本食品標準成分表 2020 年版（八訂）」より抜粋.

表 2.2　「日本食品標準成分表 2020 年版（八訂）アミノ酸成分表編」のうち，「第 3 表　アミノ酸組成によるたんぱく質 1 g 当たりのアミノ酸成分表」より抜粋. アミノ酸価は FAO/WHO/UNU アミノ酸評点パターン（2007 年改訂）の「18 歳以上」の数値を用いて求めた.

表 2.5，表 2.6　本間清一，村田容常 編，『食品加工貯蔵学』〈新スタンダード栄養・食物シリーズ〉，東京化学同人（2016），p. 17，p. 18 を参考に一部改変.

表 2.7，表 2.8　中島　肇，佐藤薫 編，『食品学 II：食品の分類と特性・用途を正しく理解するために』〈ステップアップ栄養・健康科学シリーズ〉，化学同人（2017），p. 38，p. 39 を参考に一部改変.

表 2.11　「日本食品標準成分表 2020 年版（八訂）　アミノ酸成分表編」のうち，「第 3 表　アミノ酸組成によるたんぱく質 1 g 当たりのアミノ酸成分表」より抜粋. アミノ酸価は FAO/WHO/UNU アミノ酸評点パターン（2007 年改訂）の「18 歳以上」の数値を用いて求めた.

表 2.14　トマト加工品の日本農林規格（JAS）より参考，一部改変.

表 2.17　ジャム類の日本農林規格（JAS）より参考，一部改変.

表 2.18　果実飲料の日本農林規格（JAS）より参考，一部改変.

表 2.21　嶋田正和ら 監，『視覚でとらえるフォトサイエンス生物図録』，数研出版（2022），p. 170 を参考に，一部改変.

表 3.1，表 3.3，表 3.4，表 3.5，表 3.6　「日本食品標準成分表 2020 年版（八訂）」より抜粋.

表 3.2　瀬口正晴，八田　一 編，『食品学各論　第 3 版』〈新食品・栄養科学シリーズ〉，化学同人（2016），p. 74 を参考に一部改変.

表 4.1　「日本食品標準成分表 2020 年版（八訂）」より抜粋.

表 4.2　栢野新市，水品善之，小西洋太郎 編，『食品学 II：食べ物と健康　食品の分類と特性，加工を学ぶ　改訂第 2 版』〈栄養科学イラストレイテッド〉，羊土社（2021），p. 148 を参考に一部改変.

図 5.10，図 5.21，図 5.23，図 5.25，表 5.1，表 5.3，表 5.7　久保田紀久枝，森光康次郎 編，『食品学：食品成分と機能性』〈新スタンダード栄養・食物シリーズ〉，東京化学同人（2016），p. 46-47，p. 76，p. 78，p. 79，p. 27，p. 33，p. 80 を参考に一部改変.

図 5.20，表 5.2　佐藤　薫，中島　肇 編，『食品学 I：食品成分とその機能を正しく理解するために』〈ステップアップ栄養・健康科学シリーズ〉，化学同人（2017），p. 20，p. 31 を参考に一部改変.

図 5.31　前田栄彰，難消化性デキストリンの特性と用途，砂糖類・でん粉情報，2015 年 9 月号（2015），p. 41 を参考に一部改変.

表 5.4　寺尾純二，村上　明 編『食べ物と健康 I　食品学総論：食品の成分と機能』〈Visual 栄養学テキスト〉，中山書店（2017），p. 46 を参考に一部改変.

参考図書・参考文献—もっと深く学びたい人へ—
URL は 2023 年 3 月現在.

全体

「日本食品標準成分表・資源に関する取組」，文部科学省 https://www.mext.go.jp/a_menu/syokuhinseibun/index.htm

第 1 章　食品と人間

上野川修一，田之倉優 編，『食品の科学』，東京化学同人（2005）.

杉田浩一 編，『調理とたべもの』，味の素食の文化センター（1999）.

佐藤洋一郎，『食の人類史：ユーラシアの狩猟・採集，農耕，遊牧』〈中公新書〉，中央公論新社（2016）.

石毛直道，赤坂憲雄，『食の文化を探る』，玉川大学出版部（2018）.

江原絢子，石川尚子 編著，『日本の食文化：その伝承と食の教育』，アイケイコーポレーション（2009）.

石川伸一 監，『未来の食べもの大研究：「食」の歴史とこれからをさぐろう』〈楽しい調べ学習シリーズ〉，PHP 研究所（2022）.

平賀　緑，『食べものから学ぶ世界史：人も自然も壊さない経済とは？』〈岩波ジュニア新書〉，岩波書店（2021）.

第 2 章　植物性食品

2.1　穀類

高野克己，谷口亜樹子 編，『米の科学』〈食物と健康の科学シリーズ〉，朝倉書店（2021）.

長尾精一，『小麦の機能と科学』〈食物と健康の科学シリーズ〉，朝倉書店（2014）.

貝沼圭二，大坪研一，中久喜輝夫 編，『トウモロコシの科学』〈シリーズ 食品の科学〉，朝倉書店（2009）.

堀江　武 編，『イネの大百科』〈まるごと探究！世界の作物〉，農山漁村文化協会（2018）.

吉田　久 編，『ムギの大百科』〈まるごと探究！世界の作物〉，農山漁村文化協会（2018）.

濃沼圭一 編，『トウモロコシの大百科』〈まるごと探究！世界の作物〉，農山漁村文化協会（2019）.

井上直人，『おいしい穀物の科学』〈ブルーバックス〉，講談社（2014）.

平　宏和，『雑穀のポートレート』，錦房（2017）.

及川一也，『雑穀：11 種の栽培・加工・利用』〈新特産シリーズ〉，農山漁村文化協会（2022）.

井上直人，『そば学：sobalogy 食品科学から民俗学まで』，柴田書店（2019）.

井上好文，『パン入門　改訂版』〈食品知識ミニブックスシリーズ〉，日本食糧新聞社（2016）.

鈴木龍一郎，鈴木英治，「多糖の分岐を考える—澱粉構造と枝作り酵素の研究から—」，Glycoforum, 24（3），A7，（2021）.

宮地重遠，村田吉男 編，『光合成と物質生産：植物による太陽エネルギーの利用』，藤原書店（1980）.

一般社団法人 全国包装米飯協会，https://www.p-rice.net.

全国米菓工業組合，https://www.arare-osenbei.jp.

全国精麦工業協同組合連合会，https://zenbakuren.or.jp.

一般財団法人 製粉振興会，https://www.seifun.or.jp.

日本パスタ協会，https://www.pasta.or.jp.

日本スターチ・糖化工業会，https://www.starch-touka.com.

2.2　いも類

森元　幸 編，『ジャガイモの大百科』〈まるごと探究！世界の作物〉，農山漁村文化協会（2020）.

伊藤章治，『ジャガイモの世界史：歴史を動かした「貧者のパン」』〈中公新書〉，中央公論新社（2008）.

山本紀夫，『ジャガイモのきた道：文明・飢饉・戦争』〈岩波新書〉，岩波書店（2008）.

農畜産業振興機構，ばれいしょの需要変化と品種の動向，https://www.alic.go.jp/joho-d/joho08_000646.html.

日本いも類研究会，https://www.jrt.gr.jp.

2.3　豆類

小野伴忠，下山田真，村本光二 編，『大豆の機能と科学』〈食物と健康の科学シリーズ〉，朝倉書店（2012）.

国分牧衛 編，『ダイズの大百科』〈まるごと探究！世界の作物〉，農山漁村文化協会（2019）.

ナタリー・レイチェル・モリス，竹田　円 訳，『豆の歴史』〈「食」の図書館〉，原書房（2020）.

木内　幹，木村啓太郎，永井利郎，『納豆の科学：最新情報による総合的考察』，建帛社（2008）.

K. Yoshida, N. Nagai, Y. Ichikawa, M. Goto, K. Kazuma, K. Oyama, K. Koga, M. Hashimoto, S. Iuchi, Y. Takaya, T. Kondo, *Scientific Reports*, 9(1), 1484 (2019).

公益財団法人日本豆類協会, https://www.mame.or.jp.

日本豆乳協会, https://www.tounyu.jp.

一般財団法人 全国豆腐連合会, http://www.zentoren.jp.

全国納豆協同組合連合会, https://natto.or.jp.

一般社団法人 日本植物蛋白食品協会, https://www.protein.or.jp.

2.4 種実類

並木満夫, 福田靖子, 田代 亨 編, 『ゴマの機能と科学』〈食物と健康の科学シリーズ〉, 朝倉書店 (2015).

鈴木一男, 『ラッカセイ:栽培・加工, ゆで落花生も』〈新特産シリーズ〉, 農山漁村文化協会 (2011).

ケン・アルバーラ, 田口未和 訳, 『ナッツの歴史』〈「食」の図書館〉, 原書房 (2016).

2.5 野菜類

高宮和彦, 『野菜の科学』〈シリーズ 食品の科学〉, 朝倉書店 (1993).

大場秀章, 『サラダ野菜の植物史』, 新潮社 (2004).

中野明正, 『トマトの大百科』〈まるごと探究!世界の作物〉, 農山漁村文化協会 (2020).

前田安彦, 宮尾茂雄 編, 『漬物の機能と科学』〈食物と健康の科学シリーズ〉, 朝倉書店 (2011).

板木利隆, 畑中喜秋, 三輪正幸, 吹春俊光, 横浜康継 監, 『野菜と果物』〈小学館の図鑑NEO〉, 小学館 (2013).

一般社団法人 全国トマト工業会, http://www.japan-tomato.or.jp.

2.6 果実類

伊藤三郎 編, 『果実の機能と科学』〈食物と健康の科学シリーズ〉, 朝倉書店 (2011).

星 晴夫, 『果実飲料入門 増補改訂版』〈食品知識ミニブックスシリーズ〉, 日本食糧新聞社 (1991).

植物検疫統計, http://www.pps.go.jp/TokeiWWW/Pages/faq/syokcd.xhtml;jsessionid=197B6B1D43B120133AA33563B8731460.

2.7 きのこ類

檜垣宮都 監, 『キノコを科学する:シイタケからアガリクス・ブラゼイまで』, 地人書館 (2001).

菅原龍幸 編, 『キノコの科学』〈シリーズ 食品の科学〉, 朝倉書店 (1997).

奥 和之, 沢谷郁夫, 茶円博人, 福田恵温, 栗本雅司, 日本食品科学工学会誌, 45(6), 381 (1998).

2.8 藻類

山田信夫, 『海藻利用の科学 新訂増補版』, 成山堂書店 (2013).

日本藻類学会 編, 『海藻の疑問50』〈みんなが知りたいシリーズ1〉, 成山堂書店 (2016).

大石圭一 編, 『海藻の科学』〈シリーズ 食品の科学〉, 朝倉書店 (1993).

広田 望, 調理科学, 13(4), 256 (1980).

岡島麻衣, Ngatu Roger, 化学と生物, 53(8), 553 (2015).

第3章 動物性食品

3.1 魚介類

阿部宏喜 編, 『魚介と科学』〈食物と健康の科学シリーズ〉, 朝倉書店 (2015).

日本甲殻類学会 編, 『エビ・カニの疑問50』〈みんなが知りたいシリーズ5〉, 成山堂書店 (2018).

滝口明秀, 川﨑賢一 編, 『干物の機能と科学』〈食物と健康の科学シリーズ〉, 朝倉書店 (2015).

公益社団法人日本缶詰びん詰レトルト食品協会, 『缶詰入門 改訂4版』〈食品知識ミニブックスシリーズ〉, 日本食糧新聞社 (2020).

井田 齋, 松浦啓一 監, 『新版 魚』〈小学館の図鑑NEO〉, 小学館 (2015).

一般社団法人日本鰹節協会, http://www.katsuobushi.or.jp.

日本かまぼこ協会, https://www.nikkama.jp.

3.2 肉類

細野明義, 沖谷明紘, 吉川正明, 八田 一 編, 『畜産食品の事典 新装版』, 朝倉書店 (2007).

松石昌典, 西邑隆徳, 山本克博 編, 『肉の機能と科学』〈食物と健康の科学シリーズ〉, 朝倉書店 (2015).

鈴木 晋, 三枝弘育, 『改訂新版 食肉製品の知識』, 幸書房 (2018).

日本ハム・ソーセージ工業協同組合, https://hamukumi.jp.

3.2 乳類

上野川修一 編, 『乳の科学』〈食物と健康の科学シリーズ〉, 朝倉書店 (2015).

酒井仙吉, 『牛乳とタマゴの科学』〈ブルーバックス〉, 講談社 (2013).

平田昌弘, 『人とミルクの1万年』〈岩波ジュニア新書〉, 岩波書店 (2014).

齋藤忠夫, 『チーズの科学:ミルクの力, 発酵・熟成の神秘』〈ブルーバックス〉, 講談社 (2016).

一般社団法人Jミルク, https://www.j-milk.jp.

3.3 卵類

渡邊乾二 編, 『食卵の科学と機能:発展的利用とその課題 復刻版』, アイケイコーポレーション (2016).

中村 良 編, 『卵の科学』〈シリーズ 食品の科学〉, 朝倉書店 (1998).

渡邊乾二, 『まるごとわかる タマゴ読本』, 農山漁村文化協会 (2019).

日本卵業協会, http://www.nichirankyo.or.jp.

第4章 その他の食品

4.1 油脂類

戸谷洋一郎, 原 節子 編, 『油脂の科学』〈食物と健康の科学シリーズ〉, 朝倉書店 (2015).

青山敏明, 有泉俊治, 河原﨑靖, 『食用油脂入門』〈食品知識ミニブックスシリーズ〉, 日本食糧新聞社 (2013).

中谷明浩, 『食用油脂の基礎と劣化防止』, 幸書房 (2020).

4.2 調味料類

斎藤祥治, 内田 豊, 佐野寿和, 『砂糖入門 改訂版』〈食品知識ミニブックスシリーズ〉, 日本食糧新聞社 (2016).

橋本 仁, 高田明和 編, 『砂糖の科学』〈シリーズ 食品の科学〉, 朝倉書店 (2006).

川北 稔, 『砂糖の世界史』〈岩波ジュニア新書〉, 岩波書店 (1996).

橋本壽夫, 村上正祥, 『塩の科学』〈シリーズ 食品の科学〉, 朝倉書店 (2006).

酢酸菌研究会 編, 『酢の機能と科学』〈食物と健康の科学シリーズ〉, 朝倉書店 (2012).

的場輝佳, 外内尚人 編, 『だしの科学』〈食物と健康の科学シリーズ〉, 朝倉書店 (2017).

山本 泰, 田中秀夫, 『味噌・醤油入門 改訂5版』〈食品知識ミニブックスシリーズ〉, 日本食糧新聞社 (2013).

東京農業大学応用生物科学部醸造科学科 編, 『発酵・醸造の疑問50』〈みんなが知りたいシリーズ12〉, 成山堂書店 (2019).

4.3 香辛料類

山﨑春栄, 『スパイス入門』〈食品知識ミニブックスシリーズ〉, 日本食糧新聞社 (2017).

フレッド・ツァラ, 竹田 円 訳, 『スパイスの歴史』〈「食」の図書館〉, 原書房 (2014).

ゲイリー・アレン, 竹田 円 訳, 『ハーブの歴史』〈「食」の図書館〉, 原書房 (2015).

山本紀夫, 『トウガラシの世界史:辛くて熱い「食卓革命」』〈中公新書〉, 中央公論新社 (2016).

飯島陽子, におい・かおり環境学会誌, 45(2), 132 (2014).

全日本スパイス協会, http://www.ansa-spice.com.

4.4 嗜好品類

森田明雄, 増田修一, 中村順行, 角川 修, 鈴木壯幸 編, 『茶の機能と科学』〈食物と健康の科学シリーズ〉, 朝倉書店 (2013).

小林彰夫, 村田忠彦 編, 『菓子の事典』, 朝倉書店 (2000).

早川幸男, 『菓子入門 改定2版』〈食品知識ミニブックスシリーズ〉, 日本食糧新聞社 (2013).

和田美代子, 高橋俊成 監, 『日本酒の科学:水・米・麹の伝統の技』〈ブルーバックス〉, 講談社 (2015).

渡 淳二, 『カラー版 ビールの科学:麦芽とホップが生み出す「旨さ」の秘密』〈ブルーバックス〉, 講談社 (2015).

日本酒造組合中央会, https://www.japansake.or.jp.

全日本コーヒー協会, https://coffee.ajca.or.jp.

全国和菓子協会, http://www.wagashi.or.jp.

第5章 食品の成分

5.3 二次機能成分

山野善正 編, 『おいしさの科学事典 新装版』, 朝倉書店 (2022).

山本 隆, 『味覚生理学 味覚と食行動のサイエンス』, 建帛社 (2017).

日本香料協会 編, 『[食べ物] 香り百科事典 新装版』, 朝倉書店 (2020).

日本味と匂学会 編, 『味のなんでも小事典 甘いものはなぜ別腹?』〈ブルーバックス〉, 講談社 (2004).

平山令明, 『「香り」の科学:匂いの正体からその効能まで』〈ブルーバックス〉, 講談社 (2017).

5.4 三次機能成分

前田栄彰, 砂糖類・でん粉情報, 2015年9月号 (2015).

大隈一裕, 松田　功, 勝田康夫, 岸本由香, 辻　啓介, *Journal of Applied Glycoscience*, **53**(1), 65 (2006).

中久喜輝夫, 日本応用糖質科学会誌, **1**(4), 281 (2011).

コラム

石川伸一, 『「食べること」の進化史　培養肉・昆虫食・3Dフードプリンタ』, 光文社 (2019).

マーヴィン・ハリス, 板橋作美 訳, 『食と文化の謎』, 岩波書店 (2001).

中尾佐助, 『栽培植物と農耕の起源』, 岩波書店 (1966).

ドゥ・カンドル, 加茂儀一 訳, 『栽培植物の起源　上・中・下』, 岩波書店 (1991).

Nickolay Ivanovich Vavilov, "Origin and Geography of Cultivated Plants", Cambridge University Press (2009).

ポール・シャピロ, 鈴木素子 訳, 『クリーンミート：培養肉が世界を変える』, 日経 BP (2020).

竹内昌治, 日比野愛子, 『培養肉とは何か？』〈岩波ブックレット〉, 岩波書店 (2022).

Natalie Kuldell, Rachel Bernstein, Karen Ingram, Kathryn M. Hart, 津田和俊 監訳, 『バイオビルダー：合成生物学をはじめよう』, オライリージャパン (2018).

ジェイミー・A・デイヴィス, 藤原　慶 監訳, 『合成生物学』〈サイエンス超簡潔講座〉, ニュートンプレス (2021).

Steven Vertovec, *Ethnic and Racial Studies*, **30**(6), 1024 (2007).

絵巻の参考図書

愛原　豊, 『絵巻の文字がすべて読める篠山本鼠草字』, 三弥井書店 (2010).

サントリー美術館 編, 『鼠草子絵本』, サントリー美術館 (2007).

大島建彦, 『日本古典文学全集 36　御伽草子集』, 小学館 (1974).

小松茂美 編, 『日本の絵巻 2　伴大納言絵詞』, 中央公論社 (1987).

小松茂美 編, 『日本の絵巻 3　吉備大臣入唐絵巻』, 中央公論社 (1987).

小松茂美 編, 『日本の絵巻 4　信貴山縁起』, 中央公論社 (1987).

小松茂美 編, 『日本の絵巻 6　鳥獣人物戯画』, 中央公論社 (1987).

小松茂美 編, 『日本の絵巻 16　石山寺縁起』, 中央公論社 (1988).

小松茂美 編, 『続日本の絵巻 14　春日権現験記絵　下』, 中央公論社 (1991).

小松茂美 編, 『続日本の絵巻 19　彦火々出見尊絵巻　浦島明神縁起』, 中央公論社 (1993).

小松茂美 編, 『続日本の絵巻 26　土蜘蛛草紙　天狗草紙　大江山絵詞』, 中央公論社 (1993).

小松茂美 編, 『続日本の絵巻 27　能恵法師絵詞　福富草紙　百鬼夜行絵巻』, 中央公論社 (1993).

阿部泰郎, 伊藤信博 編, 『「酒飯論絵巻」の世界：日仏共同研究』〈アジア遊学 172〉, 勉誠出版 (2014).

澁澤敬三, 神奈川大学日本常民文化研究所 編, 『新版絵巻物による日本常民生活絵引　第 1～5 巻』, 平凡社 (1984).

慶應大学メディアセンターデジタルコレクション, 奈良絵本・絵巻コレクション, 「やひやうゑねすみ」, https://dcollections.lib.keio.ac.jp/ja/naraehon/132x-90-2-1.

東京大学学術資産等アーカイブズポータル, 「奥州盛岡金山舗内稼方並金製法図」, http://gazo.dl.itc.u-tokyo.ac.jp/kozan/emaki/index_07.html.

日本橋地域ルネッサンス 100 年計画委員会, 「熙代勝覧　日本橋ガイド」, https://nihonbashi-info.tokyo/kidaishoran/.

索 引

■著者プロフィール

石川　伸一（いしかわ・しんいち）

東北大学大学院農学研究科修了．日本学術振興会特別研究員，北里大学助手・講師，カナダ・ゲルフ大学食品科学部客員研究員（日本学術振興会海外特別研究員）などを経て，現在，宮城大学食産業学群教授．専門は，食品学，調理学，栄養学．関心は，食の「アート×サイエンス×デザイン×テクノロジー」．

石川　繭子（いしかわ・まゆこ）

北里大学大学院獣医畜産学研究科修了．イラストレーター・ライター．食や科学に関するイラスト作成・執筆などを行っている．「ひとさじのかがく舎」（www.1tspscience.com）にて石川伸一と食についての書籍作成やイベント活動などに取り組む．生物学，文化人類学，絵巻の分野を得意とする．

絵巻でひろがる食品学

第1版　第1刷　2023年4月10日

著　者　　石川　伸一
　　　　　石川　繭子

発行者　　曽根　良介

発行所　　株式会社化学同人
〒600-8074　京都市下京区仏光寺通柳馬場西入ル
編集部　TEL 075-352-3711　FAX 075-352-0371
営業部　TEL 075-352-3373　FAX 075-351-8301
振　替　01010-7-5702
e-mail　webmaster@kagakudojin.co.jp
URL　https://www.kagakudojin.co.jp
印刷・製本　創栄図書印刷株式会社

本書のご感想をお寄せください